세상에서 가장 쉬운

교양 교과서

[자연과학]

일러두기
본문의 주는 모두 옮긴이 및 편집자가 작성했습니다.

\ 세상에서 가장 쉬운 /

교양
교과서

[자연과학]

[지음] 고다마 가쓰유키　[그림] fancomi　[옮김] 정한뉘

날

준비된 상태로 과학기술을 마주하기 위해

우리가 맞이할 새로운 사회는, 현존하는 과학기술은 물론이거니와 미래의 과학기술을 바탕으로 세워질 것입니다. 하지만 그 가운데는 관련 지식이 없으면 이해하기 힘든 기술도 많습니다. 과학기술의 원리를 이해하지 못한 채로 그 성과를 누리고 있는 우리는 어떻게 보면 과학기술에 무방비한 상태라고 할 수 있겠습니다.

《세상에서 가장 쉬운 교양 교과서-자연과학》은 여러 자연과학 분야를 시간순으로 따라가며 이야기하듯이 풀어낸 교양 교과서입니다. 그림과 해설과 키워드를 통해 지식을 정확하고 알기 쉽게 설명했다는 점이 특징입니다. 역사의 흐름을 따라가다 보면 '세로로' 이어진 자연과학의 원리와 법칙, 그리고 과학에서 발견한 것들을 배우고, 과학기술을 이해하는 데 필요한 지식의 토대도 쌓일 것입니다.

이 책의 장점 ❶

☑ 옛사람들의 지식과 과학적 사고를 배울 수 있다.

☑ 과학기술과 자연현상의 원리를 이해할 수 있다.

☑ 이해한 내용을 바탕으로 새로운 아이디어를 구상할 수 있다.

분야의 경계를 뛰어넘은 지식을 배우기 위해

글을 읽거나 뉴스를 보고 이해하려면 배경지식이 필요합니다. 특히 자연과학은 각 분야에 관한 배경지식이 있어야 이해하기 쉬운 학문입니다. 게다가 현대 자연과학의 최신 연구는 물리학, 수학, 화학, 지구과학, 생명과학의 경계를 넘나들며 이루어지기에 각 분야를 따로따로 놓고 생각하면 이해하기 매우 어렵다는 점을 기억해야 합니다.

이 책은 여러분이 자연과학을 다룬 책과 기사, 뉴스를 이해하는 데 필요한 배경지식을 배우고, 나아가 다른 자연과학 책을 찾아 펼치기를 바라는 마음으로 썼습니다. 한 권으로 최대한 많은 분야를 배울 수 있도록 총 8장에 걸쳐 정리했고, 각 분야의 연결고리를 통해 자연과학의 분야들이 서로 동떨어진 게 아니라 '가로로'도 이어져 있음을 표현했습니다.

책을 읽다 보면 자연과학에 대한 흥미가 생길 뿐만 아니라 다른 자연과학 책을 이해하는 데도 도움이 될 테니 꼭 끝까지 읽어 주세요.

이 책의 장점 ❷

☑ 다른 어려운 책을 읽는 데 도움이 된다.
☑ 자연과학을 이해하는 데 필요한 다른 분야의 배경지식을 쌓을 수 있다.
☑ 자연과학을 다룬 기사와 뉴스를 제대로 이해할 수 있다.

책의 세계로 떠나는 여행

《세상에서 가장 쉬운 교양 교과서-자연과학》은 처음 읽을 때는 흥미가 샘솟고, 두 번 읽을 때는 한 번 더 생각하게 되고, 세 번 읽을 때는 미처 못 봤던 부분을 찾게 되는 깊이 있는 책입니다. 여러분도 여러 번 읽으면서 재미를 찾길 바랍니다. 그리고 이 책이 다른 책을 찾는 계기가 되길 바랍니다. 혹시 어려운 책을 읽다가 막히는 부분이 있다면 이 책을 다시 펼쳐 보세요. 왜 깊이 있는 책이라고 했는지 알게 될 테니까요. 교과서란 그런 책이랍니다.

고다마 가쓰유키

STEP.1

교양을 쌓자

이 책은 장마다 두 단계로 나누어 거시적인 관점부터 미시적인 관점 순으로 지식을 쌓을 수 있도록 구성했습니다. STEP1은 각 분야의 교양을 이야기로 배우는 단계입니다. 자연과학이 어떻게 발전해 왔는지 그림과 함께 하나하나 뜯어 보면서 재미있고 이해하기 쉽게 해설했습니다.

STEP. 2

핵심 용어와 핵심 인물을 알아보자

STEP 1에서 자연과학에 관한 지식을 이미지로 배웠다면, 다음에는 키워드를 통해 그 분야를 더욱 깊이 이해하는 단계입니다. 모두 STEP1에서 소개한 이야기에 등장한 키워드입니다. STEP1에서 소개한 이야기와 연결지어 키워드를 배움으로써 단순히 과학 지식을 아는 수준에서 벗어나 지식을 이해하고 활용하는 것이 목표입니다.

차례

1

Chapter

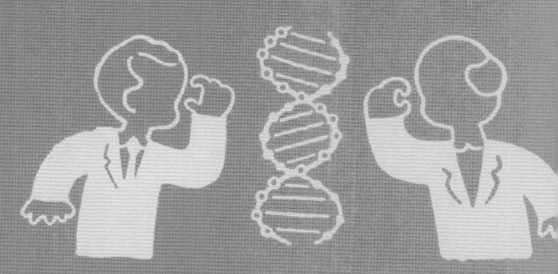

과학사

History of science

'과학'은 어떻게 발전해 왔을까?

1장에서는 고대부터 현대까지 시간순으로 따라가며, 과학이 어떻게 발전해 왔는지 알아보
겠습니다. 앞으로 소개할 과학의 거대한 흐름을 이야기와 함께 배워 봅시다.

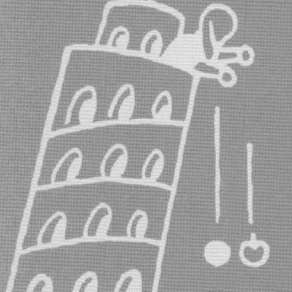

교양을 쌓자
ENRICH YOUR EDUCATION

🔍 주요 키워드

☑ 주체	☑ 대상	☑ 반증 가능성	☑ 아라비아 숫자
☑ 지동설	☑ 오컴의 면도날	☑ 과학혁명	☑ 논리
☑ 증명	☑ 만유인력	☑ 패러다임의 전환	☑ 노벨상
☑ STS	☑ 특이점	☑ AI	

1-1 과학의 시작
−과학이 신과 실리에 얽매인 시대−

① 고대 그리스의 과학

과학의 정의는 하나가 아닌데, 여기서는 "대상을 주체와 분리해서 관찰, 연구, 고찰하는 학문", "반증 가능성을 수용하고 항상 의심하는 학문"으로 정의해 보겠습니다.

[평상시] · [과학의 관점]

평소 우리는 '주체와의 연결고리'를 통해 대상을 고찰한다. 그리고 인식한 대상을 의심 없이 받아들인다.

과학은 '주체와의 연결고리'에서 한 발짝 떨어져 대상을 고찰한다. 그리고 실험과 관찰로 얻은 비판과 반대 의견을 수용한다. 이를 **반증 가능성** ❸ 이라고 한다.

그렇다면 과학의 시작은 고대 그리스 시대라고 할 수 있습니다.

고대 그리스 시대에도 수학, 물리학, 화학, 생명과학, 의학, 천문학 등 현대에
널리 쓰이는 과학 지식이 이미 존재했다.

고대 그리스의 철학자들은 대상에 대한 **객관④**적 관찰과 연구를 바탕으로 눈에 보이지
않는 **질서(코스모스⑤)**가 세상을 지배한다고 생각했습니다. 신앙과 주술이 사회의 근간
이었던 당시로서는 획기적인 세계관이었지요.

당시 과학자들은 어떤 위치에 있었고, 무엇을 연구했을까?

플라톤①은 아카데메이아, **아리스토텔레스②**는 리케이온이라는
학교를 세워 연구를 장려했다.

고대 그리스는 온갖 정보가 오가는 교역과 교류의 장이었습니다. 나아가 이집트에서 **파피
루스⑥**, 즉 종이를 수입하면서 한층 복잡한 계산과 심도 있는 고찰을 할 수 있게 되었습
니다.

그러나 고대 로마 시대에 접어들면서 기독교 교리에 어긋나거나 실용적이지 않으면 천대받는 분위기가 형성되었습니다. 게다가 지식을 기록한 매체도 오래 보존하기에 적합하지 않았던 탓에 고대 그리스인들의 지혜가 담긴 연구는 대부분 소실되고 말았습니다.

아리스토텔레스는 저서를 수없이 남겼고, 리케이온에도 방대한 서적이 보관되어 있었지만 사실상 거의 소실되었기에, 오늘날까지 전해 내려오는 고대 그리스의 과학 지식은 극히 일부에 지나지 않는다.

2 이슬람 세계에서 유럽으로

고대 그리스·로마 시대에 연구한 과학 지식을 재발굴한 이들은 유럽인이 아니라 이슬람 학자들이었습니다.

이슬람 학자들은 대상과 주체의 연결고리를 분리해서 생각하는 사고방식이 아닌 실리적인 이익을 위해, 그리스어 문헌을 아라비아어로 번역해서 고대 그리스의 과학 지식을 얻고자 했다.

그리스어 문헌을 아라비아어로 번역하는 일이 중심이었기에,
토론하거나 반증에 대한 비판을 주고받지는 않았다.
그러나 수학 분야에서는 인도 수학의 영향을 받아 아라비아 수학 7 이 크게 발전했다
(자세한 내용은 [Chap.6 수학] 참고).

그러나 12세기 이후 이슬람제국이 쇠퇴하면서 과학 연구의 중심은 유럽의 기독교 국가로 이동했습니다.

③ 신학과 한 몸이었던 과학

유럽인이 아라비아 과학과 만난 계기는 11세기에 일어난 **십자군 ⑧** 원정이었습니다.

십자군 원정을 계기로 아라비아의 과학 서적을 접한 유럽인들은, 그 책을 라틴어로 번역해서 거기에 담긴 지식을 흡수하고자 했다.

당시 과학자들은 어떤 위치에 있었고, 무엇을 연구했을까?

중세 학문의 중심은 교리 연구였기에 과학의 입지가 좁았다. 게다가 과학자들은 교회의 교리에 어긋나지 않는 실리적인 지식밖에 연구할 수 없었다.

당시에는 기독교가 주도권을 잡고 있었기에 과학은, 주체와 분리해서 대상을 관찰·연구·고찰하는 학문이 아니라, 대상을 관찰·연구·고찰하여 하느님의 존재를 증명하고자 한 학문이었습니다.

1-2 근대 과학의 시작
−위인과 현자가 쌓아 올린 근대 과학−

❶ 코페르니쿠스와 갈릴레이

니콜라우스 코페르니쿠스③는 기독교 교리에 어긋나는 연구 결과를 발표한 대표적인 인물입니다.

코페르니쿠스가 **천동설**⑩에 의문을 품은 이유는, 태양과 다른 행성들이 지구를 중심으로 돈다고 전제하면 계산이 너무나도 복잡해졌기 때문이었다.

태양을 중심으로 행성들이 돈다고 가정했더니 계산이 훨씬 간단해졌다.

그러나 **지동설**⑪ 역시 하느님이 존재한다는 전제하에 만든 가설이었는데요.

⇦ **르네상스**⑫와 **오컴의 면도날**⑬의 영향을 받았다.

⇦ 교회의 비판을 받지 않도록 세심하게 주의를 기울였다.

하느님은 단순하고 아름다운 세계를 창조하셨다는 르네상스 시대의 사고방식, 그리고 많은 것을 불필요하게 가정하지 말고 단순한 이론을 내세우라(오컴의 면도날)는 **스콜라주의**⑭의 영향을 받았다.

코페르니쿠스가 세상을 떠난 뒤 **갈릴레오 갈릴레이**④는 천체망원경을 발명해서 눈으로 볼 수 있는 범위를 단숨에 넓혔습니다. 이를 계기로 갈릴레이는 지동설에 대한 확신을 굳혔습니다.

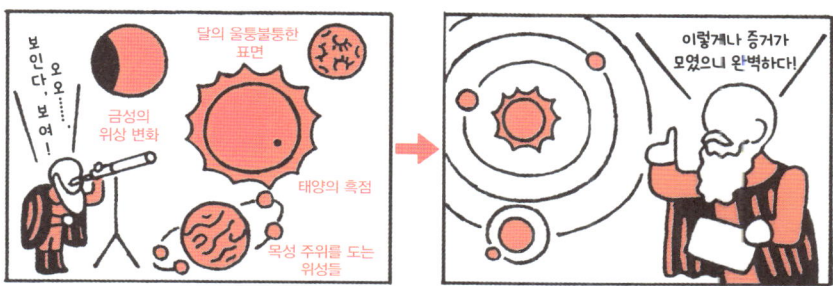

그전까지 보지 못했던 천체를 볼 수 있게 되면서 인류는 새로운 발견을 해냈다. 관찰을 중시했던 갈릴레이는 세상을 새로운 시각으로 바라보고자 했다.

이렇게 모은 증거들을 바탕으로 갈릴레이는, "우리가 사는 지구 바깥에는 전혀 다른 세상이 존재하는 게 아니라, 자전하는 행성이 태양을 중심으로 공전한다."라는 세계관을 구축했다(자세한 내용은 [Chap.5 우주] 참고).

갈릴레이가 교회로부터 핍박받은 일화는 너무나도 유명하지요. 그가 아니었다면 르네 데카르트와 아이작 뉴턴으로 이어지는 **과학혁명⑮**의 기틀을 마련하지 못했을지도 모릅니다.

[**갈릴레이가 등장하기 전까지**]

학자들은 **논리⑯**를 펼쳐, 머릿속에서 고찰한 바를 관철하고 반대되는 의견을 논리적으로 반박했다.

[**갈릴레이가 등장한 이후**]

실험과 관찰로 **증명⑰**된 결과를 존중하는 기조가 생겨났다. 사람들은 자신이 예측한 바와 결과가 달라도 받아들였다.

※ 갈릴레이가 피사의 사탑에서 낙하 실험을 했다는 일화는 사실이 아니라고 한다.

② 데카르트와 뉴턴

갈릴레이에 이어 데카르트와 뉴턴이 등장하면서 코페르니쿠스로부터 시작된 과학혁명은
막바지에 이르렀습니다.

과학혁명이 일어나면서 과학은 철학으로 유명한 **데카르트** ⑤ 와 **프랜시스 베이컨** ⑥ 의 사
상에 큰 영향을 받아 나아가기 시작했습니다.

데카르트는 모든 존재가 저마다 가지고 태어난 기
계장치에 의해 움직인다(**기계론** ⑱)고 생각했다.

베이컨의 사상은 근대 과학이 자리 잡는 데 큰 영
향을 주었다(**귀납법** ⑲).

그리고 **뉴턴** ⑦ 은 **만유인력** ⑳ 의 법칙을 발견했습니다.

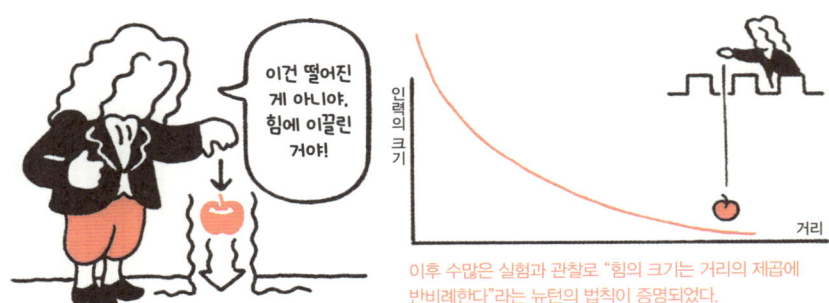

이후 수많은 실험과 관찰로 "힘의 크기는 거리의 제곱에
반비례한다"라는 뉴턴의 법칙이 증명되었다.

뉴턴은 물체와 물체 사이에 서로를 끌어당기는 힘이 작용하며,
이 힘의 크기는 물체 사이 거리의 제곱에 반비례한다는 법칙을 발견했다
(만유인력의 법칙, 자세한 내용은 [Chap.2 물리학] 참고).

이러한 연구로 지상과 하늘에 모두 통용되는 **보편 ㉑**적인 법칙이 기계적으로 작용한다는 사실이 밝혀졌습니다. 과학 분야에서 **패러다임의 전환 ㉒**이 일어난 것이지요.

[아리스토텔레스의 패러다임]

지상과 하늘(우주)은 전혀 다른 세상이며, 각기 다른 물질과 법칙으로 이루어져 있다.

[뉴턴의 패러다임]

지상과 하늘(우주)은 같은 세상이다. 같은 물질로 이루어져 있고 작용하는 힘도 같다.

[뉴턴 이후의 과학]

이후 생명과학의 세계와 화학의 세계를 전부 역학으로 설명할 수 있게 되면서, 이 세상이 역학적인 법칙으로 이루어져 있다는 생각이 자리 잡았다(**역학적 자연관 ㉓**).

당시 과학자들은 어떤 위치에 있었고, 무엇을 연구했을까?

활판 인쇄술을 발명한 이후

그렇구나!

데카르트

아리스토텔레스

갈릴레이

코페르니쿠스

15세기에 활판 인쇄술을 발명한 이후 종이책을 간편하게 대량으로 펴낼 수 있게 되면서, 연구자들이 참고할 수 있는 정보량이 비약적으로 늘었다.

학회의 지원

교회

오지 마!

대학

학회

영국 왕립학회(부유층의 지원)와 프랑스 왕립 과학아카데미(국가의 지원) 등 학회가 연구의 장을 마련했다.

③ 다양한 분야의 발전

과학혁명을 계기로 과학의 여러 분야가 발전했습니다. 이와 함께 기존의 과학 상식도 바뀌었습니다.

생명과학의 세계는 16세기경 현미경의 발명으로 엄청난 도약을 이뤘으며, 19세기 이후에도 유전 법칙이 밝혀지고 DNA의 존재가 확인되는 등 혁신적인 발견이 잇따랐습니다.

17~19세기에는 현미경을 통해 세포와 미생물이 발견되면서, 동물이든 식물이든 모든 생물은
세포라는 구성단위(보편적인 성질)로 이루어져 있음을 밝혀냈다.

19세기에는 유전에 법칙이 있다는 사실을 밝혀냈고,
20세기에는 DNA의 구조를 밝혔다.

한편 17세기에 **연금술** 24 에서 화학이 탄생했고, 18세기에는 **앙투안 라부아지에** 8 가 화학 혁명을 일으켰습니다(자세한 내용은 [Chap.7 **화학**] 참고).

17세기에는 연금술에서 화학이 탄생했다. 화학자들은 물질이 원소의 화학적 결합으로 이루어졌다고 생각했고, 이를 분석하고자 했다.

18세기, 라부아지에는 질량 보존의 법칙을 발견하여 원소 분석의 기초를 마련했다.

그리고 **지질학 25**과 **고생물학 26**의 세계는, 채굴 기술의 발전과 함께 커다란 전환점을 맞이했습니다(자세한 내용은 [**Chap.8 지구사**] 참고).

산업혁명

18세기 후반에 일어난 **산업혁명 27**으로 에너지의 수요가 늘었고, 이에 대처하기 위해 자원을 대량으로 채굴하기 시작했다.

하나의 거대한 대륙이 갈라지고 이동하면서 여러 대륙이 만들어진 게 아닐까?

화석 발굴은 지구의 역사를 파헤치는 열쇠.

이 과정에서 발견된 자료를 바탕으로 베게너는 20세기에 대륙이동설을 발표했다. 이와 함께 지구의 역사는 서서히 드러나기 시작했다.

이즈음부터 과학의 산물이 군사, 경제, 국가의 이익에 큰 영향을 미치기 시작했습니다.

A국

대학과 기업

다른 나라에 지면 안 돼!

우리나라가 최고야!

B국

대학과 기업

19세기, **국민 국가 28**의 길을 선택한 서구 열강은 국가 간 경쟁 태세에 들어갔다. 그리고 **자유주의 29**에 바탕한 **자본주의 30** 경제로 경쟁은 한층 치열해졌다.

 **1-3 현대 과학으로 가는 길**
−인류는 과학을 통제할 수 있을까?−

① 노벨상을 향한 염원

알프레드 노벨은 자신이 발명한 다이너마이트 때문에 수많은 사람이 목숨을 잃어버린 것에 죄책감을 느끼고 **노벨상 ㉛**을 만들기로 했습니다.

노벨이 광부들의 채굴 작업을 편하게 하려고 발명한 다이너마이트는,
전쟁터에서 대량살상무기로 쓰이며 수많은 사람의 목숨을 앗아갔다.

과학은 인류에 헌신하고자 실험·관찰·연구·고찰하는 행위에서
가치를 찾는 학문이다.

그러나 비약적으로 발전한 과학은 인류에게 도움이 되기도 했지만, 한편으로는 위협으로 다가오기도 했습니다.

2 기술과의 연결고리

전쟁은 과학과 **기술** 32 이 비약적으로 발전하는 계기이기도 합니다. 실제로 두 번의 세계대전으로 과학과 기술은 엄청난 발전을 이루었습니다.

제1차 세계대전은 독가스 개발을 두고 경쟁한 '화학전', 제2차 세계대전은 폭탄 개발을 두고 경쟁한 '물리전'으로 불린다. 과학기술을 더 크게 발전시킨 세력이 전쟁에 승리했다.

전쟁이 끝난 뒤에도 과학의 발전에 발맞추어 기술이 발전했고, 그 기술을 바탕으로 다시 과학이 발전하며 현대에 이르기까지 과학과 기술은 점점 빠르게 발전했습니다.

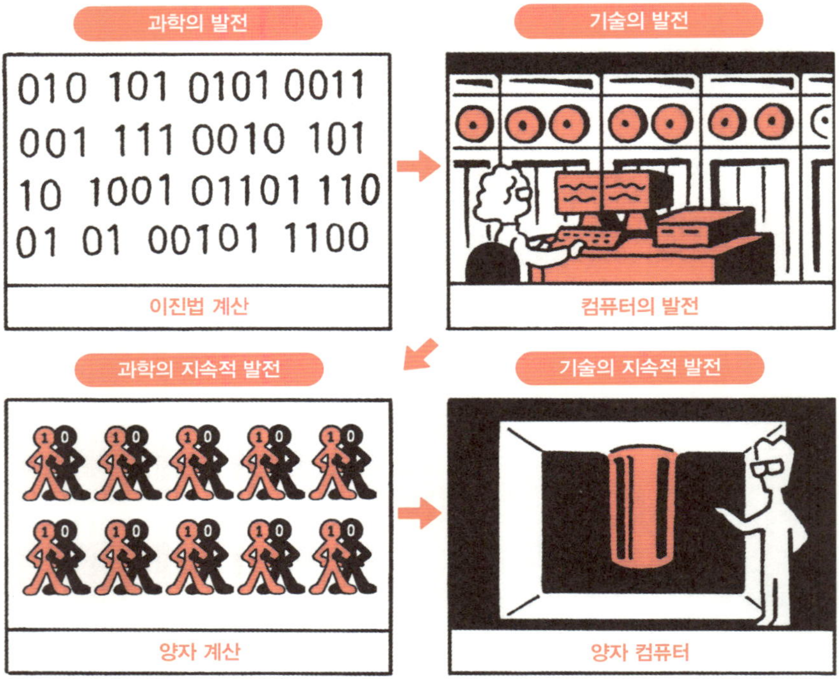

과학의 발전

```
010 101 0101 0011
001 111 0010 101
10 1001 01101 110
01 01 00101 1100
```

이진법 계산

기술의 발전

컴퓨터의 발전

과학의 지속적 발전

양자 계산

기술의 지속적 발전

양자 컴퓨터

GPS 위성의 위치 보정 시스템

한나절 동안 지구를 한 바퀴 도는 속도
=
특수 상대성 이론에 의해 시간이 느리게 흐른다

고도 20,000km
=
일반 상대성 이론에 의해 시간이 흐른다

지구의 자전

지구

20세기 과학의 최대 성과인 상대성 이론과 양자론으로 과학기술은 한층 빠르게 발전했다
(자세한 내용은 [Chap.3 **상대성 이론**]과 [Chap.4 **양자론**] 참고).

하지만 과학의 발전은 과학자들이 예상치 못한 사태를 일으키기도 했습니다.

마법의 가스로 불릴 만큼 유용하고 대량 생산도 가능했던 프레온 가스가
온 지구에 재앙을 가져올 줄은 아무도 몰랐다.

③ 미지의 영역으로

현대 과학은 이제 '주체와 분리해서 대상을 관찰, 연구, 고찰하는 학문'으로만 볼 수 없게 되었습니다. 인류와 지구에 미치는 영향이 너무나 커졌기 때문이지요.

이제 과학자는 자기 연구만 잘하면 되는 게 아니라 사회적 책임까지 생각해야 하는 시대가 되었다.
⇒ STS(science, technology and society) ㉝

그뿐만 아니라 새로운 기술이 발전하면서 인류는 미지의 영역으로 나아가고 있습니다.

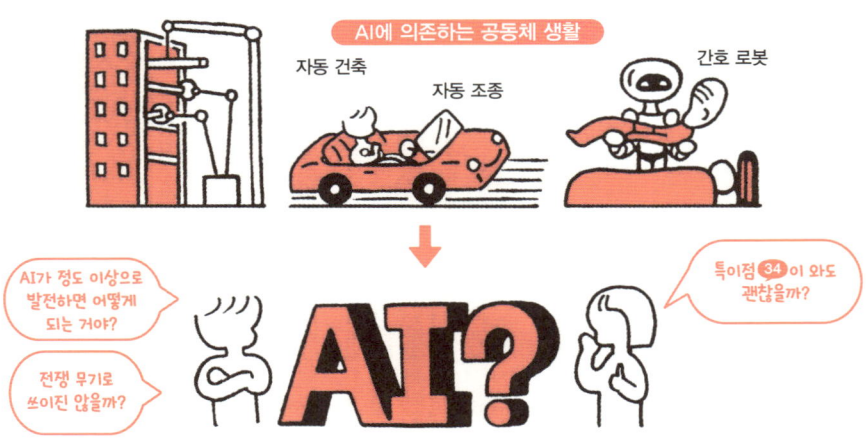

AI ㉟가 어떻게 발전할지, 정보 기술이 어떻게 발전할지, 밝은 미래가 찾아올지
어떨지 인류는 예측할 수 없게 되었다.

따라서 앞으로는 과학의 발전이 사회와 도덕에 미칠 전 세계적인 영향도 생각해야 합니다.

과학은 과학자들만의 전유물이거나 어느 한 나라만의 것이 아니다.
수많은 연결고리 속에서 전 세계가 다 함께 연구해야 하는 학문이다.

지금까지 과학의 전체적인 역사를 살펴보았습니다. 2장부터는 과학 각 분야에서 어떤 사건들이 있었고 어떤 발견이 있었는지 알아보겠습니다.

핵심 용어와 핵심 인물을 알아보자
KEYWORD & KEYPERSON

고대 그리스 시대부터 인류는 대상을 객관적으로 관찰하여 세상의 질서를 연구하고 고찰해 왔습니다. 그리고 17세기에는 과학혁명이 일어나 과학의 패러다임이 크게 바뀌었습니다. 18세기 후반에 산업혁명이 일어나면서 과학은 군사·경제·국가의 이익과 직접 연관되었고, 전쟁과 환경 문제를 비롯한 여러 영역에 영향을 미치기 시작했습니다. 현대에 이르러서는 과학의 발전과 함께 사회와 도덕에 미칠 영향까지 생각해야 한다는 기조가 자리잡았습니다.

1-1
과학의 시작
-과학이 신과 실리에 얽매인 시대-

KEYWORD

❶ 주체
subject
무언가를 보고 느끼고 생각하는 쪽.
➡ 원래 주체와 객체를 구분하지 않지만, 누군가 대상을 관찰하면 비로소 주체와 객체라는 관계가 성립한다.

❷ 대상
object
무언가를 보고 느끼고 생각하는 행위가 미치는 쪽. 객체.
➡ 17세기 철학자 프랜시스 베이컨은 주체와 대상을 분리하여 대상을 관찰하고 실험함으로써 보편적인 법칙을 발견하고자 했다.

❸ 반증 가능성
falsifiability
과학은 실험과 관찰로 비판받거나 부정당할 가능성이 있다.
➡ 20세기 과학철학자 카를 포퍼가 주장한 과학과 비과학의 경계선. 차이를 인정하고 수정하는 구조이기에 비로소 과학으로 성립한다는 뜻이다.

❹ 객관
object
주체가 아닌 다른 사람도 똑같이 보고 느끼고 생각하는 내용.
➡ 반대로 주체가 보고 느끼고 생각하는 내용은 주관이라고 한다.

❺ 질서(코스모스)
order
자연과 사회가 어떠한 관계와 법칙으로 조화를 이룬 상태.
➡ 그리스어 kosmos는 그리스 철학에서 '질서를 갖춘 통일체인 우주(자연)'를 가리킨다.

❻ 파피루스
papyrus
고대 이집트에서 만들어 사용한 종이.
➡ 기원전 2000년 이전부터 기원후 10세기까지 쓰였다. 영어 paper의 어원이다.

❼ 아라비아 수학
Arabic mathematics
8세기부터 이슬람 세계에서 발전한 수학. 이슬람 수학이라고도 한다.
➡ 그리스와 인도에서 숫자를 도입해 크게 발전했다. 참고로 현대에서 표준으로 사용하는 숫자(0, 1, 2, 3……) 역시 아라비아 수학에서 쓰는 아라비아 숫자이다.

⑧ 십자군

crusade

11세기 부터 13세기에 걸쳐 동방 이슬람 세계로 출병한 서방 기독교도의 원정.

➡ 성지 예루살렘을 탈환한다는 목적은 달성하지 못했지만, 동방 무역과 화폐 경제가 발달하고 아라비아 과학이 서방에 들어오는 계기가 되었다.

⑨ 양피지

parchment

양과 겸소 가죽으로 만든 기록 매체.

➡ 내구성이 높으며, 3세기 말부터 서양에서 주로 쓰였으나, 15세기에 활판 인쇄술이 발명되면서 책을 만드는 소재는 종이로 대체되었다.

KEYPERSON

① 플라톤

Plato(B.C. 427~B.C. 347)

고대 그리스의 위대한 철학자.

➡ 기원전 387년에 아카데메이아라는 학교를 세워 연구와 교육에 전념했다. 소크라테스의 제자이며, 사물의 형태보다 고차원적이고 초감각적인 개념인 이데아(idea)를 중시했다.

② 아리스토텔레스

Aristotelēs(B.C. 384~B.C. 322)

고대 그리스의 위대한 철학자.

➡ 자연과학에 관한 책을 다수 남겼으며, 후대까지 이어지는 철학과 과학의 기틀을 마련했다. 이로써 서양에는 오랫동안 아리스토텔레스적 세계관이 상식으로 자리 잡았다. 스승인 플라톤과 달리 사물의 본질이 현실에 존재한다고 생각했다.

1-2
근대 과학의 출발
– 위인과 현자가 쌓아 올린 근대 과학 –

KEYWORD

⑩ 천동설
geocentric theory
우주의 중심에 지구가 있고, 움직이지 않는 지구를 중심으로 다른 천체가 돈다는 학설.
➡ 고대 그리스에 태어난 천동설은, 유일신을 믿는 기독교 세계관과 통하는 부분이 있어 16세기까지 정설로 자리 잡았다.

⑪ 지동설
heliocentric theory
태양을 중심으로 지구와 다른 행성들이 돈다는 학설.
➡ 고대 그리스의 천문학자 아리스타르코스가 최초로 주장했지만(→ p.140), 정설로 자리 잡는 데는 코페르니쿠스부터 뉴턴에 이르기까지 150년이라는 시간이 필요했다.

⑫ 르네상스
Renaissance
인간성(인간다움)을 회복하고자 한 문예부흥 운동. 14~16세기에 일어났다.
➡ 고대 그리스·로마의 간소하면서도 균형과 조화를 중시한 아름다움 및 이슬람 문화의 영향을 받았다.

⑬ 오컴의 면도날
Occam's razor
쓸데없는 요소를 버리고 단순한 이론을 추구한 원리.
➡ 14세기 스콜라주의 학자 오컴의 윌리엄이 주장했다. 필요 이상으로 많은 요소를 가정할 필요가 없고, 근거가 부족한 요소는 버려야 한다는 내용이다. 경제성의 원리라고도 한다.

⑭ 스콜라주의
scholasticism
주로 기독교 신학을 바탕에 둔 중세 유럽의 철학 사상.
➡ 원래 스콜라주의는 종합적인 학문이지만, 기독교에서 하느님을 향한 신앙을 올바름의 기준으로 삼을 때 종종 사용한다. scholar는 영어 school의 어원이다.

⑮ 과학혁명
scientific revolution
16세기 코페르니쿠스부터 시작하여 갈릴레이와 뉴턴이 활약한 17세기까지 이어진 근대 과학의 성립 과정.
➡ 세계사에서 근대의 시작점은 18세기 후반에 일어난 산업혁명이지만, 과학사는 17세기에 일어난 과학혁명을 근대의 시작점으로 본다.

⑯ 논리
logic
토론과 사고를 올바르게 이끄는 원리.
➡ 아리스토텔레스적 세계관에서는 실험과 관찰보다 토론으로 상대를 논파하는 것이 중요하다.

⑰ 증명

proof

증거를 들어 어떤 현상이 진실임을 밝히는 행위.

➡ 근대 과학에서는 실험과 관찰에 의한 증명이 중요하다.

⑱ 기계론

mechanism

기계에 빗대어 모든 현상이 법칙에 따라 움직인다고 생각하는 학설.

➡ 모든 존재가 어떠한 의지와 목적을 가지고 움직인다는 사고방식을 배제했으며, 과학혁명 이후 과학의 방향성을 규정했다.

⑲ 귀납법

induction

구체적인 개별 사례를 모아 일반적인 법칙과 결론을 도출하는 방법.

➡ 실험과 관찰을 바탕으로 법칙을 도출하는 근대 과학은 귀납법의 영향을 많이 받았다. 귀납법의 반대말인 연역법은, 일반적인 이론을 전제로 이성을 활용하여 구체적인 개별 결론을 도출하는 방법이다. 삼단논법 역시 연역법의 일종이다.

⑳ 만유인력

universal gravitation

모든 물체와 물체 사이에 존재하는, 서로 끌어당기는 힘.

➡ 말 그대로 지상과 우주에 존재하는 모든 물체에 작용하는 힘이다. 뉴턴은 만유인력의 법칙으로 지상과 우주가 서로 다른 세상이라는 아리스토텔레스의 세계관을 뒤집었다.

㉑ 보편

universal

시대와 장소를 불문하고 통하는 법칙.

➡ 보편적인 법칙과 이론을 추구하는 자세는 근대 과학의 기본이다.

㉒ 패러다임의 전환

paradigm shift

기존의 가치관이 극적으로 바뀌면서 새로운 가치관이 형성되는 현상.

➡ 20세기의 과학사학자 토머스 쿤이 사용한 용어. 원래 과학사에서만 쓰였지만, 지금은 체제와 가치관, 사고방식이 바뀔 때도 보편적으로 사용한다.

㉓ 역학적 자연관

dynamical view of nature

지상과 우주의 모든 자연현상은 역학법칙(力學法則)＊을 따른다는 사고방식.

➡ 18~19세기 과학의 바탕에 깔린 자연관이다. 그러나 20세기에 역학적 자연관과 맞지 않는 양자가 발견되었다.

㉔ 연금술

alchemy

금과 만병통치약을 인공적으로 만들어 내려 한 기술.

➡ 기원전부터 17세기까지 독자적으로 발전했다. 근대 과학과 달리 종교, 신비, 주술의 요소가 많이 포함되어 있다.

•　물체에 작용하는 힘과 운동 사이의 관계를 나타내는 법칙. 뉴턴의 법칙, 맥스웰의 법칙 따위가 있다.

25 지질학
geology
지구의 구성 물질과 형성 과정을 연구하는 학문.
➡ 광물, 암석, 지층, 화석을 연구하여 지구의 구조와 역사를 탐구한다. 산업혁명이 일어난 19세기에는 자원 채굴이 활발해지면서 수많은 지질학적 발견이 잇따랐다.

26 고생물학(古生物學)
paleontology
화석을 토대로 과거의 생물을 연구하는 학문.
➡ 화석 연구는 고대 그리스 시대부터 이루어졌지만, 생물을 과학적으로 연구하기 시작한 것은 18세기 이후이다.

27 산업혁명
industrial revolution
18세기 후반부터 19세기 전반에 걸쳐 산업기술의 발전이 산업과 사회에 미친 커다란 변혁. 19세기 근대화가 일어난 발단이다.
➡ 산업혁명을 계기로 각종 산업기술과 제품이 개발되면서 과학의 여러 분야가 크게 발전했다.

28 국민 국가
nation state
'○○민족', '○○언어', '○○문화'처럼 국민을 같은 구성원으로 통합함으로써 성립되는 국가. 국가를 향한 충성과 귀속 의식을 높이는 정책을 바탕으로 유지된다.
➡ 국민이 하나로 뭉쳐 발전을 지향하는 자세도 과학의 발전을 뒷받침한 요소였다.

29 자유주의
liberalism
국가의 규제를 최대한 배제한 사회 체제.
➡ 연구자들은 과학의 발전을 위해 국경을 초월하여 교류했다.

30 자본주의
capitalism
자본가가 생산을 위해 노동자를 고용하여 이윤을 얻는 체제.
➡ 과학 연구의 산물은 자본주의 체제에서 이윤을 추구하는 수단이 되었다.

KEYPERSON

③ 니콜라우스 코페르니쿠스
Nicolaus Copernicus(1473~1543)
폴란드의 천문학자, 성직자.
➡ 고대 그리스의 천문학자 아리스타르코스의 영향을 받아, 맨눈으로 천체를 관측하던 도중 지동설을 떠올렸다. 이는 후대 천문학계와 사상을 뒤흔든 혁명으로 이어졌다. 그의 저서 《천체의 회전에 관하여》는 당시 교회와의 마찰을 피하기 위해 그가 죽기 직전에 간행되었다.

④ 갈릴레오 갈릴레이
Galileo Galilei(1564~1642)
이탈리아의 물리학자, 천문학자.
➡ 실험과 관찰로 다양한 자연현상을 검증한 갈릴레이는 후대 자연과학의 전개 방향에 커다란 영향을 미쳤다.

⑤ 르네 데카르트
René Descartes(1596~1650)
프랑스의 철학자, 물리학자, 수학자.
➡ 정신과 물질을 분리해서 생각하는 심신이원론,* 물질에서 의지와 목적을 배제하는 기계론적 세계관을 바탕으로 근대 과학의 방향성을 정했다. 그는 사람이 선천적으로 이성을 가지고 태어난다고 생각했다.

⑥ 프랜시스 베이컨
Francis Bacon(1561~1626)
영국의 철학자.
➡ 자연철학** 분야에서 귀납법과 과학 방법론을 제창한 인물로, 데카르트와 마찬가지로 근대 과학의 방향성을 정하는 데 영향을 주었다. 그러나 그는 데카르트와 달리 이성을 후천적으로 익히는 능력으로 생각했다.

⑦ 아이작 뉴턴
Isaac Newton(1642~1727)
영국의 물리학자, 천문학자, 수학자.
➡ 빛의 스펙트럼, 만유인력, 미적분 등을 발견했다. 그가 발견한 법칙들은 당시 사람들 사이에서 지배적이었던 아리스토텔레스적 세계관을 뒤집고, 이후 200년 넘게 근대 자연과학의 모범이 되었다.

⑧ 앙투안 라부아지에
Antoine-Laurent Lavoisier(1743~1794)
프랑스의 화학자.
➡ 관찰한 결과를 수치와 수량으로 나타내는 정량(定量)적 관찰을 비롯하여 질량 보존의 법칙과 연소 이론 등 화학 법칙을 정립했다. 근대 화학의 아버지로 불린다.

• 　정신과 신체에 각각 독립된 실체가 있다고 보는 학설.
•• 　자연현상의 바탕이 되는 형이상학적 원리를 연구하며, 자연과학 인식의 기초와 그 근본을 밝히려는 철학. 과학
　　철학이 인류의 자연에 대한 접근, 그 인식론적·방법론적인 문제에 제한되는 데 비해 좀 더 본질적인 자연 자체를
　　탐구하는 학문이다.

1-3
현대 과학으로 가는 길
– 인류는 과학을 통제할 수 있을까? –

KEYWORD

㉛ 노벨상
Nobel prize
노벨의 유언에 따라 제정된 상으로, 인류에 가장 크게
이바지한 연구자에게 시상한다.
➡ 초기에는 수상 분야가 물리학, 화학, 생리학·의학,
문학, 평화 등 다섯 개였으나 나중에 경제학 분야가 추
가되었다.

㉜ 기술
technology
자연에 손대어 인간의 생활을 유익하게 만드는 수단.
➡ 기술과 과학이 밀접해진 현대에는 과학의 발전이 기
술의 발전을 자극하고, 기술의 발전이 과학의 발전을
자극하고 있다.

㉝ STS
science, technology and society
과학기술과 사회의 연결고리에 주목한 학문 분야.
➡ 1970년대부터 과학기술이 사회에 미치는 영향이 중
요해졌다.

㉞ 특이점(特異點)
singularity
인류의 기술적 발전에 가속도가 붙는 전환점. 기술적
특이점.
➡ 미국의 미래학자 레이 커즈와일은 2045년에 특이점
이 도래하여 인류는 풍요로운 미래를 갖디하리라고 주
장했다. 대중은 대부분 AI가 인류를 뛰어넘는 순간을 특
이점으로 꼽았다.

㉟ AI
artificial intelligence
인간과 지적 수준이 같은 컴퓨터 시스템. 인공지능.
➡ AI 개발 경쟁이 심해지면서 AI의 비약적인 발전이
점쳐졌고, 인류가 AI를 제어할 수 있는지가 새로운 문
제로 떠올랐다.

2

Chapter

물리학

Physics

인류는 '보이지 않는 질서'를 어떻게 찾아내려 했을까?

이번 장에서는 물리학 중에서도 역학, 열, 전자기를 중심으로 역사의 흐름을 따라가며 설명합니다. 그리고 물리학에서 쓰이는 용어의 정의, 공식, 단위를 알아보겠습니다.

교양을 쌓자
ENRICH YOUR EDUCATION

🔍 주요 키워드

☑ 힘	☑ 뉴턴 역학	☑ 인력과 중력	☑ 질량과 무게
☑ 속도와 가속도	☑ 운동 방정식	☑ 일	☑ 에너지
☑ 열역학	☑ 엔트로피	☑ 전기	☑ 자기
☑ 전하	☑ 장	☑ 전자기파	

힘이란 무엇일까?

－과학 용어와 역학 법칙의 기초 지식－

① 우리가 평소 사용하는 힘

우리는 평소 다양한 상황에서 다양한 의미로 '힘'이라는 말을 자연스럽게 사용합니다. 그만큼 우리 주변에 다양한 힘이 존재한다고 볼 수 있는데요. 힘이라는 개념이 상식으로 자리 잡기까지는 힘을 연구해 온 위인들, 특히 뉴턴①의 활약이 컸습니다.

우리는 주변에 존재하는 다양한 힘을 이용하거나 그 힘에 적응하며 살아가고 있다.

하지만 힘①이라고 해도 우리가 일상에서 사용하는 힘과 과학에서 정의하는 힘의 의미는 다릅니다. 영어에서도 각각 power와 force로 구분하는데요. 둘의 차이부터 알아보겠습니다.

[일상에서 말하는 힘]

무언가를 하거나 주변에 영향을 미치는 능력을 가리킨다. 영어로는 power로 표현한다.

[과학에서 말하는 힘]

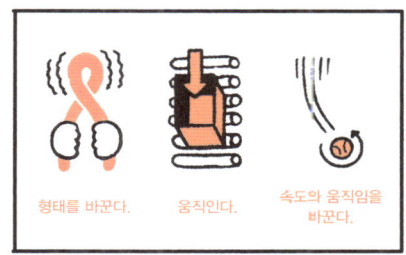

물체의 형태 또는 상태를 바꾸는 작용을 가리킨다. 영어로는 force로 표현한다.

② 힘의 원리와 법칙

과학에서 말하는 힘은 아무렇게나 작용하는 게 아니라 원리와 법칙에 따라 작용합니다. 지 렛대의 원리나 낙하 법칙이 대표적이지요. 그렇다면 원리와 법칙의 차이는 무엇일까요?

[원리(principle)]

경험 또는 실험으로 밝혀진 현상의 성질.
모든 법칙의 바탕이 되는 법칙이다.

[법칙(law)]

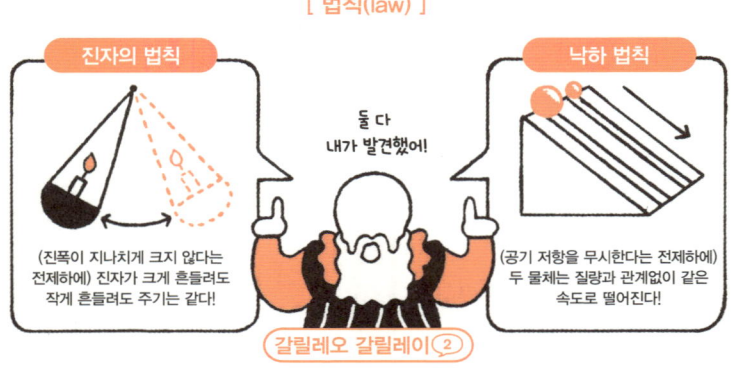

일정 조건을 만족할 때 성립하는 두 현상의 관계.
주로 원리에서 파생된다.

③ 근대 역학의 탄생

기원전부터 인류가 발견한 원리와 법칙은 셀 수 없이 많습니다. 그리고 17세기에 뉴턴은
요하네스 케플러③가 만든 케플러의 법칙②을 증명하는 과정에서 만유인력의 법칙③
을 발견했습니다.

[케플러의 법칙]

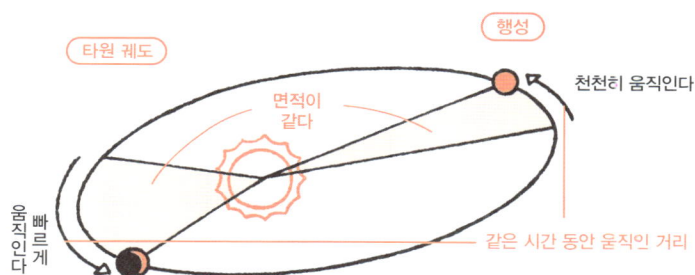

타원 궤도 / 행성 / 면적이 같다 / 천천히 움직인다 / 빠르게 움직인다 / 같은 시간 동안 움직인 거리

케플러는 행성이 타원 궤도를 따라 움직인다는 사실을 증명했다.
이 명제가 성립하려면 태양과 행성 사이에 작용하는 '힘'이 존재해야 한다.

[만유인력의 법칙]

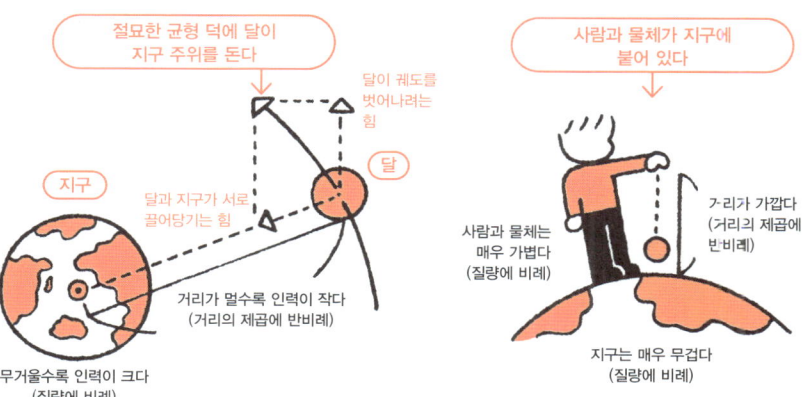

절묘한 균형 덕에 달이 지구 주위를 돈다 / 달이 궤도를 벗어나려는 힘 / 달 / 지구 / 달과 지구가 서로 끌어당기는 힘 / 거리가 멀수록 인력이 작다 (거리의 제곱에 반비례) / 무거울수록 인력이 크다 (질량에 비례)

사람과 물체가 지구에 붙어 있다 / 거리가 가깝다 (거리의 제곱에 반비례) / 사람과 물체는 매우 가볍다 (질량에 비례) / 지구는 매우 무겁다 (질량에 비례)

뉴턴은 행성과 사람 사이, 행성과 행성 사이에도 같은 힘이 작용한다는 사실을 알아냈다.

18세기에는 **레온하르트 오일러④**와 **조제프루이 라그랑주⑤**가 뉴턴 이후의 역학을 체계화해서 **뉴턴 역학④**을 완성했습니다. 당시 뉴턴 역학은 모든 자연현상에 적용되는 절대적인 법칙인 줄 알았지만, 20세기가 되어 빛의 속도에 가까운 속도로 움직이는 물질과 미시 세계의 물질에는 적용되지 않는다는 사실이 밝혀졌습니다.

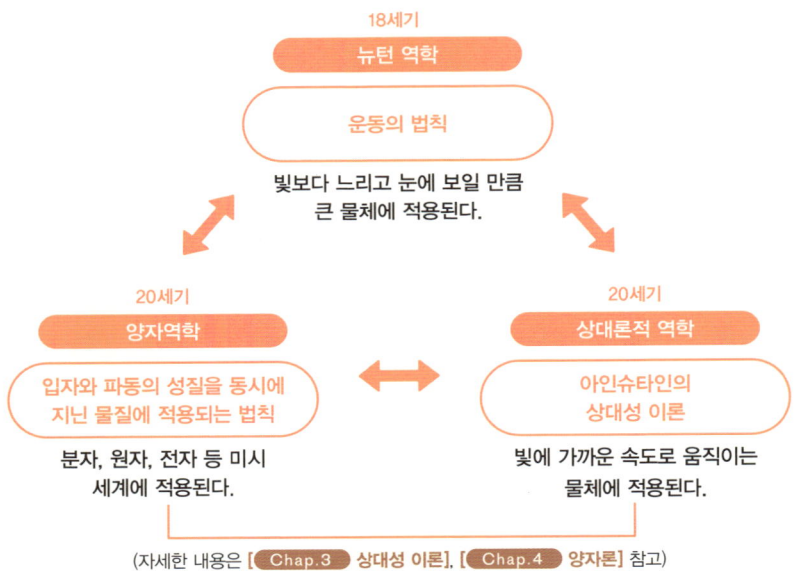

18세기
뉴턴 역학

운동의 법칙

빛보다 느리고 눈에 보일 만큼
큰 물체에 적용된다.

20세기
양자역학

입자와 파동의 성질을 동시에
지닌 물질에 적용되는 법칙

분자, 원자, 전자 등 미시
세계에 적용된다.

20세기
상대론적 역학

아인슈타인의
상대성 이론

빛에 가까운 속도로 움직이는
물체에 적용된다.

(자세한 내용은 [Chap.3 상대성 이론], [Chap.4 양자론] 참고)

4 역학을 배우기 전에

역학을 배우려면 **인력과 중력 5 6**, **질량과 무게 7 8**, **속도와 가속도 9 10**의 차이를 알아야 합니다. 이것만 확실히 알면 역학의 법칙도 쉽게 이해할 수 있습니다.

[인력과 중력]

지구의 자전

원심력 : 바깥으로 나아가려는 힘

중력

인력과 원심력을 합친 힘

인력 : 지구가 물체를 끌어당기는 힘

원심력은 적도에서 가장 크고 극지방으로 갈수록 작아진다. 그리고 인력도 지구 내부의 밀도 분포에 따라 달라진다. 그러므로 중력은 장에 따라 달라진다.

[질량과 무게]

질량 : 중력에 영향을 받지 않는 물체 자체의 물리량

무게 : 지구가 물체를 끌어당기는 힘의 크기

천칭에 올리면 질량을 잴 수 있다.

용수철에 달린 무게를 잴 수 있다.

질량은 중력의 크기가 달라도 일정하지만, 무게는 중력에 따라 달라진다. 가령 중력이 지구의 1/6인 달에서는 무게도 1/6이 된다.

[속도와 가속도]

$$V = d \div t$$

Velocity · **d**istance · **t**ime

속도 는 거리 를 시간 으로 나눈 값

$$A = V \div t$$

Acceleration · **V**elocity · **t**ime

가속도 는 속도 변화의 차이 를 차이가 생긴 시간 으로 나눈 값

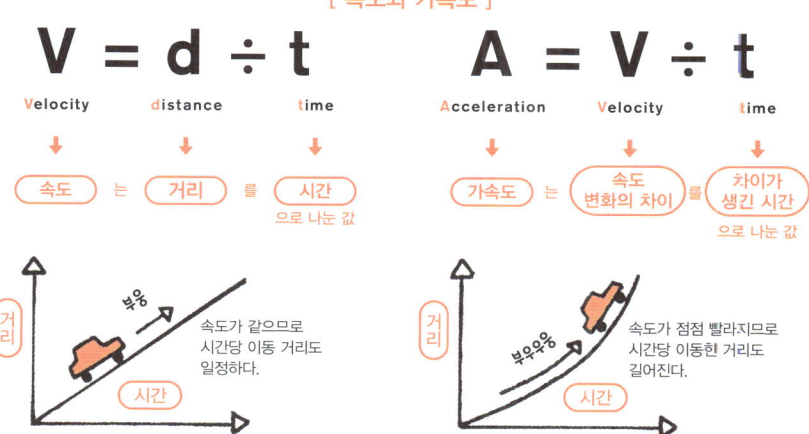

거리 / 시간 / 부웅 : 속도가 같으므로 시간당 이동 거리도 일정하다.

거리 / 시간 / 부우웅 : 속도가 점점 빨라지므로 시간당 이동한 거리도 길어진다.

공식에는 영어 단어의 첫 글자를 쓸 때가 많으므로,
영어 단어를 풀어쓰면 공식의 의미를 이해하기 쉽다.

⑤ 뉴턴 역학의 기초

이번에는 앞에서 배운 개념을 바탕으로 뉴턴 역학의 세 가지 운동 법칙을 배워 봅시다.

뉴턴의 제1법칙은 **관성의 법칙** ⑪ 입니다. 멈춰 있는 물체는 계속 멈추려 하고, 움직이는 물체는 계속 움직이려 한다는 법칙이지요.

[관성의 법칙]

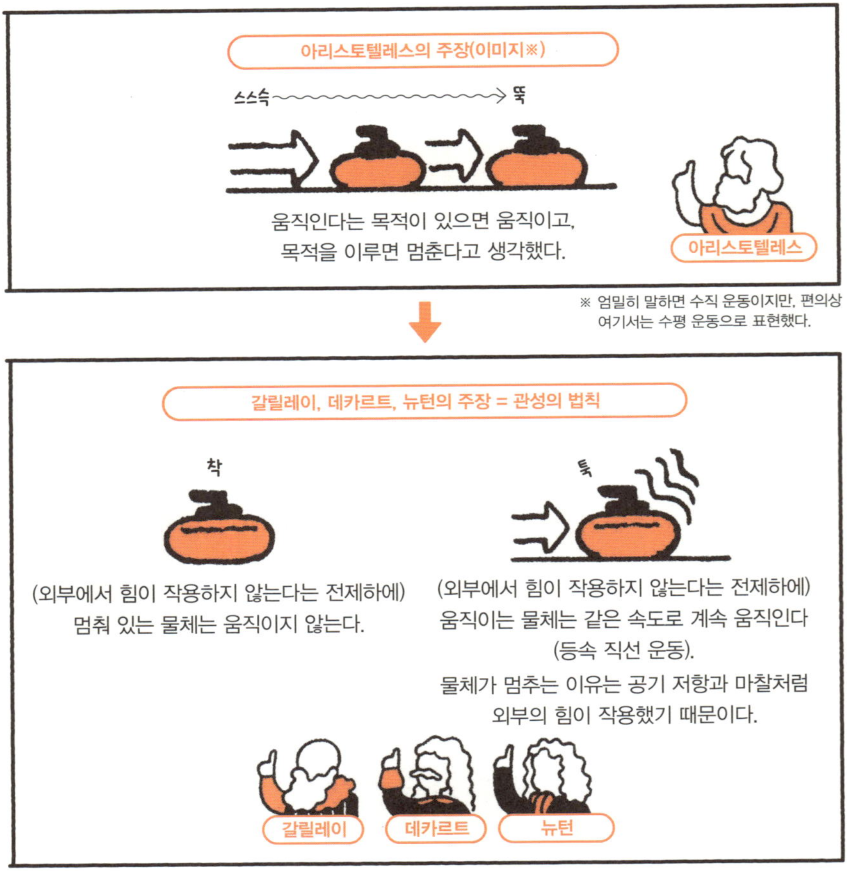

아리스토텔레스의 주장(이미지※)

스스슥 ⟶ 뚝

움직인다는 목적이 있으면 움직이고,
목적을 이루면 멈춘다고 생각했다.

아리스토텔레스

※ 엄밀히 말하면 수직 운동이지만, 편의상
여기서는 수평 운동으로 표현했다.

갈릴레이, 데카르트, 뉴턴의 주장 = 관성의 법칙

착

(외부에서 힘이 작용하지 않는다는 전제하에)
멈춰 있는 물체는 움직이지 않는다.

뚝

(외부에서 힘이 작용하지 않는다는 전제하에)
움직이는 물체는 같은 속도로 계속 움직인다
(등속 직선 운동).
물체가 멈추는 이유는 공기 저항과 마찰처럼
외부의 힘이 작용했기 때문이다.

갈릴레이   데카르트   뉴턴

제2법칙은 **운동 방정식** ⑫ 입니다. 힘과 가속도와 물질의 관계를 나타낸 법칙입니다.

[운동 방정식]

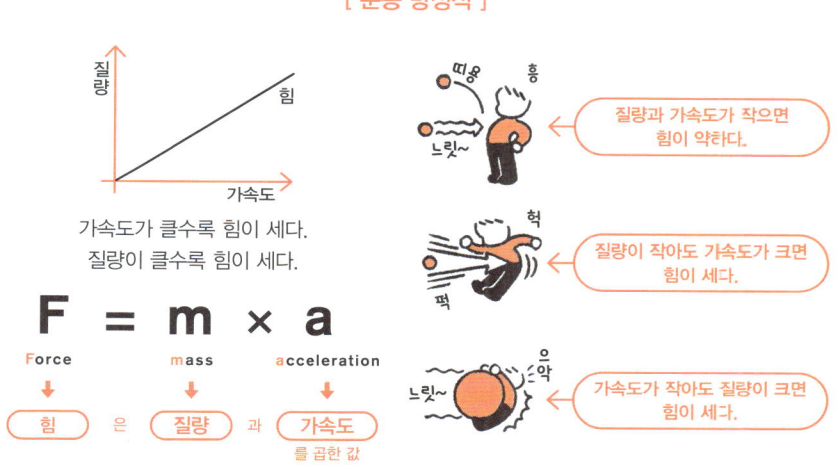

가속도가 클수록 힘이 세다.
질량이 클수록 힘이 세다.

$$F = m \times a$$

Force   mass   acceleration

힘   은   질량   과   가속도
를 곱한 값

질량과 가속도가 작으면
힘이 약하다.

질량이 작아도 가속도가 크면
힘이 세다.

가속도가 작아도 질량이 크면
힘이 세다.

힘을 나타내는 단위는 **N(뉴턴)** ⑬ 입니다.

힘 1N

$1 m/s^2$
(속도가 매초 1m/s씩 빨라진다.)

$$1 kg \times 1 m/s^2 = 1 N \text{ (ⓝewton)}$$

mass   acceleration   force
(질량)   (가속도)   (힘)

힘의 크기를 나타내는 단위는 N(뉴턴)이다.
1N은 질량 1kg짜리 물체를 $1m/s^2$의 가속도로 움직이게 하는 힘이다.

잠시 무게로 돌아갈까요? 질량과 달리 무게는 지구가 물체를 끌어당기는 힘의 크기였지요. 다시 말해 중력도 힘이므로 N(뉴턴)으로 나타냅니다.

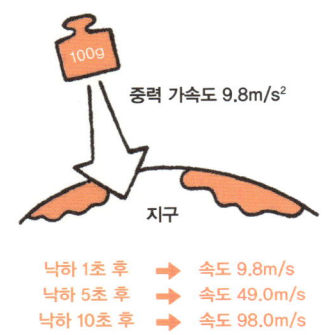

낙하 1초 후 ➡ 속도 9.8m/s
낙하 5초 후 ➡ 속도 49.0m/s
낙하 10초 후 ➡ 속도 98.0m/s

지구가 물체를 끌어당기는 속도도 빨라진다.
이를 중력 가속도(g)라고 한다.

$0.1kg \times 9.8m/s^2 = 0.98N$(약 1N)
mass (질량)　　acceleration (가속도)　　force (힘)

무게가 100g인 물체에는
약 1N의 힘이 작용한다.

마지막으로 제3법칙은 **작용 반작용의 법칙** ⑭입니다. 물체를 밀면 같은 힘으로 밀려나고, 끌어당기면 같은 힘으로 당겨진다는 법칙입니다.

[작용 반작용의 법칙]

두 힘의 크기는 같으며 같은
선 위에 있다.

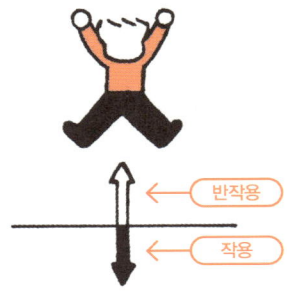

우리가 뛰어오를 수 있는 이유는, 지면을 발로
밀었을 때(작용) 생기는 반작용 덕분이다.

열이란 무엇일까?
−과학 용어와 열역학 기초 지식−

① 열은 무엇으로 이루어져 있을까?

열에 관한 연구가 활발해진 시기는 **증기기관 15** 이 활약한 19세기이지만, 과학자들은 그 전부터 열을 연구해 왔습니다. 당시에는 열의 정체가 열소(熱素, Caloric)* 라는 설이 주류를 이루었습니다.

[열소설 16]

차가운 물체 → 열 열 열

뜨거운 물체 → 열 열 열
               열 열

바로 이거야!

라부아지에

과학자들은 열전도를 열소(Caloric)가 많은(=뜨거운) 물체에서 열소가 적은(=차가운) 물체로 열소가 이동하는 현상이라고 생각했다.

하지만 18세기에서 19세기에 걸친 연구 끝에 열의 정체는 미립자(微粒子)** 의 운동으로 밝혀졌습니다.

• 　18세기 초에 연소를 설명하기 위하여 상정하였던 물질. 물질이 타는 것은 그 물질에서 이것이 빠져나가는 현상이라고 보았다. 현재는 부정되고 있다.

•• 　원자나 원자핵 따위의 물질을 이루는 아주 작은 구성원.

그 과정을 소개하기 전에 우선 물리학에서 정의한 **힘①**과 **일⑰**과 **에너지⑱**의 개념부터 배워 봅시다. 열역학을 잘 이해하려면 용어를 확실히 알아야 하니까요.

[힘(Force)]

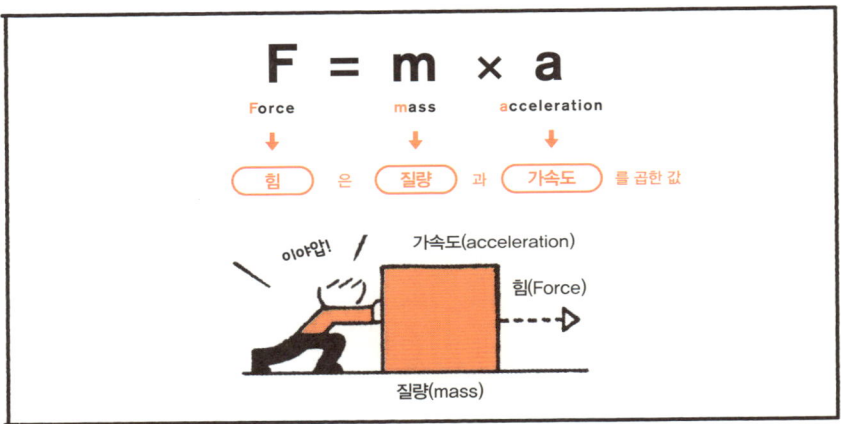

[일(Work)]

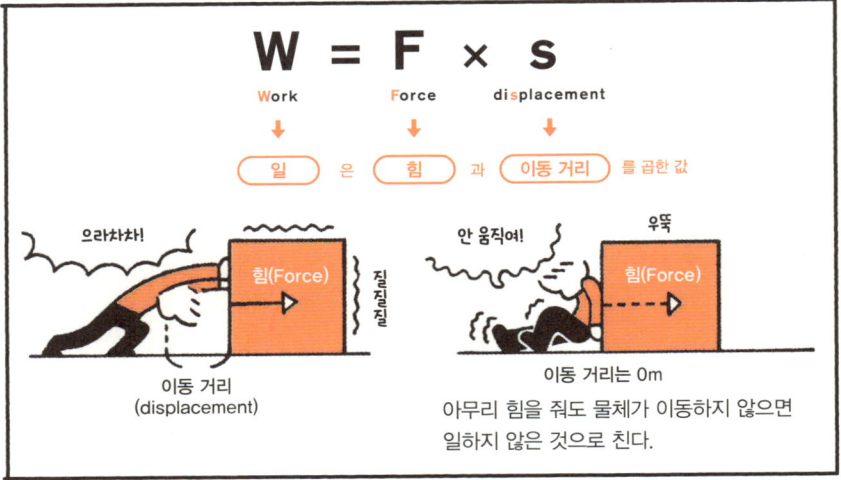

아무리 힘을 줘도 물체가 이동하지 않으면 일하지 않은 것으로 친다.

[에너지(Energy)]

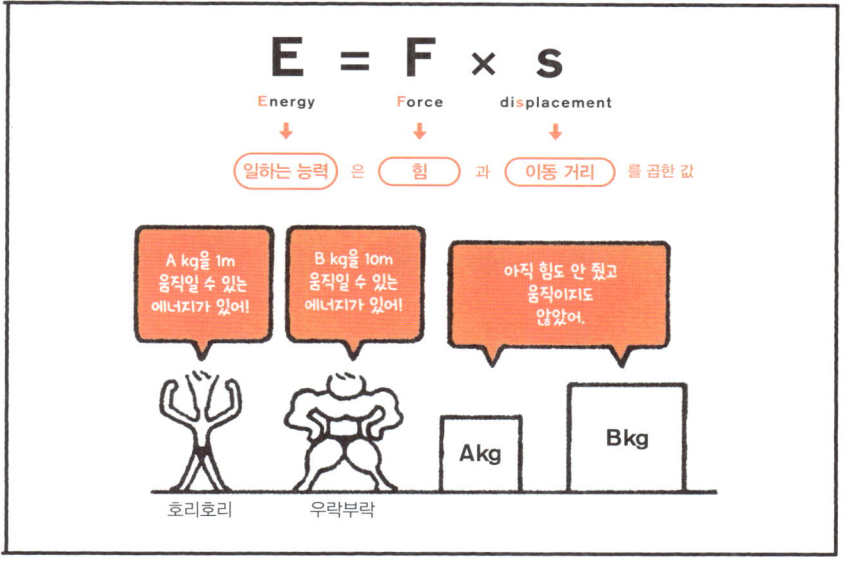

② 열의 정체는 무엇일까?

앞에서 물리학의 기본적인 용어들을 배웠으니 이제 열 이야기로 다시 돌아가 볼까요? 우선 18세기 말에는 역학적인 일이 열로 변환된다는 사실이 밝혀졌습니다.

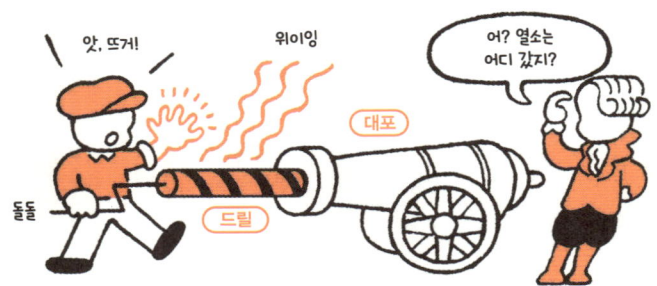

대포 포신에 구멍을 뚫는 작업을 할 때 철에 열이 생기는 현상을 통해,
열소가 없어도 일을 하면 열이 생긴다는 사실이 밝혀졌다(그러나 주류는 열소설이었다).

19세기에는 **제임스 줄**⑥이 일과 열은 형태만 다를 뿐 에너지의 총량이 같다는 사실을 증명했습니다.

추가 낙하하는 '일'로 회전날개가 회전하면서 물을 휘젓는다. 이때 올라가는 물의 온도를 측정한다.
실험 결과, 일과 열의 에너지는 같았으며, 열에도 **에너지 보존 법칙**⑲이 성립했다.

[열의 일당량]

줄의 이름에서
따왔다.

$$1_{cal} \fallingdotseq 4.2J \; (줄) \; [20]$$

열량 1cal(칼로리[21])는 약 4.2J의 물리적 일의 양

※ 1J은 1N의 힘이 물체를 1m 움직일 때 일의 양

그리고 19세기 중반에는 **루돌프 클라우지우스**⑦가 **열역학**[22] 법칙과 **엔트로피**[23] 개념을 창시했습니다.

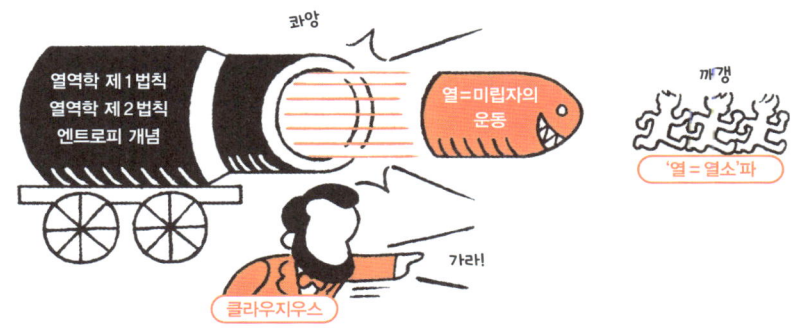

'열=미립자의 운동'이라는 개념을 바탕으로 열역학 법칙이 정립되었다.

새 이론과 새로운 발견으로 열의 정체는 열소가 아닌 미립자의 운동으로 밝혀졌습니다.

③ 열역학의 기초

열역학의 대표 법칙들을 알아볼 차례입니다. 첫 번째는 열역학 제1법칙으로, 간단히 말해서 열과 일의 에너지 총량은 같으며 에너지가 보존된다는 내용입니다.

[열역학 제1법칙]

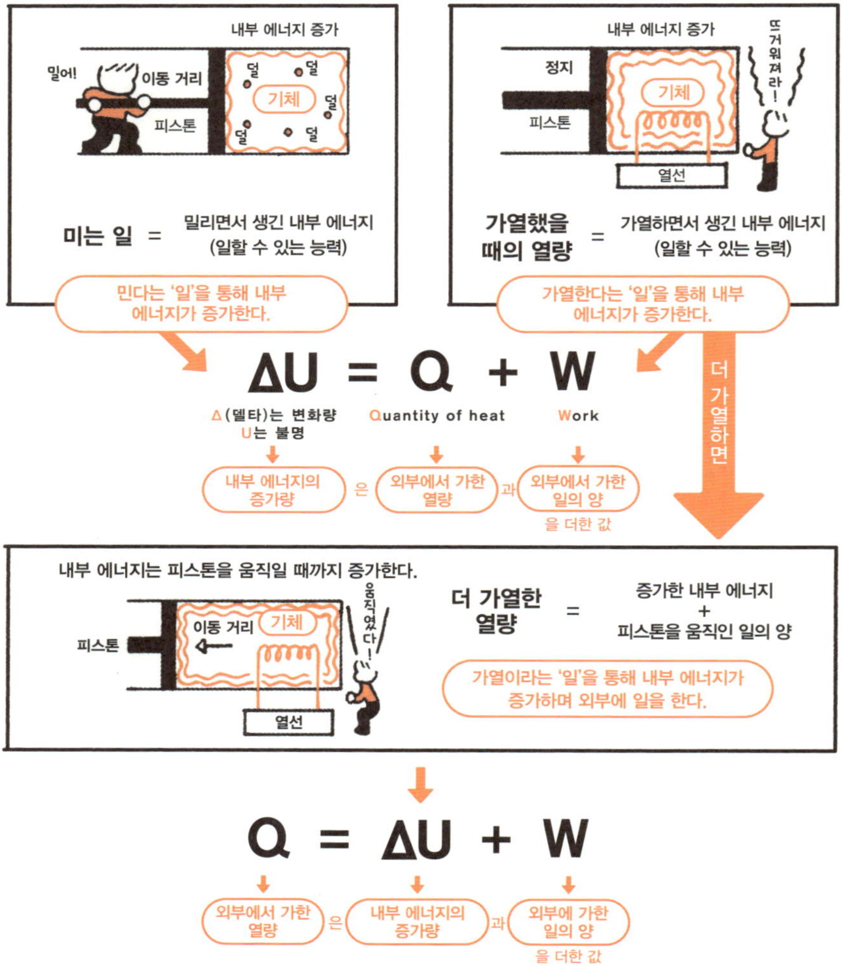

내부 에너지 증가

밀어!   이동 거리   덜   덜
피스톤   기체   덜
덜   덜

미는 일 = 밀리면서 생긴 내부 에너지
(일할 수 있는 능력)

민다는 '일'을 통해 내부 에너지가 증가한다.

내부 에너지 증가   뜨거워져라!

정지   기체
피스톤
열선

가열했을 때의 열량 = 가열하면서 생긴 내부 에너지
(일할 수 있는 능력)

가열한다는 '일'을 통해 내부 에너지가 증가한다.

$$\Delta U = Q + W$$

Δ(델타)는 변화량   Quantity of heat   Work
U는 불명

내부 에너지의 증가량   은   외부에서 가한 열량   과   외부에서 가한 일의 양
을 더한 값

더 가열하면

내부 에너지는 피스톤을 움직일 때까지 증가한다.

움직였다!
피스톤   이동 거리   기체
열선

더 가열한 열량 = 증가한 내부 에너지
+
피스톤을 움직인 일의 양

가열이라는 '일'을 통해 내부 에너지가 증가하며 외부에 일을 한다.

$$Q = \Delta U + W$$

외부에서 가한 열량   은   내부 에너지의 증가량   과   외부에 가한 일의 양
을 더한 값

열역학 제1법칙은 증기기관의 구조와도 연관성이 깊은 만큼 여기서 증기기관도 함께 소개하고 넘어가겠습니다.

[증기기관]

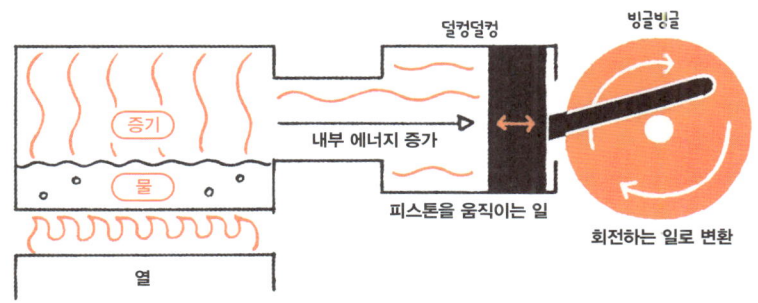

증기기관은 열역학 제1법칙에 따라 에너지를 열에서 일로 변환한다.

다음으로 열역학 제2법칙을 알아볼까요? 뜨거운 물체는 반드시 차가워진다는 법칙인데요.

[열역학 제2법칙]

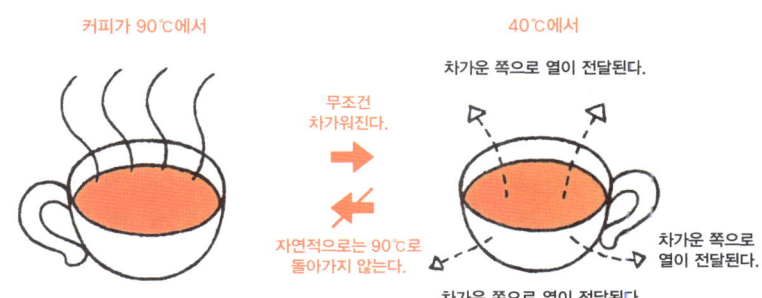

열 **24**은 무조건 온도 **25**가 높은 쪽에서 낮은 쪽으로 전달된다.
인위적으로 힘을 가하지 않는 이상 변하지 않는 자연의 법칙이다.

엔트로피라는 개념으로 열역학 제2법칙을 설명하면, "엔트로피*(무질서도, 불규칙성)는 반드시 증가한다"라고 할 수 있습니다.

5℃의 우유

시간이 지나면

90℃의 차

제대로 섞이지 않은
상태

차와 우유가 섞이지 않았을 때는
엔트로피(무질서도, 불규칙성)가 작다.

80℃의 차

차와 우유가 완전히 섞인
상태

차와 우유가 섞이면서 커진 엔트로피는
저절로 작아지지 않는다.

마지막으로 열역학 제3법칙입니다. **절대영도 26** 에서는 움직임이 멈춘다는 법칙이지요.

[열역학 제3법칙]

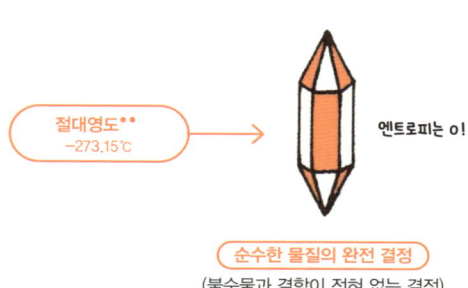

절대영도**
−273.15℃

엔트로피는 0!

순수한 물질의 완전 결정
(불순물과 결함이 전혀 없는 결정)

물질은 온도가 내려가면 기체→액체→고체 순으로 형태가 바뀌면서 물질 내부에 존재하는 원자의 움직임이 느려진다. 그리고 절대영도가 되면 움직임이 완전히 멈추고 엔트로피도 0이 된다.

●   열의 이동과 더불어 유효하게 이용할 수 있는 에너지의 감소 정도나 무효(無效) 에너지의 증가 정도를 나타내는 양.
●●   절대 온도의 기준 온도. 영하 273.15℃로, 이상 기체의 부피가 이론상 0이 되는 점이다.

전자기란 무엇일까?

―전기와 자기를 나타내는 단위와 공식의 이해―

1 전기와 자기의 시초

고대 그리스 시대, 깃털을 호박에 문질렀더니 달라붙는 현상에서 **전기** ㉗에 대한 인간의 탐구가 시작되었습니다.

전기를 가리키는 영어 electricity는, 호박을 뜻하는 그리스어 elektron에서 유래했다.

그리고 **자기(磁氣)** ㉘에 대한 탐구도 마찬가지로 고대 그리스 마그네시아 지방의 돌이 철을 끌어당기는 현상에서 시작되었습니다.

자석을 가리키는 영어 magnet(마그넷)의 어원은,
고대 그리스의 마그네시아 지방에서 채굴한 '마그네시아의 돌'이다.

시간이 흘러 18세기에는, 전기력과 자기력에 두 극❷❾이 있다는 사실이 밝혀졌고, 서로 다른 두 극끼리 끌어당기거나 밀어내는 힘은 거리의 제곱에 반비례한다는 법칙을 샤를 쿨롱⑧이 유도했습니다. 이후 쿨롱(C)은 전하❸⓿의 단위가 되었습니다.

[쿨롱의 법칙]

두 극이 서로 끌어당기는 힘은
멀어질수록 약해진다
(거리의 제곱에 반비례한다).

음전하(자하)를
띤 물체

거리

양전하(자하)를 띤 물체

같은 극끼리는 밀어낸다.

두 전하의 곱이 클수록
끌어당기는 힘은 세진다
(전하의 곱에 비례한다).

전기력과 자기력은
뉴턴의 만유인력과 마찬가지로
거리의 제곱에 반비례한다.

전하(electric charge) = 물체가 띤 전기의 양

↓ ↓
전기   띠다, 축적하다   (쿨롱)

단위는 **C**

내 이름을 땄어!

쿨롱

$$C = A \times s$$

Coulomb   Ampere   second

↓ ↓ ↓

전하(전기량) 는   전류 에   시간(초)
을 곱한 값

전류가 셀수록, 전류가 오래 흐를수록 전하가 크다.

• 자하(磁荷) : 자기극 사이에 작용하는 자기적 힘의 크기로, 자기극의 세기를 나타내는 양. =자기량.

18세기 말에는 **알레산드로 볼타⑨**가 볼타 **전지❸❶**를 발명했습니다. 그의 이름을 따 전압의 단위는 볼트(V)로 정해졌습니다.

[볼타 전지]

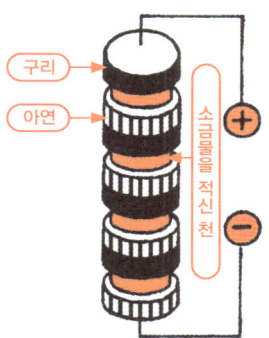

구리
아연
소금물을 적신 천
➕
➖

전지의 발명으로 전력을 언제든지 안정적으로 공급할 수 있게 되면서 전자기학이 발전했다.

전압(voltage) = 전하를 밀어내는 압력이라는 의미로 만든 용어지만, 실제로 전압은 두 점 사이의 전위(전하를 이동시키는 에너지) 차이다.

(볼트)

단위는 **V**

내 이름을 땄어!

볼타

흐를 수 있음

전위차가 작다 = 전압이 낮다

흐르기 쉬움

전위차가 크다 = 전압이 높다

② 전기와 자기의 연결고리

과거의 과학자들은 전기와 자기를 별개의 힘으로 생각했지만, 19세기 초 **앙드레 앙페르** ⑩가 전기와 자기의 연관성을 발견했습니다. 이후 앙페르는 전류의 단위(A)가 되었습니다.

[오른나사의 법칙]

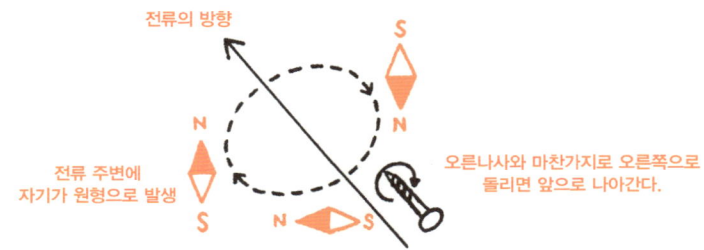

전기와 자기는 별개의 힘이 아니라 동시에 발생한다.
그뿐만 아니라 전류의 방향과 자기의 방향에도 법칙성이 있다(**오른나사의 법칙** ㉜).

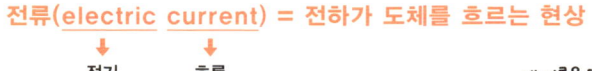

전류(electric current) = 전하가 도체를 흐르는 현상

전기   흐름

전류의 세기(흐르는 전하의 양)를 측정하는 단위는

내 이름을 땄어!

(암페어)

A

암페어

$$A = C \div s$$

Ampere   Coulomb   second

전류의 세기 는 1초 에 흐른 전하 (전기의 양)

초당 흐른 전하가 많을수록 전류의 세기가 크다.

한편, **게오르크 옴**⑪은 전압과 전류와 저항의 관계를 나타내는 옴의 법칙을 발견했습니다. 이를 기리는 의미에서 저항의 단위(Ω)에는 옴의 이름이 붙었습니다.

[옴의 법칙]

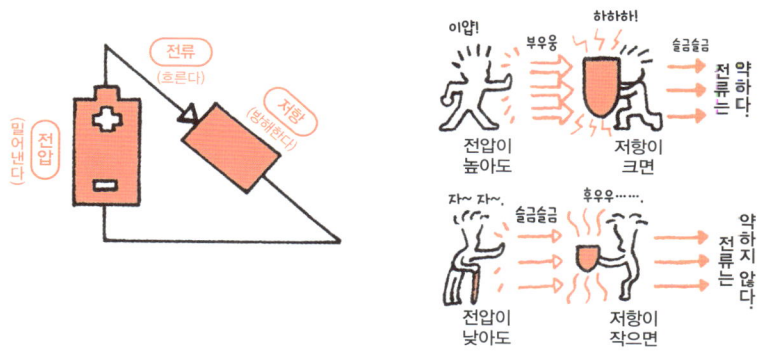

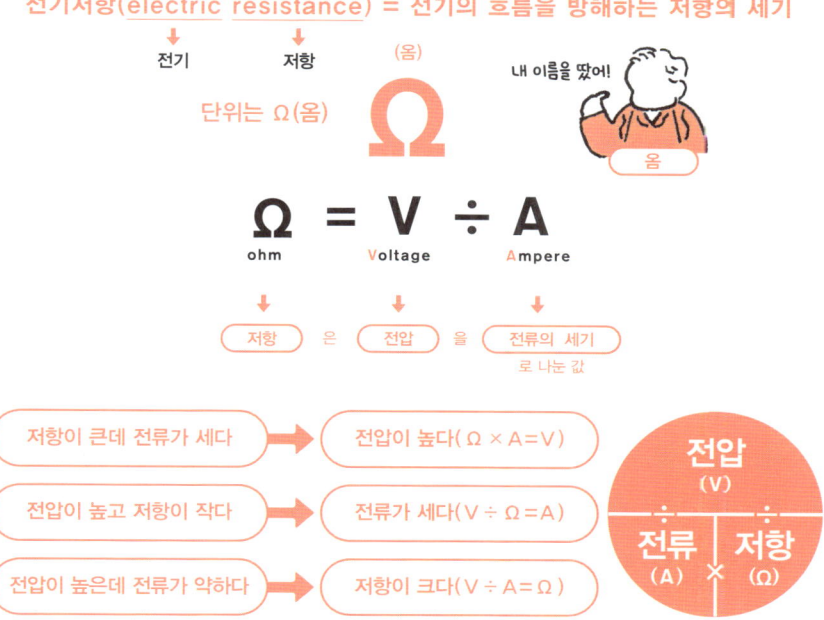

전기저항(electric resistance) = 전기의 흐름을 방해하는 저항의 세기

전기   저항   (옴)

단위는 Ω(옴)

내 이름을 땄어!

$$\Omega = V \div A$$

ohm   Voltage   Ampere

저항 은 전압 을 전류의 세기 로 나누는 값

저항이 큰데 전류가 세다 ➡ 전압이 높다($\Omega \times A = V$)

전압이 높고 저항이 작다 ➡ 전류가 세다($V \div \Omega = A$)

전압이 높은데 전류가 약하다 ➡ 저항이 크다($V \div A = \Omega$)

전압
(V)
─────
전류 | 저항
(A) × (Ω)

마찬가지로 19세기의 과학자 **마이클 패러데이** ⑫는 전기와 자기의 상호작용에 관한 **전자기유도** ㉝ 법칙을 발견했습니다.

[패러데이의 전자기유도 법칙]

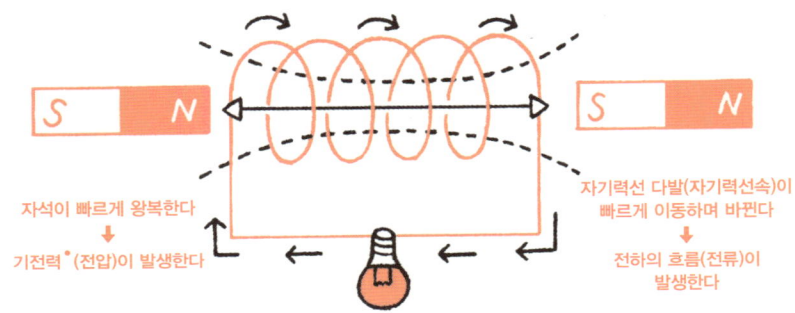

자석이 빠르게 왕복한다
↓
기전력*(전압)이 발생한다

자기력선 다발(자기력선속)이
빠르게 이동하며 바뀐다
↓
전하의 흐름(전류)이
발생한다

앙페르의 오른나사의 법칙은, 전기의 흐름이 자기장을 만든다는 내용이고,
패러데이의 전자기유도 법칙은, 자기장의 변화가 전기를 만든다는 내용이다.

패러데이도 원래 전하를 나타내는 단위였지만, 지금은 쿨롱으로 통일되었습니다.

어라? 내 이름이
아니야?

(쿨롱)

단위는 F가 아니라 **C**

패러데이

이처럼 전기와 자기는 떼려야 뗄 수 없는 관계였기에 둘을 통틀어 전자기로 부르게 되었습니다.

• 두 점 사이의 전위차를 발생시켜 전류를 흐르게 하는 힘. 단위는 볼트(V)

③ 전자기학의 발전

패러데이는 전자기유도 법칙뿐만 아니라 근접 작용 ㉞의 원리를 발견하는 한편 전기장과 자기장 ㉟을 비롯한 장(field) ㊱ 개념을 고안했습니다.

[원격 작용]

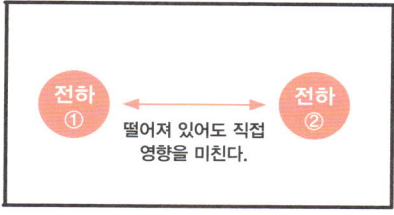

[근접 작용]

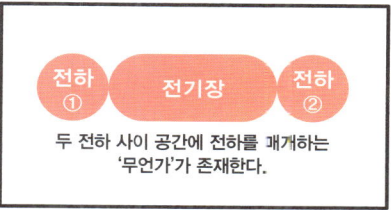

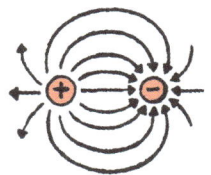

전기력선이 짧다.

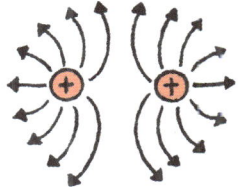

전기력선이 길다.

보이지 않는 '무언가'가 실처럼 뻗어 다양한 힘을 전달하는
전기 주변 공간을 장(場)이라고 한다.
(현대 과학자들은 장의 정체를 광자 ㊲로 추정한다.
자세한 내용은 [Chap.4 양자론] 참고.)

제임스 맥스웰⑬은 전자기파㊳의 존재를 미리 내다봤으며, 하인리히 헤르츠⑭는 전자기파의 존재를 증명했습니다. 훗날 헤르츠는 주파수㊴의 단위(Hz)가 되었습니다.

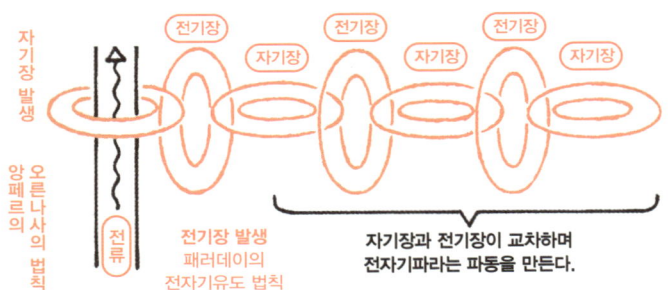

맥스웰은 주변에 존재하는 전자기파의 존재를 내다보고, 빛도 전자기파의 일종이라고 주장했다.

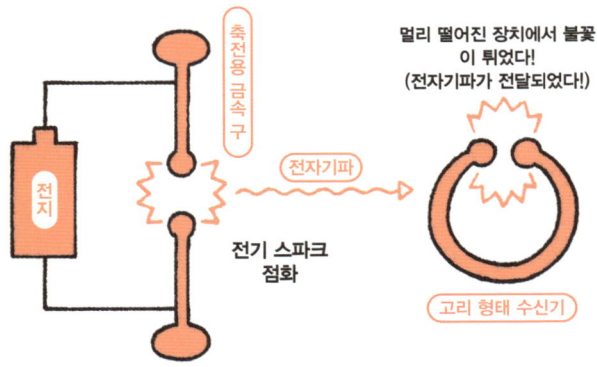

헤르츠는 전기를 점화하는 실험을 하던 중 우연히 멀리 떨어진 장치에서 불꽃이 튀는 현상을 목격했다.
이는 전자기파의 존재를 증명하는 계기가 되었다.

주파수(frequency) = 1초 동안 반복된 주기적 변화의 횟수

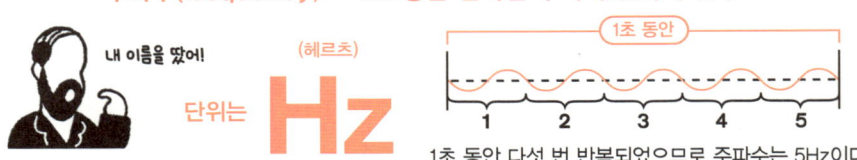

1초 동안 다섯 번 반복되었으므로 주파수는 5Hz이다.

이처럼 전자기학은 시간이 지나며 눈부신 발전을 이뤘습니다. 그렇다면 '전류(電流)'란 무엇일까요? 전류는 원자를 이루는 전자 ❹ 의 이동입니다. 전자의 발견은 20세기 원자물리학과 양자론의 발전으로 이어졌습니다([Chap.4 양자론]).

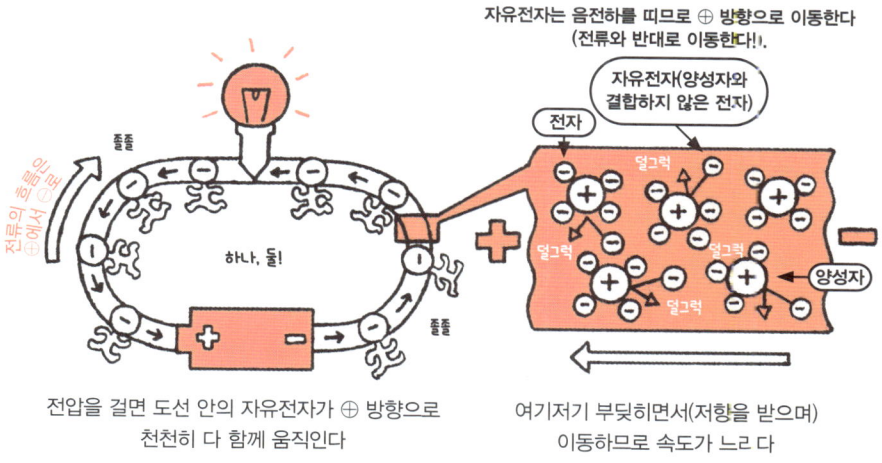

전압을 걸면 도선 안의 자유전자가 ⊕ 방향으로
천천히 다 함께 움직인다

여기저기 부딪히면서(저항을 받으며)
이동하므로 속도가 느리다

19세기 말에 양성자와 전자가 발견되면서 전류의 메커니즘이 확립되었다.
⊕에서 ⊖ 방향으로 이동하는 전류는 상상에 불과했고,
실제로는 모든 자유전자가 ⊖에서 ⊕ 방향으로 이동하는 형태였다.

물리학의 소개는 여기까지입니다. 다음 장부터는 지금까지 배운 내용을 바탕으로 상대성이론의 기초를 살펴보겠습니다.

핵심 용어와 핵심 인물을 알아보자
KEYWORD & KEYPERSON

갈릴레이와 뉴턴이 발견한 힘의 원리와 법칙은 고전역학이라는 이름으로 체계화되었습니다. 열 역시 정체가 무엇인지를 두고 중세부터 논쟁이 끊이지 않았지만, 산업혁명 이후 열역학 연구를 거듭하며 발전했습니다. 마지막으로 별개의 힘인 줄 알았던 전기력과 자기력은 근대에 접어들어 전자기력이라는 하나의 힘으로 취급하게 되었습니다. 과학자들이 이룬 업적은 현대까지 이어졌고, 이제 없어서는 안 될 만큼 중요해졌습니다.

※ 앞 Chapter에서 소개한 키워드는 간단하게만 짚고 넘어갑니다.

2-1
힘이란 무엇일까?
−과학 용어와 역학 법칙의 기초 지식−

KEYWORD

① 힘
power / force
force는 물체를 변화·변형시키는 작용이고, power 는 일하거나 활동하는 데 필요한 힘과 능력이다.
➡ force는 물리학 고유의 의미가 포함된 용어이다.

② 케플러의 법칙
Kepler's laws
케플러가 발견한, 행성의 운동에 관한 세 가지 법칙.
➡ ① 행성의 운동은 타원 궤도를 그리며, 타원의 초 점 중 한 곳에 태양이 있다. ② 태양과 행성을 연결한 선분이 같은 시간 동안 쓸고 지나간 면적은 항상 같 다. ③ 행성 공전 주기의 제곱은 타원 궤도 긴반지름 의 세제곱에 비례한다.
케플러의 법칙은 만유인력의 법칙 발견으로 이어졌다.

③ 만유인력의 법칙
law of universal gravitation
모든 물체 사이에 존재하는, 서로를 끌어당기는 힘(만 유인력, p.36)의 크기는 각 물체 질량의 곱에 비례하 며 거리의 제곱에 반비례한다는 법칙.

④ 뉴턴 역학
Newtonian mechanics
뉴턴의 운동 법칙을 바탕으로 만들어진 역학의 이 론 체계.
➡ 상대성 이론 및 양자역학과 대비되는 학문으로, 고전역학(classical mechanics)이라고도 한다. 현재 고전역학은 뉴턴 역학과 상대론적 역학을 통틀어 가 리킬 때 쓰인다.

⑤ 인력
attraction
두 물체가 서로 끌어당기는 힘.
➡ 질량을 가진 물체끼리 서로 끌어당기는 힘을 인 력(引力), 반대로 서로 밀어내는 힘을 척력(斥力)이 라고 한다. 참고로 서로 반대되는 전하끼리 끌어당 기고 같은 전하끼리 밀어내는 힘은 쿨롱 힘이라고 한다(p.60).

⑥ 중력
gravity
지구의 만유인력과 지구가 자전하면서 생기는 원심 력의 합력(合力). 지구상의 물체에 작용한다.
➡ 적도 부근이나 표고가 높은 산 정상에서는 원심력 이 세므로, 인력이 같아도 중력이 약하다.

⑦ 질량
mass
물체에 포함된 물질의 양.
➡ 환경이 달라져도 변하지 않는 물체 자체의 물 리량.

8 무게
weight
물체에 작용하는 중력의 크기.
➡ 적도 부근이나 표고가 높은 산 정상에서는 중력이 약하므로 무게도 가볍다.

9 속도
speed / velocity
speed는 물체가 나아가는 빠르기(속력)이고 velocity는 물체가 특정 방향으로 이동하는 빠르기(속도)이다.
➡ 일상에서는 속력과 속도의 의미를 구분하지 않지만, 물리학에서는 엄밀히 구분해서 사용한다.

10 가속도
acceleration
시간에 따른 속도의 변화량.
➡ 등가속도 직선 운동은 시간당 가속도가 일정한 운동이다.

11 관성의 법칙
law of inertia
외부에서 힘이 작용하지 않는다는 전제하에, 멈춰 있는 물체는 계속 멈춰 있고 등속 직선 운동 중인 물체는 계속 등속 직선 운동을 한다는 법칙.
➡ 달리던 버스가 갑자기 멈추면 승객들은 앞으로 쏠릴 것이다. 이는 버스가 멈춰도 앞으로 나아가려는 힘이 계속 작용하기 때문이다. 이렇게 앞으로 나아가려는 힘을 관성력이라고 한다. 관성력의 크기는 질량에 비례한다.

12 운동방정식
equation of motion
물체의 운동을 설명하는 기본 방정식.
➡ 뉴턴 역학의 운동 제2법칙에 해당하며, $F=ma$로 표현한다.

13 N(뉴턴)
newton
국제 표준 단위계에서 힘을 나타내는 단위.
➡ 1N은 1kg의 질량을 가진 물체에 작용하여 매초 1m의 가속도를 발생시키는 힘이다.

14 작용 반작용의 법칙
law of action and reaction
어떤 물체가 다른 물체에 작용할 때, 크기가 같고 방향이 반대인 반작용도 존재한다는 법칙.
➡ 총을 쏠 때 몸에 반동이 오는 이유는 총알에 가해진 힘의 반작용 때문이다.

KEYPERSON

① 아이작 뉴턴 (→ Chapter 1)

Issac Newton(1642~1727)
영국의 물리학자, 천문학자, 수학자.

➡ 사과가 떨어지는 것을 보고 영감을 얻었다는 일화로 유명하지만, 실화가 아닐 가능성이 크다. 1660년대 중반 영국에서 유행하던 페스트를 피해 고향으로 돌아와 지냈던 1년 반 동안 만유인력과 운동방정식 등의 연구를 크게 발전시켰다. 당시 머물던 본가 정원의 사과나무는 '뉴턴의 사과'로 불리며, 접목으로 번식시킨 자손 나무는 지금도 세계 어딘가에서 자라고 있다.

② 갈릴레오 갈릴레이 (→ Chapter 1)

Galileo Galilei(1564~1642)
이탈리아의 물리학자, 천문학자.

➡ 피사의 사탑에서 한 낙하 실험이 유명한데, 이는 제자가 지어낸 이야기일 뿐 실제로는 경사진 레일에 공을 굴리는 실험이었다고 한다. 그러나 무거운 공이 빠르게 떨어진다는, 고대 그리스부터 전해 내려오던 상식을 실험과 관찰로 뒤집은 업적은 높이 평가받을 만하다.

③ 요하네스 케플러

Johannes Kepler(1571~1630)
독일의 천문학자.

➡ 행성이 원 궤도를 따라 움직인다는 당시의 상식을 뒤집고, 타원 궤도를 도는 행성 운동의 법칙을 도출했다.

④ 레온하르트 오일러

Leonhard Euler(1707~1783)
스위스의 수학자, 물리학자.

➡ 위대한 수학자로 유명하지만(c.195), 물리학자로서도 뉴턴 역학을 발전시키는 등 수많은 업적을 남겼다. 강체(剛體)*에 관한 운동방정식과 완전유체(完全流體)**에 관한 운동방정식처럼 본인의 이름이 붙은 서로 다른 분야의 오일러 방정식은 유명하다.

⑤ 조제프루이 라그랑주

Joseph-Louis Lagrange(1736~1813)
프랑스의 물리학자, 수학자.

➡ 뉴턴 이후 역학을 해석학(p.194)으로 정리한 《해석역학》(1788)은 역사에 길이 남을 논문이다.

---

* 어떤 힘을 받아도 절대 변형되지 않는 가상의 물체.
** 점성을 전혀 나타내지 않는 성질을 지닌 가상의 유체.

2-2
열이란 무엇일까?
– 과학 용어와 열역학 기초 지식 –

KEYWORD

⑮ 증기기관
steam engine

증기를 이용해 열에너지를 기계적인 일로 변환하는 원동기.

➡ 18세기 후반 산업혁명의 큰 원동력이자 열역학 발전을 위한 초석이 되었다. 과학, 기술, 경제 활동이 서로 밀접하게 연관된 오늘날의 사회를 만든 바탕이기도 하다.

⑯ 열소설
caloric theory

열의 정체를 열소(caloric)라는 물질로 가정하여, 열소의 양에 따라 물체의 온도가 결정된다고 주장한 가설.

➡ 열소설 외에도, 물질에서 플로지스톤이 빠져나간 결과로 연소 현상을 설명한 플로지스톤설도 있었다.

⑰ 일
work

역학에서 물체에 가한 힘(force)과 물체가 움직인 이동 거리의 곱.

➡ 물리학과 달리, 일반적으로 '일'은 무언가를 이루기 위한 행동 또는 직업을 뜻한다.

⑱ 에너지
energy

물체가 '일'을 할 수 있는 능력.

➡ 역학 에너지, 빛에너지, 전기 에너지, 열에너지, 화학 에너지, 원자력 등 다양한 에너지가 존재한다. 상대성 이론에서는 질량 자체도 에너지의 형태를 띤다고 설명한다.

⑲ 에너지 보존 법칙
law of conservation of energy

외부의 간섭을 받지 않는다는 전제하에 에너지가 이동하거나 에너지의 형태가 변해도 에너지의 총량은 같다는 법칙.

➡ 역학에서는 위치 에너지가 운동 에너지로 바뀌어도 형태가 바뀔 뿐, 에너지의 총량은 변하지 않는다는 사실로부터 에너지 보존 법칙이 탄생했다. 줄의 연구로 열에도 에너지 보존 법칙이 성립된다는 사실이 밝혀졌으며, 나중에는 질량, 전자기, 화학, 원자 등 여러 자연현상에 모두 통용되는 기본적인 법칙으로 자리 잡았다.

⑳ J(줄)
joule

에너지, 일당량*, 열량, 전력량에 쓰이는 단위.

➡ "1N의 힘이 물체를 한 방향으로 1m 움직일 때 일의 양"으로 정의한다. 열량과 전력량을 측정할 때도 쓰인다.

---

* 역학적 에너지와 열에너지가 서로 값이 같음을 표시하는 양. 1cal의 열에너지는 4.186줄(J)의 역학적 에너지와 맞먹기 때문에, 일당량은 4.186줄당 1cal로 표시한다.

㉑ cal(칼로리)

calorie

1기압에서 물 1g의 온도를 1℃ 올리는 데 필요한 열량.
➡ 열을 뜻하는 라틴어 calor가 어원이다.

㉒ 열역학

thermodynamics

열과 일의 기본적인 관계와 열 현상의 근본적인 법칙을 다루는 학문.

㉓ 엔트로피

entropy

무질서도, 불규칙성을 나타내는 양.
➡ 전환되는 움직임을 뜻하는 그리스어 entropē에서 따 클라우지우스가 명명했다.

㉔ 열

heat

온도를 바꾸는 에너지의 형태(열에너지).
➡ 온도가 높은 물체에서 온도가 낮은 물체로 이동하는 열에너지의 양을 열량이라고 한다. 열량의 단위는 J(줄), cal(칼로리)이다.

㉕ 온도

temperature

물체의 뜨거운 정도 또는 차가운 정도를 나타내는 척도.
➡ 물체 내 분자와 원자가 가진 운동 에너지의 평균값으로, 단위는 ℃(섭씨), K(켈빈) 등 다양하다.

㉖ 절대영도

absolute zero point

열역학에서 정의한 최저 온도. 절대온도로는 0K(켈빈), 섭씨온도로는 −273.15℃이다.
➡ 절대영도에서는 분자와 원자의 운동 에너지가 0이 되며, 열이 존재하지 않으므로 엔트로피 역시 0이 된다. 그러나 이는 이상적인 수치일 뿐 실제로는 절대영도에 도달할 수 없다.

KEYPERSON

⑥ 제임스 줄

James Prescott Joule(1818~1889)
영국의 물리학자.

➡ 원자론으로 유명한 존 돌턴(p.222)에게 가르침 받던 때를 제외하면, 자택의 실험실에서 거의 혼자 연구했다. 전류의 열작용을 설명한 줄의 법칙을 발견했으며, 그 밖에도 열과 일의 관계를 나타낸 줄의 실험, 윌리엄 톰슨과 함께 발견한 줄-톰슨 효과 등 여러 업적을 남겼다.

⑦ 루돌프 클라우지우스

Rudolf Clausius(1822~1888)
독일의 물리학자.

➡ 기존의 열소설을 뒤집고 에너지 개념을 바탕으로 열역학 제1법칙을 정립했으며, 엔트로피 개념을 도입하여 열역학 제2법칙을 정립했다. 그 밖에도 수많은 업적을 남겨 열역학의 체계를 세우는 데 이바지했다.

2-3
전자기란 무엇일까?
— 전기와 자기를 나타내는 단위와 공식의 이해 —

KEYWORD

㉗ 전기
electricity
전류와 방전 등 각종 전기 현상의 바탕을 이루는 힘.
➡ 전하, 전류, 전기 에너지를 가리킬 때가 많다.

㉘ 자기(磁氣)
magnetism
자석과 자석의 상호작용, 자석과 전류의 작용 등 자기력의 바탕을 이루는 힘.
➡ 자기력의 실체인 자하 혹은 자기 홀극* 자체는 아직 발견되지 않았다.

㉙ 극(極)
pole
극성이 가장 큰 지점.
➡ 자극은 N극과 S극으로, 전극은 (+)극과 (−)극으로 나뉜다.

㉚ 전하
electric charge
물체가 띠고 있는 전기 및 그 전기의 양.
➡ 양성자는 양전하, 전자는 음전하를 띤다.

---

* 전하를 지닌 소립자에 대응하여 양(陽)이나 음(陰)의 자기를 가진 물질 요소. 그 존재가 예상되지만 실제로 발견되지는 않고 있다.

31 전지(電池)
battery

열에너지, 빛에너지, 화학 에너지를 전기 에너지로 바꾸는 장치.

➡ 전기를 모아 둔 장치라기보다, 화학 반응으로 전기 에너지를 일정하게 계속 생산하는 장치라는 표현이 적합하다.

32 오른나사의 법칙
corkscrew rule

전류의 진행 방향에 따라 자기장이 시계방향으로 발생한다는 법칙.

➡ 자기장의 진행 방향에 따라 전류도 발생(전자기유도)하는데, 오른나사의 법칙과 마찬가지로 시계방향으로 발생한다.

33 전자기유도
electromagnetic induction

자기장이 변하면서 회로에 기전력이 발생하는 현상.

➡ IC 카드는 전자기유도 법칙에 따라 발생한 전기, 즉 유도 기전력을 원동력으로 작동하며 전지가 들어 있지 않아도 카드로 데이터를 주고받을 수 있다.

34 근접 작용
action through medium

서로 떨어져 있는 두 물체 사이에 작용하는 힘이, 둘 사이에 존재하는 매개 물질(장)을 통해 전달되는 현상.

➡ 예를 들어 스피커에서 나온 소리는 공기를 매개 삼아 우리 귀에 전달된다.

35 전기장과 자기장
electric field / magnetic field

전기장은 전하의 분포에 따라 생기며 전기적인 힘이 작용하는 공간이고, 자기장은 자석과· 전류 주변에 생기며 자기력이 작용하는 공간이다.

36 장(場)
field

어떠한 힘이 작용하여 현상을 일으키는 공간.

37 광자(光子)
photon

전자기력을 전달하는 빛의 입자.

➡ 빛은 파동과 입자라는 두 가지 특성을 가진 특별한 존재인데, 입자의 특성을 가리켜 광자라고 한다. 양자역학에서는 전자기력을 전달하는 매개 물질의 정체를 광자로 본다(p.122).

38 전자기파
electromagnetic wave

파동의 형태로 공간에 전달되는 전기장과 자기장의 교차 변화.

➡ 파장을 길이에 따라 분류하면 가장 파장이 짧은 감마선부터 X선, 자외선, 가시광선, 적외선, 전파 순이다.

39 주파수
frequency

전파, 음파 등의 파장이 1초 동안 반복되는 주기적 변화의 횟수.

➡ 주파수의 폭(대역폭)이 넓을수록 많은 데이터를 빠르게 통신할 수 있다.

40 전자
electron
원자를 구성하는 물질 중 원자핵 주변에 분포하는 기본입자. 음전하를 띤다.
➡ 전자는 19세기 후반에 최초로 발견된 기본입자(물질을 구성하는 최소 단위)이다.

KEYPERSON

⑧ 샤를 쿨롱
Charles Augustin de Coulomb(1736~1806)
프랑스의 물리학자.
➡ 비틀림저울 실험으로 1785년에 전자기력의 크기를 설명한 쿨롱의 법칙을 발견했다. 쿨롱의 법칙이 확립되면서 전자기를 정량적으로 연구할 수 있게 되었다. 이 업적을 기리는 의미로 전하의 단위에 그의 이름이 붙었다.

⑨ 알레산드로 볼타
Alessandro Volta(1745~1827)
이탈리아의 물리학자.
➡ 서로 다른 금속을 갖다 댔을 때 전기가 발생한다는 사실을 밝혀내고, 구리판과 아연판으로 만든 볼타 전지를 발명했다. 일정한 전력을 얻을 수 있게 되면서 전자기학이 발전했다. 볼타는 나폴레옹 앞에서 전기 실험을 선보여 금메달과 훈장을 받았다.

⑩ 앙드레 앙페르
André Marie Ampère(1775~1836)
프랑스의 물리학자.
➡ 전류가 자기에 미치는 영향을 수학적으로 해석하여 전류와 자기의 관계를 설명한 오른나사의 법칙을 발견함으로써 전자기학의 기초를 다졌다.

⑪ 게오르크 옴
Georg Simon Ohm(1789~1854)
독일의 물리학자.
➡ 전자기에 관한 실험과 연구로 옴의 법칙을 발견했다.

⑫ 마이클 패러데이

Michael Faraday(1791~1867)

영국의 화학자, 물리학자.

➡ 전류에서 자기를 만들어내는 현상과 반대로, 자기에서 전류를 만들어낼 수는 없을까 실험을 거듭한 끝에 패러데이는 코일에 막대자석을 가까이 대면 전류가 형성되는 현상을 발견했고, 이로부터 전자기유도 법칙을 도출했다. 역장(力場, force field)*이라는 개념을 고안한 인물이기도 하다.

⑬ 제임스 맥스웰

James Clerk Maxwell(1831~1879)

영국의 물리학자.

➡ 패러데이가 고안한 장 개념을 공식으로 정리하여 전자기학 이론을 체계화하는 데 성공했다. 이를 바탕으로 전자기파의 존재를 내다보았고, 빛의 정체가 전자기파라는 가설의 기초를 닦았다.

⑭ 하인리히 헤르츠

Heinrich Rudolf Hertz(1857~1894)

독일의 물리학자.

➡ 연구와 실험으로 맥스웰이 예언한 전자기파의 존재를 증명했다. 나아가 전자기파의 성질이 빛과 같음을 밝혔다.

* 힘의 작용이 미치는 범위. 한 지점에서 역장의 크기는 힘을 일으키는 원천의 단위량에 작용하는 힘으로 정의하는데, 전기장·자기장·중력장 따위가 있다.

3

Chapter

상대성 이론

Theory of relativity

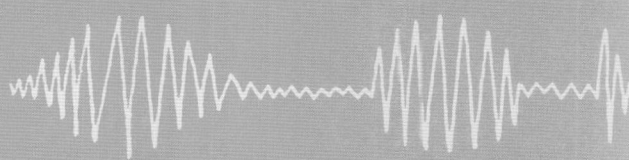

'시공간'의 개념은 어떻게 상식을 바꿔놓았을까?

전문적인 지식이 없어도 상대성 이론이 무엇인지 이해할 수 있도록 쉽게 설경했습니다.
어려운 수식과 복잡한 이론 대신 이미지로 상대성 이론을 배워 봅시다.

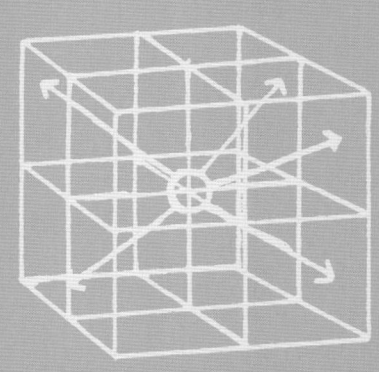

교양을 쌓자
ENRICH YOUR EDUCATION

🔍 주요 키워드

☑ 회절   ☑ 간섭   ☑ 광전효과   ☑ 관성계

☑ 절대   ☑ 상대   ☑ 광속 불변의 원리   ☑ E=mc²

☑ 핵분열   ☑ 특수 상대성 이론   ☑ 일반 상대성 이론   ☑ 좌표계

☑ 시공간의 왜곡   ☑ 중력 렌즈 효과   ☑ GPS

3-1 빛이란 무엇일까?

－빛은 파동일까, 입자일까?－

1 빛은 파동일까, 입자일까?

'빛의 정체가 무엇인가'는 고대 그리스 학자들도 연구했던 만큼 역사가 오래된 즈제입니다. 17~18세기에 활약했던 뉴턴①은 빛의 정체를 입자로 생각했지만, 같은 시더의 물리학자 크리스티안 하위헌스는 빛의 정체를 파동으로 생각했습니다.

빛이 입자라면, 빛 입자가 장애물에 가로막히므로 그림자가 새까맣고 뚜렷해야 한다.

그러나 그림자는 새까맣지도 뚜렷하지도 않았다.

뉴턴이 이름을 떨쳤던 17~18세기에는 입자설이 주류를 이뤘다.

빛이 파동이라면, 파동이 장애물에 부딪혔을 때 파동이 뒤로 돌아가는 현상(회절①)으로 빛과 그림자가 맞닿은 현상을 설명할 수 있다.

빛을 파동으로 가정해야 이치에 맞는 현상도 있지만, 가설을 인정받으려면 연구로 증몇해야 했다.

이후 19세기까지 계속된 수많은 연구 끝에 빛의 정체가 파동이라는 주장은 인정받았습니다.

이중 슬릿*에 빛을 통과시킨다.

두 파동이 간섭한다.

➡ 스크린에 빛을 비추면 줄무늬가 나타나는 현상은 파동이 간섭②한다는 증거

⬇

빛이 파동이라는 증거!

빛을 이중 슬릿(좁고 긴 틈새)에 통과시킨 토머스 영의 간섭 실험은 빛이 파동이라는 유력한 증거이다.

● slit. 빛이나 분자 따위의 너비를 조절하기 위하여 두 장의 날을 나란히 마주 보게 하여 만든 좁은 틈.

그러나 파동은 '상태'일 뿐, 물질이 아닙니다. 그러니까 우리에게 빛이라는 파동이 전달되려면 파동 상태를 만드는 '무언가'가 있어야 하는데요. 그래서 과학자들은 이 '무언가'를 설명하기 위해 에테르(Ether) ❸라는 개념을 도입했습니다.

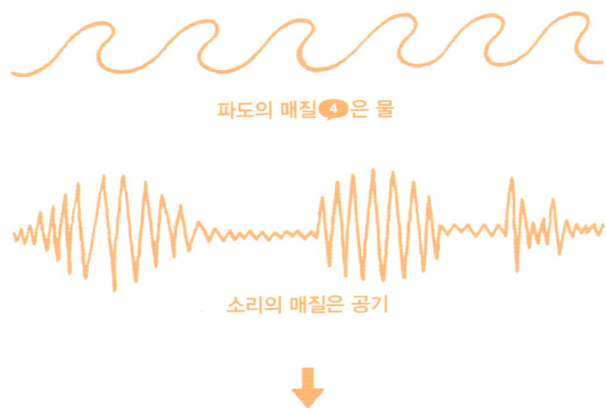

파도의 매질 ❹ 은 물

소리의 매질은 공기

그렇다면 빛의 매질은 무엇일까?

고대 그리스의 5대 원소	빛의 매질=에테르설
에테르 / 공기 / 불 / 물 / 흙	
4대 원소뿐 아니라 우주에 가득한 에테르라는 물질도 존재한다고 생각했다.	에테르가 흔들리며 파동이 생겨난다.

아리스토텔레스가 주장한 에테르 개념은 17세기 이후에도
빛을 전달하는 매질을 설명할 때 쓰였다.

하지만 19세기 후반, 제임스 맥스웰②에 의해 빛의 정체가 전자기파⑤로 밝혀졌습니다. 전자기파는 에테르 같은 매질이 없어도 파동을 이룰 수 있었습니다.

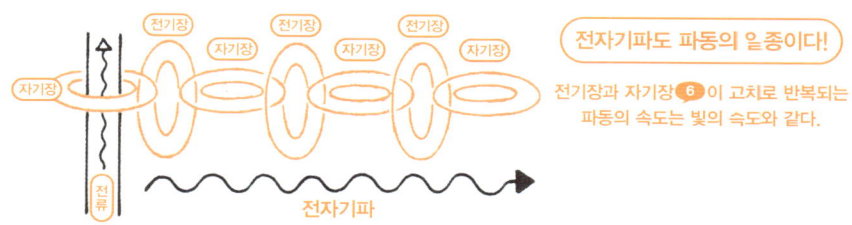

전자기파도 파동의 일종이다!

전기장과 자기장⑥이 고치로 반복되는 파동의 속도는 빛의 속도와 같다.

빛의 정체는 전기장과 자기장이 교차하는 파동이므로 에테르가 필요하지 않다.

※ 그러나 당시 연구자들은 에테르의 존재를 완전히 부정하지 않았다.

현대에는 주파수⑦의 크기에 따라 전자기파를 다양한 선으로 표현합니다.

[주파수에 따른 전자기파의 분류]

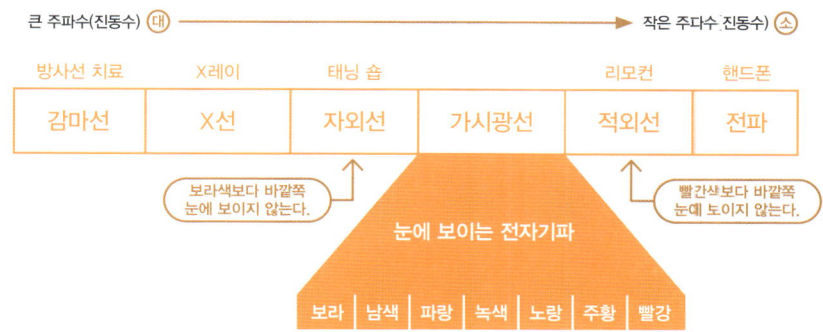

2 아인슈타인의 등장

금속판에 빛을 비추면 전자가 튀어나오는 현상을 **광전효과** ❽ 라고 합니다. 19세기 이전에는 이 현상을 정확하게 설명할 수 없었습니다.

[광전효과]

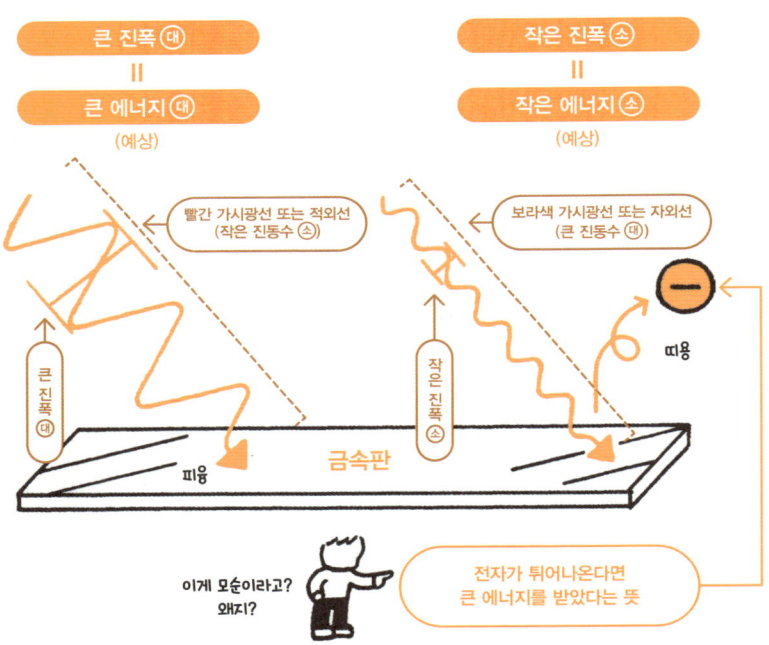

빛이 파동이라면 **에너지** ❾ 의 크기는 진동수가 아니라 진폭에 따라 달라야 한다. 그러나 진동수가 작은 적외선을 비추면 진폭이 아무리 커도 전자는 튀어나오지 않았고, 반대로 진동수가 큰 자외선을 비추면 진폭이 아무리 작아도 전자가 튀어나왔다. 과학자들은 이 모순에 의문을 품었다.

이때 과학자들의 무대에 **알베르트 아인슈타인**③이 등장했습니다. 아인슈타인은 빛 자체는 입자이며, 빛 입자가 금속판에 존재하는 전자를 떼어낸다고 생각했습니다.

[광양자 가설]

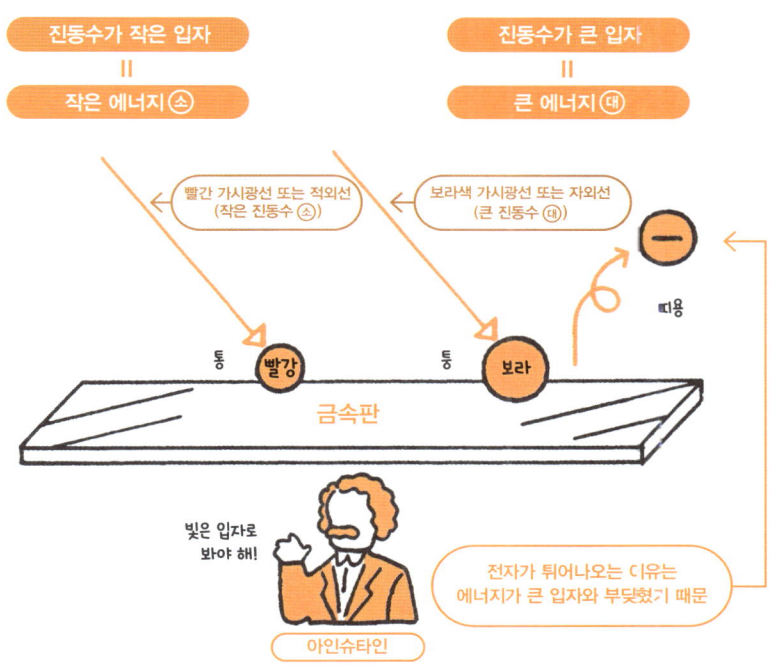

진동수가 클수록 에너지가 큰 입자가 빛의 정체라면, 진동수가 작은 적외선을 이루는 입자는 에너지가 작으므로 전자가 튀어나오지 않는다. 반대로 진동수가 큰 자외선을 이루는 입자는 에너지가 크므로 전자가 튀어나온다.

하지만 빛이 파동이라는 주장도 부정할 수는 없었지요. 그래서 과학자들은 빛을 파동의 성질과 입자의 성질을 모두 가진 양자로 정의했고, 입자의 특성에 초점을 맞출 때는 **광자**⑩(광양자)로 부르기로 했습니다.

빛의 파동성 ＝ 전자기파의 특성

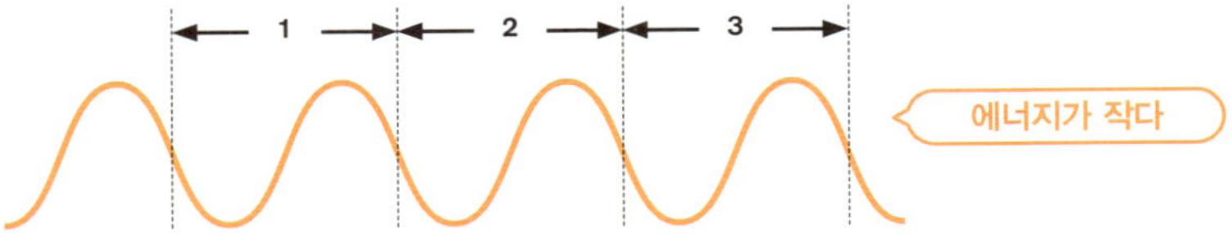

← 1 → ← 2 → ← 3 →

에너지가 작다

진동수가 작다 ➡ 파동의 특성이 세진다　(※ 파동 자체가 되지는 않는다!)

진폭이 작다 ➡ 빛의 양이 적다 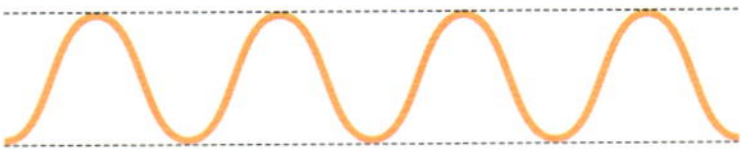　　　　**진폭이 크다 ➡ 빛의 양이 많다**

빛의 입자성 ＝ 광자의 특성

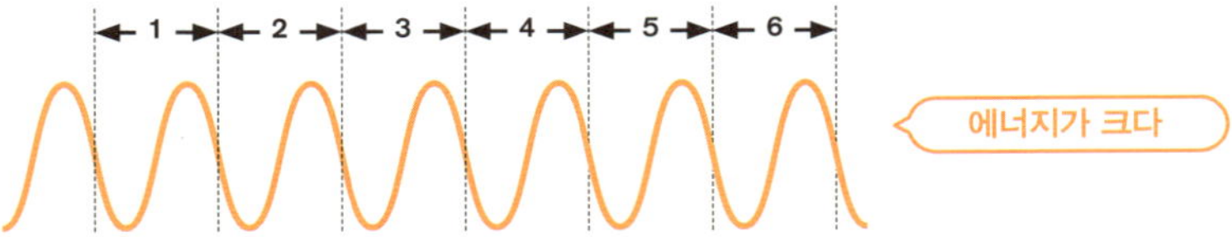

← 1 → ← 2 → ← 3 → ← 4 → ← 5 → ← 6 →

에너지가 크다

진동수가 크다 ➡ 입자의 특성이 세진다　(※ 입자 자체가 되지는 않는다!)

광자 수가 적다 ➡ 빛의 양이 적다 　　　**광자 수가 많다 ➡ 빛의 양이 많다**

빛은 파동에서 입자로, 입자에서 파동으로 바뀌지 않는다. 파동인 동시에 입자, 즉 물질(입자)과 상태 (파동)가 중첩된 상식 밖의 존재이다. 그러나 빛에는 질량이 없으므로, 입자이기는 해도 물질은 아니 라고 당시 과학자들은 생각했다. 그러나 이후 질량을 가지면서 빛처럼 입자와 파동이 중첩된 존재가 발견되었다([Chap.4 **양자론**]).

상대성 이론을 알아보자

—빛은 상대적일까, 절대적일까?—

대체 빛이란 무엇일까요? 파동인 동시에 입자로 존재한다니, 기존의 상식이 뒤집힐 만도 하지요. 하지만 그뿐만이 아닙니다. 빛에는 더욱 놀라운 성질도 있는데요. 이번 장의 핵심인 상대성 이론을 소개합니다.

❶ 언제나 같은 빛의 속도

열차 밖에서 시속 100km로 던진 공을 시속 50km로 달리는 열차 안에서 본다면 공은 시속 100km가 아니라 시속 50km로 날아가는 것처럼 보입니다.

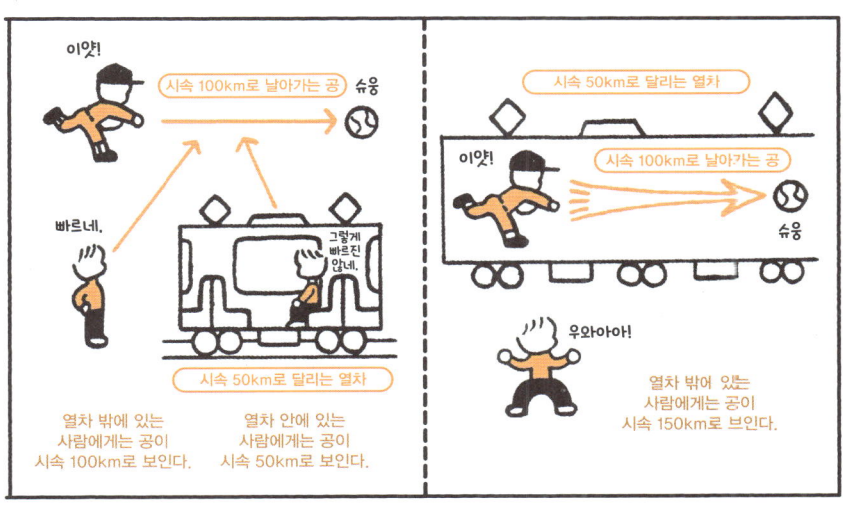

'열차 밖이라는 **관성계 ⑪**'에 있는 사람과, '열차 안이라는 관성계'에 있는 사람은 서로 상대가 자신으로부터 시속 50km로 일정하게 멀어지는 것처럼 보인다. 이때 **갈릴레이의 상대성원리 ⑫**에 의하면, 두 관성계에는 같은 운동 법칙이 성립하므로 시간당 속도를 더하고 뺄 수 있다.

그렇다면 지상에서 쏜 빛을 광속 ⑬에 가까운 속도로 움직이는 탈것 안에서 본다면 그 빛은 광속보다 느리게 보이겠군요.

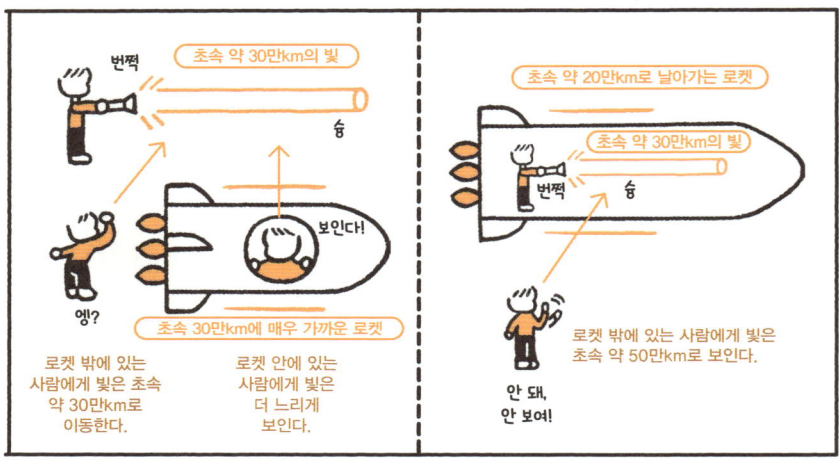

하지만 실제로는 어디서 빛을 쏘든, 그 빛을 어디서 보든 빛의 속도는 느려지거나 빨라지지 않고 언제나 같습니다.

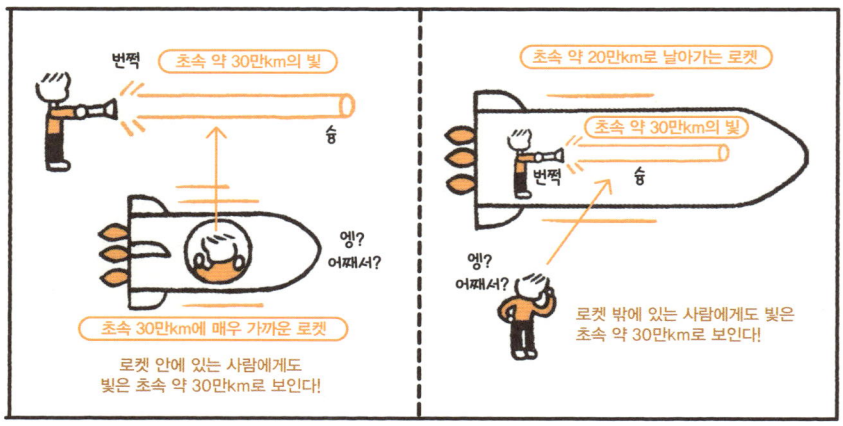

어떤 관성계(같은 속도로 움직이는 위상)에서 빛을 쏘든, 그 빛을 어떤 관성계에서 보든 빛의 속도는 항상 초속 약 30만km이다.

② 특수 상대성 이론

과학자들은 이 결과에 매우 의아해했습니다. 왜냐하면, 당시에는 시간과 공간이 절대 ⑭
적인 개념인 줄 알았기 때문입니다.

시간은 언제 어디서나 변치 않고 같은 속도로
흐른다(절대 시간).

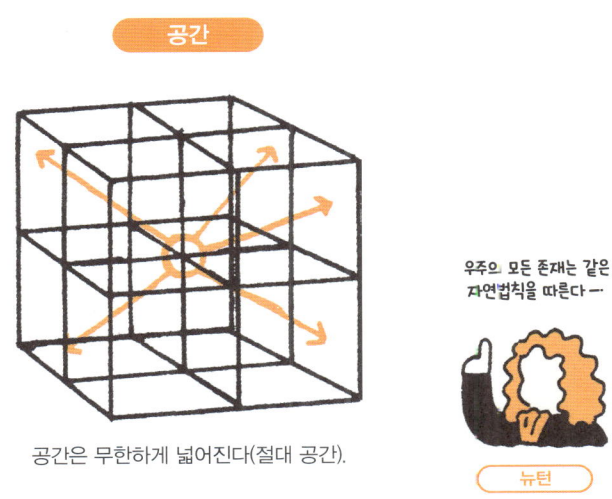

공간은 무한하게 넓어진다(절대 공간).

우주의 모든 존재는 같은
자연법칙을 따른다 ―

뉴턴

우리는 뉴턴의 주장처럼 시간과 공간을 변하지 않는 절대적인 개념으로 인식한다.

어떤 관성계에 있든지 시간의 속도와 공간의 구조가 변하지 않는다면 빛의 속도는 **상대⑮**
적으로 변해야 자연스럽겠지요.

[우리의 상식]

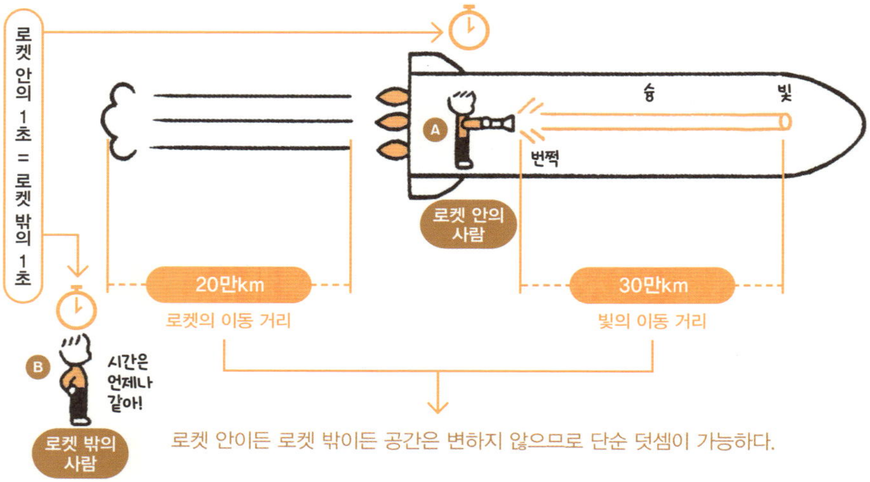

로켓 안의 1초 = 로켓 밖의 1초

승 빛

번쩍

로켓 안의 사람

시간은 언제나 같아!

로켓 밖의 사람

20만km
로켓의 이동 거리

30만km
빛의 이동 거리

로켓 안이든 로켓 밖이든 공간은 변하지 않으므로 단순 덧셈이 가능하다.

**로켓에서 쏜 빛의 속도
(이동 거리[공간] ÷ 1초[시간])는…**

Ⓐ 로켓 안에 있는 사람이 보면

빛의 이동 거리
[약 30만km]

÷ (1초) = **초속 약 30만km** …일 것이다.

시간과 공간은 절대적이므로 위상은 달라도 변하지 않는다.

빛의 속도가 상대적으로 변한다.

Ⓑ 로켓 밖에 있는 사람이 보면

(로켓의 이동 거리 [20만km] + 빛의 이동 거리 [약 30만km])

÷ (1초) = **초속 약 50만km** …일 것이다.

하지만 아인슈타인은 빛의 속도를 절대 변하지 않는 원리로 생각했습니다. "어떤 관성계에 있든 빛의 속도는 변하지 않는다"고 생각한 것이지요. 그리고 빛의 속도에 다라 상대적으로 변하는 쪽은 시간과 공간이라고 생각했습니다.

[아인슈타인의 주장]

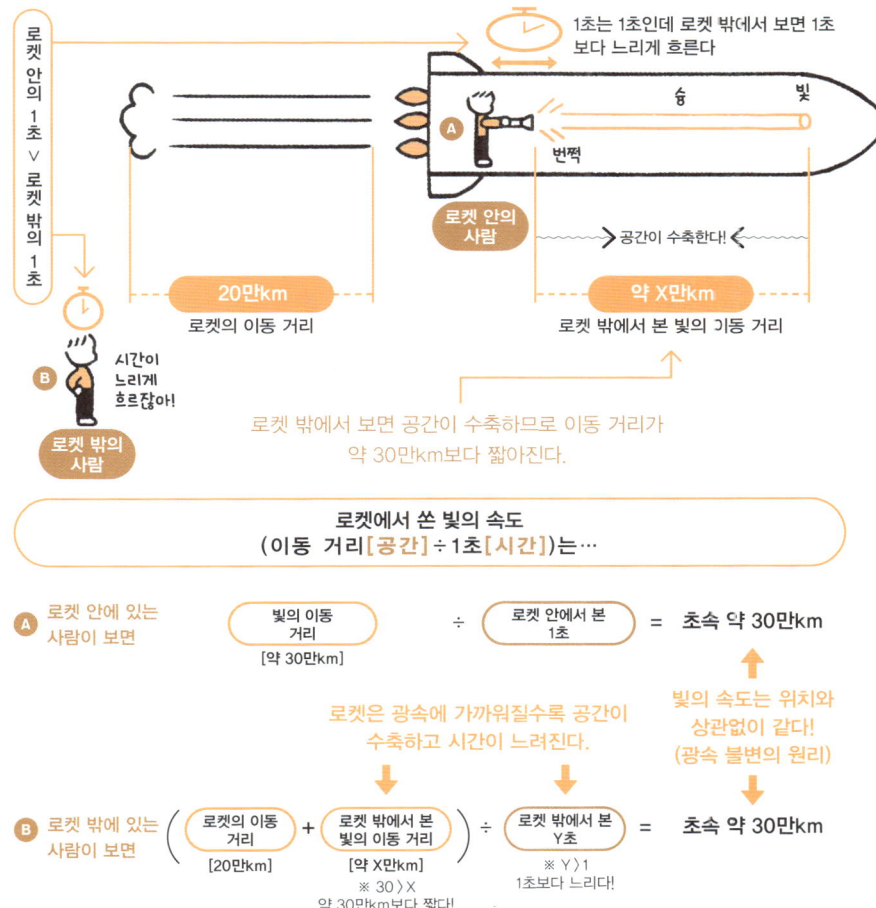

어떤 관성계(같은 속도로 움직이는 위상)에서 봐도 광속이 초속 약 30만km가 되도록 시간과 공간이 상대적으로 변한다고 아인슈타인은 발상을 전환했다.

뉴턴 역학에 따르면, 질량이 있는 물체에 가하는 에너지가 클수록 물체의 이동 속도는 빨라집니다.

뉴턴 역학의 **운동 에너지** 16

$$E = \frac{1}{2}mv^2$$

Energy   **m**ass   **v**elocity

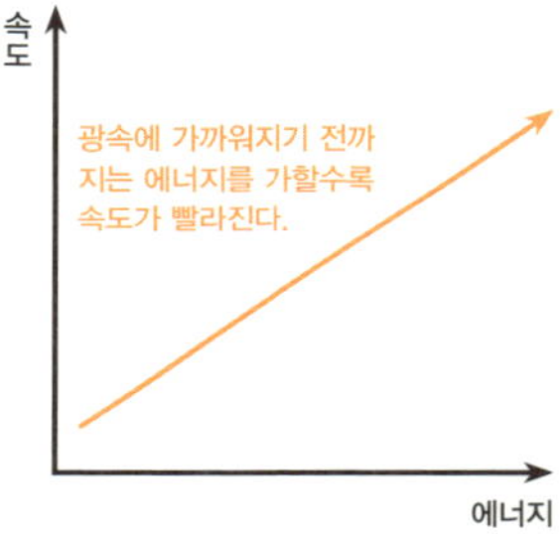

속도

광속에 가까워지기 전까지는 에너지를 가할수록 속도가 빨라진다.

에너지

운동 에너지   는   질량 에 속도 제곱을
곱하고 2로 나눈 값

따라서

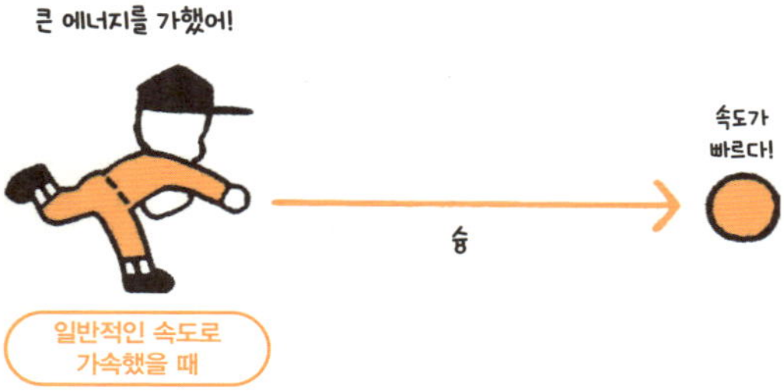

큰 에너지를 가했어!

속도가 빠르다!

슝

일반적인 속도로
가속했을 때

가하는 에너지가 클수록 속도는 빨라진다.

하지만 속도가 광속에 가까워지면, 아무리 에너지를 가해도 빛의 속도보다 빨라지지는 않습니다. **광속 불변의 원리 ⑰**에 따르면 모든 물질은 광속에 도달할 수 없기 때문이지요. 따라서 가한 에너지는 속도와 관계없이 물체의 질량을 증가시키는 방향으로 작용합니다.

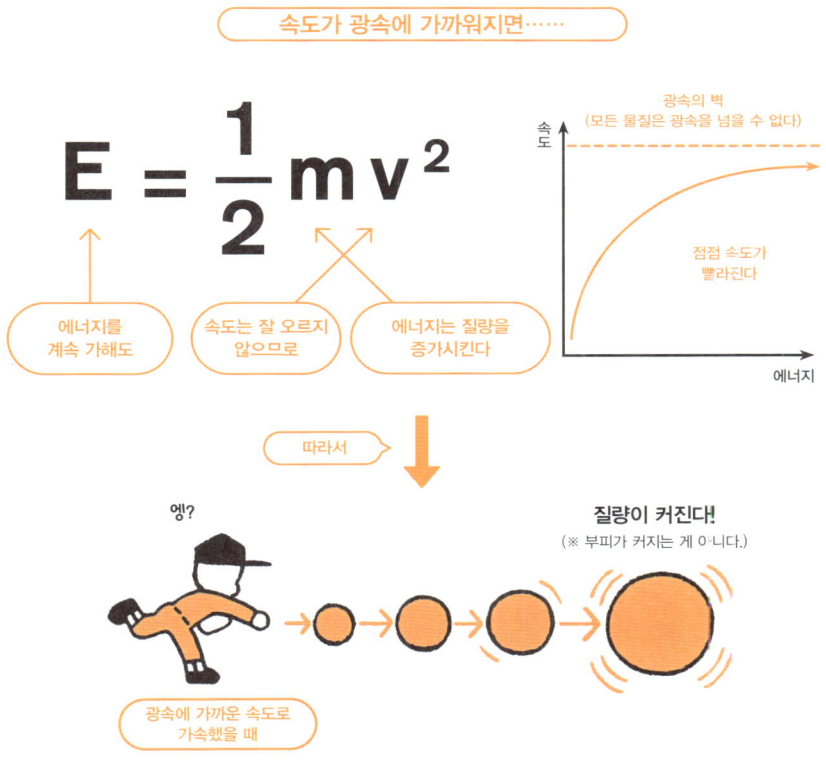

속도가 빨라지지는 않지만,
에너지를 가할수록 질량이 커진다.

즉, 질량은 에너지 그 자체로 볼 수 있으며, 나아가 아인슈타인을 상징하는 공식 $E=mc^2$
(18) 으로 나타낼 수 있습니다. 이를 응용한 대표적인 사례가 바로 핵무기와 핵시설에서 원
리를 활용하는 **핵분열 (19)** 입니다.

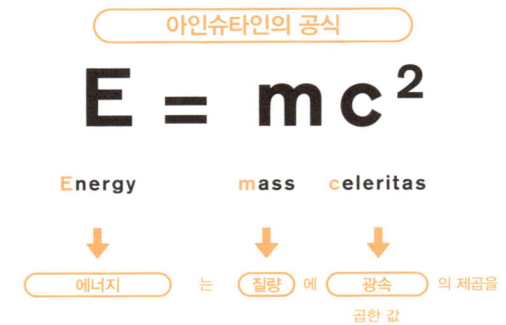

빛의 속도는 변하지 않으므로 사실상 질량 자체가 에너지나 다름없다.

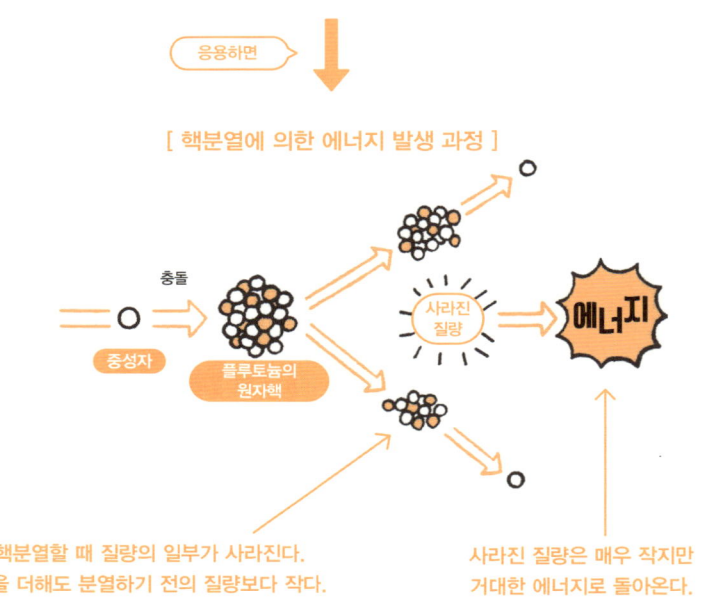

사라진 질량은 매우 작지만, 광속(초속 약 30만 km)의 제곱을 곱한 만큼
돌아오는 에너지는 매우 크다.

이는 중력의 존재를 고려하지 않고 등속 직선 운동일 때만 성립하는 특수한 이론으로, **특수 상대성 이론 [20]** 이라고 합니다. 그리고 중력의 존재까지 고려하고 가속도운동일 때도 성립하는 상대성 이론을 **일반 상대성 이론 [21]** 이라고 합니다.

[특수 상대성 이론]

특수한 조건일 때 성립하는 이론

[조건]
- **등속 직선 운동 [22]** 을 하는 **관성계 [11]**
- 중력을 고려하지 않는다.

[전제]
- 모든 관성계에 같은 물리 법칙이 적용된다. (**갈릴레이의 상대성원리 [12]**)
- 빛의 속도는 모든 관성계에서 항상 같다. (**광속 불변의 원리 [17]**)

[특징]
- 광속에 가까워질수록 시간이 느려진다.
- 광속에 가까워질수록 물체가 줄어든 것처럼 보인다.
- 광속에 가까워질수록 질량이 커진다.

↑

광속에 도달하면 물체는 짜부라지고 시간이 멈추며 질량이 무한대가 된다!
↓
모든 물질은 광속에 도달할 수 없다.
※ 빛은 질량이 0이므로 광속으로 움직일 수 있다.

[일반 상대성 이론]

일반적인 조건일 때 성립하는 이론

[조건]
- **가속도운동 [23]** 을 하는 **좌표계 [24]**
- 중력을 고려한다.

[전제]
- 모든 좌표계에 같은 물리 법칙이 적용된다. (**일반 공변성 원리 [25]**)
- 관성력과 중력은 일치한다. (**등가원리 [26]**)

[특징]
- 거대한 질량은 시간과 공간 (4차원 시공간)을 왜곡시킨다.
- 중력의 정체는 **시공간의 왜곡 [27]**.
- 중력에 의해 빛이 휜다.

③ 일반 상대성 이론

이제 일반 상대성 이론을 설명할 차례인데요, "상대성 이론을 진짜로 이해한 사람은 세상에 세 명밖에 없다"라는 유명한 말이 있을 만큼 매우 어렵답니다. 그래서 여기서는 상대성 이론을 자세하게 설명하는 대신 가볍게만 짚고 넘어가려 합니다. 나중에 상대성 이론을 깊이 있게 다룬 책을 읽을 때 이 책에서 배운 지식이 도움이 될 테니 끝까지 따라와 주세요.

일반 상대성 이론에 따르면, 질량이 큰 물체는 시공간을 왜곡시키며, 이 왜곡의 크기가 중력의 정체라고 합니다.

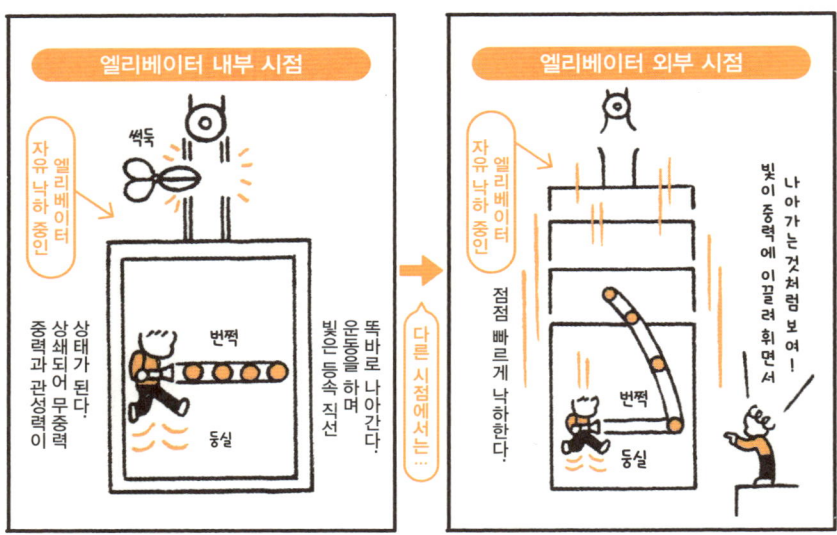

관성력(계속 움직이려는 힘 또는 계속 멈춰 있으려는 힘)과 중력(지구가 끌어당기는 힘)이 일치(등가 원리)하므로 무중력 상태가 되어 상자 안은 등속 직선 운동을 하는 관성계가 된다.

빛이 휘는 것처럼 보이는 현상을 두고 아인슈타인은 "중력 때문에, 나아가 시공간의 왜곡 때문에 빛이 휘었다"라고 주장했다. 한마디로 정리하면 "중력=시공간의 왜곡"이다.

질량이 시공간을 왜곡시킨다는 일반 상대성 이론의 논리는 천체 관측의 **중력 렌즈 효과 ㉘** 로 증명되었습니다.

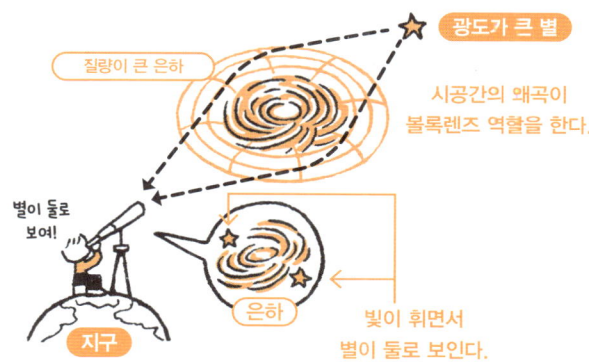

[중력 렌즈 효과]

광도가 큰 별

질량이 큰 은하

시공간의 왜곡이
볼록렌즈 역할을 한다.

별이 둘로
보여!

은하

지구

빛이 휘면서
별이 둘로 보인다.

중력 렌즈 효과로 시공간의 왜곡이 증명되었을 뿐만 아니라 우주에 관한
다양한 발견이 이루어졌다([Chap.5 우주]).

이처럼 상대성 이론은 현대를 사는 우리의 생활과도 밀접한 관련이 있습니다.

[GPS 위성의 보정]

특수 상대성 이론에 따라 시간이 느려진다!

12시간 동안 지구를 한 바퀴 도는 속도

일반 상대성 이론에 따라 시간이 흐른다!

지상 2만 ㎞ 고도

지구의 자전

지구

GPS ㉙ 위성과 지상의 시계가 일치하도록 항상 오차를 보정한다.

**상대성 이론 소개는 여기까지입니다. 다음은 양자론에 관한 이야기입니다. 이대로 쭉 읽어
도 좋지만, 잠깐 숨을 돌리고 다시 페이지를 넘기는 건 어떨까요? 다음 장은 조금 어렵거
든요.**

핵심 용어와 핵심 인물을 알아보자
KEYWORD & KEYPERSON

빛이 파동인가 입자인가에 대한 논쟁은 "빛은 파동인 동시에 입자"라는 깜짝 놀랄 만한 결론에 이르렀습니다. 그리고 관찰하는 사람의 속도 및 위치와 상관없이 빛이 항상 초속 약 30만km로 움직인다는 사실을 바탕으로, 광속에 가까워지면 공간이 수축하고 시간이 느려지며 질량은 증가한다는 충격적인 이론이 등장했습니다. 바로 특수 상대성 이론이지요. 그리고 중력의 정체를 시공간의 왜곡으로 설명하는 일반 상대성 이론도 나왔습니다. 현대인들의 생활은 이 두 상대성 이론으로 설명할 수 있다고 해도 과언이 아닙니다.

※ 앞 Chapter에서 소개한 키워드는 간단하게만 짚고 넘어갑니다.

3-1
빛이란 무엇일까?
-빛은 파동일까, 입자일까?-

KEYWORD

① 회절(回折)
diffraction
파동이 장애물 뒤로 돌아가 전달되는 현상.
➡ 빛에서 발견된 회절 현상을 근거로 빛의 파동설이 제기되었다.

② 간섭
interference
같은 파동이 둘 이상 중첩되면서 파동의 진폭이 커지거나 작아지는 현상.
➡ 영은 이중 슬릿(좁고 긴 틈새)에 통과시킨 빛으로 간섭무늬를 만들어 빛이 파동임을 증명했다.

③ 에테르
ether
이 세상에 존재한다고 사람들이 믿었던 물질. 고대 그리스 시대에 처음 등장한 에테르 개념은 20세기 초가 되어서야 사라졌다.
➡ 고대 그리스 시대에는 세계를 구성하는 물질, 데카르트와 갈릴레이가 활약했던 17세기에는 우주에 가득한 물질, 19세기에는 빛을 전달하는 매질 등 사람들은 다양한 이론으로 에테르를 설명하려 했다.

④ 매질(媒質)
medium
힘과 파동을 비롯한 물리 변화를 전달하는 물질.

⑤ 전자기파 (← Chapter 2 p.66)
electromagnetic wave
전기장과 자기장이 교차하며 파동의 형태로 공간에 퍼져 나가는 현상.

⑥ 전기장과 자기장 (→ Chapter 2 p.65)
electric field / magnetic field
전기장은 전하의 분포에 따라 생기고 전기적인 힘이 작용하는 공간이다. 그리고 자기장은 자석과 전류 주변에 생기고 자기력이 작용하는 공간이다.

⑦ 주파수 (→ Chapter 2 p.66)
frequency
전파, 음파 등의 파장이 1초 동안 반복되는 주기적 변화의 횟수.

⑧ 광전효과
photoelectric effect
물질에 빛을 비추면 전자가 튀어나오는 현상.
➡ 광전효과 자체는 1840년에 앙리 베크렐이 발견했지만, 광양자라는 개념을 사용하여 광전효과를 이론적으로 풀어낸 인물은 아인슈타인이었다. 1921년에 아인슈타인이 노벨 물리학상을 받은 이유는 상대성 이론이 아니라 광전효과 법칙을 발견했기 때문이었다.

⑨ 에너지　　　　　(→ Chapter 2 p.52)

물체가 일하는 능력.

➡ 역학 에너지, 빛에너지, 전기 에너지, 열에너지, 화학 에너지, 원자 에너지 등 다양한 형태의 에너지가 존재하며, 상대성 이론에 따르면 질량 자체도 에너지의 한 형태이다.

⑩ 광자　　　　　(→ Chapter 2 p.65)

photon

전자기력을 전달하는 빛의 입자.

➡ 빛은 파동과 입자 양쪽의 특징을 갖춘 특별한 존재로, 빛의 입자성을 가리켜 광자라고 한다. 아인슈타인은 빛의 성질을 증명할 때 입자로서의 빛을 '양으로 측정할 수 있는 빛의 입자', 즉 광양자라고 불렀다(→ p.108).

KEYPERSON

① 아이작 뉴턴　　　　(→ Chapter 1·2)

Issac Newton(1642~1727)

영국의 물리학자, 천문학자, 수학자.

➡ 프리즘에 빛을 통과시키는 실험을 통해 빛이 일곱 가지 색깔로 이루어져 있으며, 색깔별로 굴절하는 각도가 다르다는 사실을 증명했다. 1704년에 펴낸 저서 《광학》은 빛이 입자로 이루어져 있다는 가정하에 집필한 책이다.

② 제임스 맥스웰　　　　(→ Chapter 2)

James Clerk Maxwell(1831~1879)

영국의 물리학자.

➡ 전자기파의 존재를 내다보고, 전자기파가 빛과 같은 속도로 움직인다는 사실을 예측했다.

③ 알베르트 아인슈타인

Albert Einstein(1879~1955)

독일 태생의 이론 물리학자.

➡ 1905년에 특수 상대성 이론과 광양자 가설을 발표했고, 1915년에는 일반 상대성 이론을 완성했다. 1921년에 노벨 물리학상을 받았다. 이후 나치의 유대인 박해를 피해 미국으로 망명하여 미국 국적을 취득했다.

3-2
상대성 이론을 알아보자
−빛은 상대적일까, 절대적일까?−

KEYWORD

⑪ 관성계
inertial frame of reference
관성의 법칙이 성립하는 좌표계(위상).

➡ 외부에서 힘이 작용하지 않는다는 전제하에, 멈춰 있는 물체는 계속 멈춰 있고 등속 직선 운동을 하는 물체는 계속 등속 직선 운동을 한다는 법칙을 관성의 법칙이라고 한다(→ p.48). p.87에서 설명한 '열차 밖이라는 관성계'는 열차 밖에 멈춰 있는 위상을 나타내며, 그 위에 서 있는 사람은 계속 멈춰 있으려는 관성의 법칙을 받는다. 한편 '열차 안이라는 관성계'는 열차 밖에서 봤을 때 시속 50km로 등속 직선 운동을 하는 위상을 나타내며, 이 안에 있는 사람은 시속 50km로 등속 직선 운동을 하려는 관성의 법칙을 받는다.

⑫ 갈릴레이의 상대성원리
Galilean principle of relativity
멈춰 있거나 등속 직선 운동을 하는 좌표계(위상)에서는 모두 똑같이 뉴턴의 운동 법칙이 적용된다는 원리.

➡ p.87에서 설명한 '열차 밖이라는 관성계'와 '열차 안이라는 관성계'에 있는 사람이 서로를 봤을 때, 둘 다 자신은 움직이지 않는데 상대방이 멀어지는 것처럼 보인다. 이때 두 사람에게 뉴턴 역학의 모든 법칙이 똑같이 적용되므로 p.87처럼 던진 공의 시속과 열차의 시속을 더하거나 빼서 계산할 수 있다.

⑬ 광속
speed of light
진공에서 빛의 속도는 항상 초속 299,792,458km(매초 약 30만km)이다.

➡ 빛의 입자는 질량이 0이므로 광속으로 움직일 수 있지만, 질량이 있는 입자는 광속에 도달할 수 없다. 질량이 허수(→ p.197)이고 초광속으로 움직이는 타키온 입자라는 개념도 있지만, 실제로 발견된 적은 없다.

⑭ 절대
absolute
다른 대상과 비교하지 않고도 평가할 수 있는 대상.

➡ 뉴턴 역학에서 시간과 공간은 물체의 운동과 상관없이 독립적으로(절대적으로) 존재하는 개념이다(절대 시간, 절대 공간).

⑮ 상대
relative
다른 대상과 비교해야만 평가할 수 있는 대상.

➡ 상대성 이론에서 시간과 공간은 위상의 이동 속도에 따라(상대적으로) 변하는 개념이다.

⑯ 운동 에너지
kinetic energy
운동하는 물체의 에너지.

➡ 에너지란 일하는 능력(→ p.52)이며, 운동 에너지는 물체가 운동을 멈출 때까지 한 일량의 총합이다. 질량(m)과 속도(v)를 이용하여 $E=1/2mv^2$라는 공식으로 나타낸다. 물체의 위치에 따라 결정되는 에너지인 위치 에너지(U)는 질량(m)과 지면에서 떨어진 높이(h)와 중력 가속도(g)의 곱이므로 공식으로는 $U=mgh$로 나타낸다.

⑰ 광속 불변의 원리
principle of constancy of light velocity
등속 직선 운동을 하는 어떤 관성계에서 관측해도 진공 상태인 빛의 속도는 변하지 않는다는 원리.
➡ 19세기 말, 다양한 위상에서 다양한 방법으로 광속을 측정한 관측 결과가 일정하다는 사실에, 과학자들은 관측 과정에 실수가 있었거나 모순점이 있으리라고 의심했다. 그러나 아인슈타인은 이를 불변의 원리가 작용했기 때문이라고 생각했고, 광속을 기준으로 특수 상대성 이론을 도출하는 기본 원리로 삼았다.

⑱ E=mc²
E=mc²
에너지와 질량이 본질적으로 같음을 나타내는 식.
➡ 아무리 질량이 작아도 광속의 제곱을 곱하므로 엄청난 에너지를 얻을 수 있다. 원자폭탄의 기본 원리이지만, 아인슈타인의 식을 바탕으로 원자폭탄을 만들지는 않았다.

⑲ 핵분열
nuclear fission
무거운 원자핵이 중성자와 충돌하면서 둘 이상으로 분열하는 현상.
➡ 우라늄, 플루토늄 등의 원자핵이 둘로 분열할 때 중성자가 방출되는데, 그 중성자와 충돌한 주변 원자핵이 연쇄적으로 분열한다. 이러한 핵 연쇄반응을 한 번에 일으키면 원자폭탄이고, 핵 연쇄반응을 제어하면 원자력 발전이다.

⑳ 특수 상대성 이론
special theory of relativity
관성계라는 특수한 위상에 적용되는 상대성 이론.
➡ 1905년에 아인슈타인이 주장한 이론. 뉴턴 역학에는 통용되지 않는 초고속도의 세계를 체계화한 이론이지만, 여전히 뉴턴 역학을 바탕에 두고 있으므로 고전역학으로 분류한다.

㉑ 일반 상대성 이론
general theory of relativity
가속도운동을 하는 좌표계를 비롯한 일반적인 위상에도 적용되는 상대성 이론.
➡ 1915년에 아인슈타인이 주장한 이론. "상대성 이론을 진짜로 이해한 사람은 지구상에 세 명밖에 없다"라는 유명한 말이 있는데, 이때 상대성 이론은 일반 상대성 이론이다. 일반 상대성 이론을 검증하여 영어권에 최초로 소개한 영국의 물리학자 아서 에딩턴은 기자에게 이 말을 듣고, "첫 번째는 아인슈타인, 두 번째는 나, ……세 번째는 누구죠?"라고 물었다고 하는 일화가 있다.

㉒ 등속 직선 운동
uniform linear motion
일직선 위를 같은 속도로 움직이는 운동.
➡ 공기 저항과 마찰 같은 외부의 힘이 작용하지 않으면 움직이는 물체는 같은 속도로 움직인다(→ p.48).

23 가속도운동
acceleration motion
외부에서 힘이 작용할 때 물체의 운동.
➡ 시간에 따라 물체의 속도가 바뀔 때 가속도(→ p.47)
는 단위시간당 속도의 변화율로 나타낸다. 가속도운
동 중에서도 가속도가 일정한 운동을 등가속도운동
이라고 한다.

24 좌표계
coordinate system
X축과 Y축으로 점의 위치를 나타낸 좌표(→ p.191)
를 구성하는 기준 체계.
➡ 물리와 수학 등의 분야에서 관측 지점을 기준으로
관측 대상의 위치 및 이동을 기술할 때 좌표를 이용
하는데, 관측 지점 및 관측 방법에 따라 좌표 체계가
달라진다. 이러한 체계를 좌표계라고 한다.

25 일반 공변성 원리
principle of general covariance
모든 좌표계에서 같은 수학 형식으로 나타낼 수 있
다는 원리.
➡ 시공간과 중력을 좌표로 나타내면 직선으로는 표
현할 수 없지만, 여전히 같은 수학 형식을 따른다. 이
는 중력과 시공간의 관계를 나타내는 일반 상대성 원
리를 유도하는 기본 원리 중 하나이다.

26 등가원리(等價原理)
principle of equivalence
같은 물체의 관성 질량과 중력 질량이 같다는 원리.
➡ 관성 질량은 뉴턴의 운동방정식 $F=ma$로 표현되
는 질량, 중력 질량은 물질에 가해지는 중력의 크기
로 표현되는 질량이다. 천칭으로 재는 질량은 중력
질량이다. 등가원리는 중력을 고려한 일반 상대성 이
론을 유도하는 기본 원리 중 하나이다.

27 시공간의 왜곡
distortion of space-time
물질의 질량에 따라 시공간이 왜곡되는 현상.
➡ 일반 상대성 이론에서는 시공간의 왜곡을 중력의
정체로 본다. 시공간의 왜곡을 통해 전달되는 광속의
파동을 중력파라고 한다. 중력파의 존재는 아인슈타
인이 예측했는데, 2016년에 두 블랙홀이 합쳐지면서
발생한 중력파가 최초로 관측되었다.

28 중력 렌즈 효과
gravitational lens effect
질량이 거대한 천체 때문에 빛의 경로가 휘는 현상.
➡ 방대한 질량에 시공간이 왜곡되고 그에 따라 빛도
휘므로 렌즈에 굴절된 것처럼 보인다.

29 GPS
global positioning system
인공위성이 지구 전역의 위치 정보를 측정하는 시
스템.
➡ 미국 국방성이 관리하는 24대의 인공위성이 전 세
계의 위치를 확인한다. 지상과 위성궤도의 시계를 맞
추기 위해 특수 상대성 이론과 일반 상대성 이론을
활용하여 시차를 미세하게 조정한다.

4

Chapter

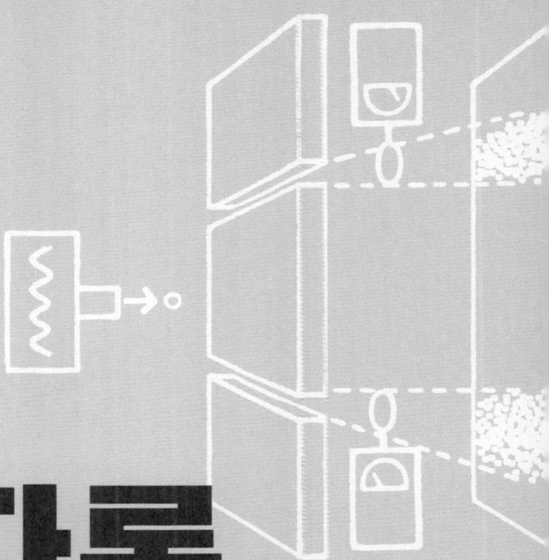

양자론
Quantum theory

'가장 작은 세계'는 어떻게 현대 과학의 중심이 되었을까?

이번 장에서는 현대 과학의 최첨단을 달리는 학문인 양자론을 배워 보겠습니다. 양자란 무엇인지, 그리고 과학자들은 양자를 어떻게 접근했는지에 대해 그림과 함께 소가 합니다.

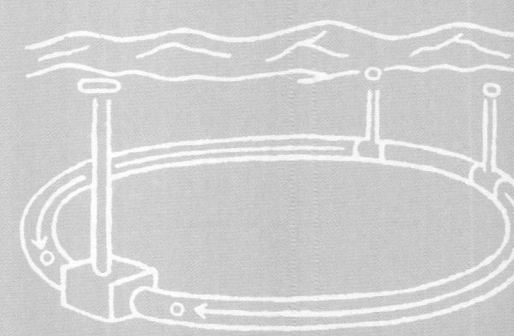

교양을 쌓자
ENRICH YOUR EDUCATION

🔍 주요 키워드

☑ 플랑크 상수	☑ 행렬역학	☑ 양자	☑ 양자역학
☑ 결정론	☑ 양자 얽힘	☑ 양자 정보 통신	☑ 기본입자
☑ 양성자	☑ 중성자	☑ 쿼크	☑ 보손
☑ 게이지 보손	☑ 힉스 입자	☑ 초끈 이론	

양자란 무엇일까?
−상태가 중첩된 세계−

1 양자론의 시초

가열한 철은 녹으면서 빛나는데, 이때 철의 온도에 따라 불꽃색이 달라집니 다. 용광로의 불과 불똥이 그 대표적인 사례이지요.

색과 온도와 에너지의 관계를 알면 효율을
높일 수 있지 않을까?

19세기에 **산업혁명**①이 일어나면서 제철 산업이 급격히 발전했고,
가열한 철의 불꽃색과 온도 사이의 상관관계가 밝혀졌다.

19세기 말, **막스 플랑크**①는 빛의 밝기와 파장의 관계를 연구했고 수식으로 나타내는 데 성공했습니다. 하지만 이 수식으로는 빛에너지를 연속적인 변화로 나타낼 수 없었습니다. 빛에너지 덩어리가 늘어나면서 불연속적으로 변했기 때문이지요.

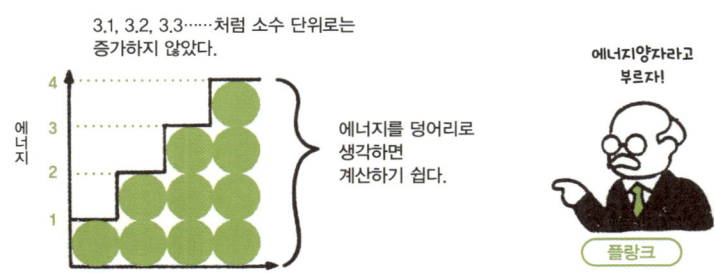

측정할 수 있는 에너지 덩어리를 플랑크는 **에너지양자**②라고 불렀지만, 계산 과정에서 그렇게 나타났을 뿐이고 플랑크 역시 빛에너지가 입자라고는 생각하지 않았다.

알베르트 아인슈타인②은 빛의 정체를 **광양자**③(→ p.85)라는 입자로 생각했는데, 그에게 영감을 준 계기는 바로 플랑크의 연구였습니다.

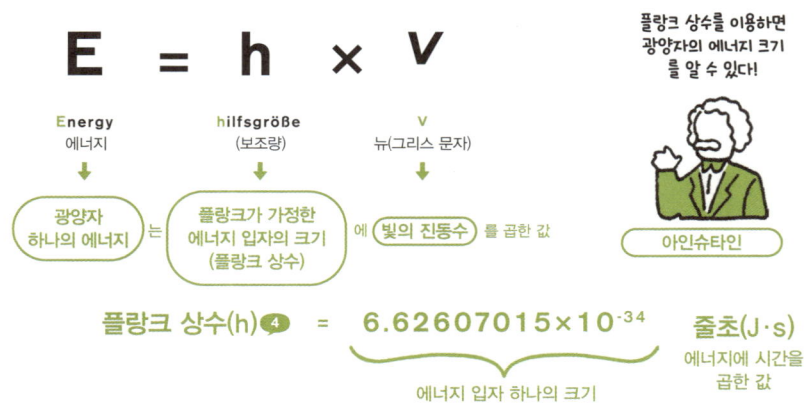

진동수가 클수록 광양자의 에너지가 크다(→ p.85).

양자론의 시초를 설명하면서 **전자 ❺**에 관한 연구도 빼놓을 수 없습니다. 19세기 후반에 **원자 ❻** 안에서 전자가 발견되면서, 원자는 물질의 최소 단위가 아니게 되었습니다. 이와 함께 연구자들은 원자가 어떤 형태인지, 그리고 원자는 무엇으로 이루어져 있는지 등등 여러 방면으로 고찰하기 시작했습니다.

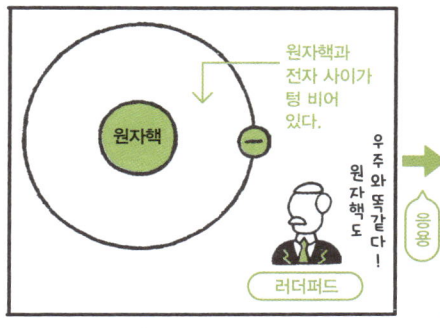

원자핵의 크기를 테니스공에 비유하면, 먼지보다도 작은 전자가 1km 바깥에서 원자핵 주위를 돌고 있는 셈이다.

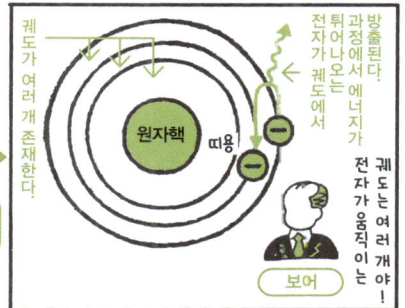

전자의 궤도는 연속적으로 커지지 않고 불연속적으로 존재한다.

"빛은 파동이면서 동시에 입자의 성질도 가지고 있다"라는 아인슈타인의 주장에 영향을 받은 20세기 전반의 과학자 **루이 드브로이 ❸**는 발상을 전환했습니다. 파동이 입자의 성질을 가지고 있다면, "전자라는 입자도 파동의 성질을 가지고 있다"라고 말이지요.

전자가 물결치며 한 바퀴 도는 궤적이 전자의 궤도라면, 궤도가 불연속적인 이유도 설명할 수 있다.

그렇다면 전자는 원자 안에서 어떤 형태로 존재할까요? 드브로이의 영향을 받은 에르빈 슈뢰딩거④는 전자의 파동성에 주목하여 수식으로 나타내고자 했고, 슈뢰딩거 방정식⑦을 완성했습니다. 한편, 전자의 입자성에 주목해서 수식으로 나타내고자 한 베르너 하이젠베르크⑤는 행렬역학⑧을 만들었습니다.

입자의 위치를
결정하는 수식

시각적·감각적 이미지는 무시한다!
생각하면 계산하기 쉽다.

고전역학에서 설명한 파동의 법칙으로
전자의 파동도 설명할 수 있지 않을까?

슈뢰딩거

우리 눈에 보이는 형상은 상관없어!
수식으로 나타낼 수 있으면 돼!

하이젠베르크

'범아일여(梵我一如. 우주적 자아와 개체적 자아가 같다, 즉 세상과 나는 하나이다.)'라는 불교 사상에 영향을 받은 슈뢰딩거는, 우주든 지구든 미시 세계든 같은 법칙을 따른다고 생각했다.

하이젠베르크는 관측할 수 있는 값의 관계에만 초점을 맞췄고, 그렇게 나온 법칙이 상식에 어긋나더라도 상관없다고 생각했다.

방법은 달랐지만 두 사람의 수식은 똑같은 결론에 도달했습니다. 전자는 파동이기도 하고 입자이기도 하다는 결론이에요. 그러니까 전자도 상태인 동시에 물질이었던 거예요. 우리 주변을 돌아보면 말도 안 되는 현상이지만, 전자는 상식적으로 이해할 수 없는 움직임도 보입니다. 17세기부터 과학자들이 쌓아 올린 고전역학⑨(뉴턴 역학)의 상식으로는 도무지 용납하지 못할 만큼요. 미시 세계는 우리의 상식과는 동떨어진 세계입니다.

[오늘날 원자의 이미지]

전자는 원자핵 주변에 퍼져 있다(전자구름).

어? 입자가 아니라고? 그리고 전자가 어디에나 있다니 무슨 말이지?

관측되기 전의 전자는 정해진 위치가 없고 원자핵 주변 어디에나 있을 수 있으며, 입자와 파동이 중첩된 상태로 존재한다.

슈뢰딩거의 파동방정식을 활용하면

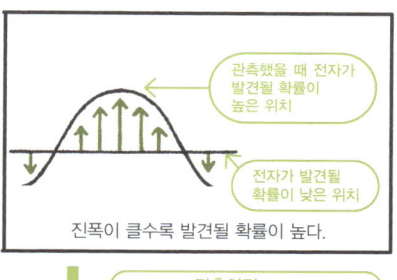

관측했을 때 전자가 발견될 확률이 높은 위치

전자가 발견될 확률이 낮은 위치

진폭이 클수록 발견될 확률이 높다.

어? 확률이라고? 정해진 게 아니야?

막스 보른은 슈뢰딩거 방정식으로 원자 내부에서 전자가 발견될 확률이 높은 위치를 나타낼 수 있다는 결론에 이르렀다.

관측하면……

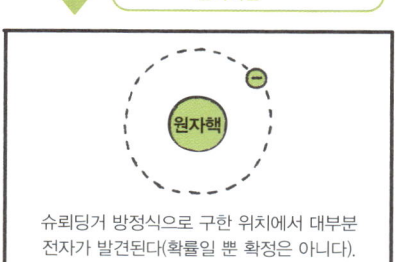

슈뢰딩거 방정식으로 구한 위치에서 대부분 전자가 발견된다(확률일 뿐 확정은 아니다).

어? 몽글몽글한 구름에서 입자가 됐어!

관측이라는 행위를 통해 전자가 한 곳에 고정되면서 입자가 관측되었다.

이처럼 분자와 원자보다 크기가 작고 파동과 입자의 특성을 모두 가진 물질을 양자 ⑩ 라고 합니다. 그리고 고전역학으로는 설명할 수 없는 양자의 특수한 성질을 이론으로 정리한 학문을 양자역학 ⑪, 양자역학을 바탕으로 양자의 세계를 체계화한 이론을 통틀어 양자론 ⑫ 이라고 합니다.

❷ 양자의 신비한 성질

고전역학의 세계는 언제 어디서나 같은 법칙을 따르며, 이 법칙은 특정 조건을 만족하면 결과는 항상 같다는 **결정론 ⑬**적인 법칙입니다. 하지만 양자역학의 세계는 우리가 사는 세계와는 별개의 법칙을 따르며, 결과가 확률적으로 달라지는 **확률론 ⑭**적인 세계입니다. 이 결과를 받아들여야 할지를 두고 과학자들은 크게 둘로 나뉘었습니다.

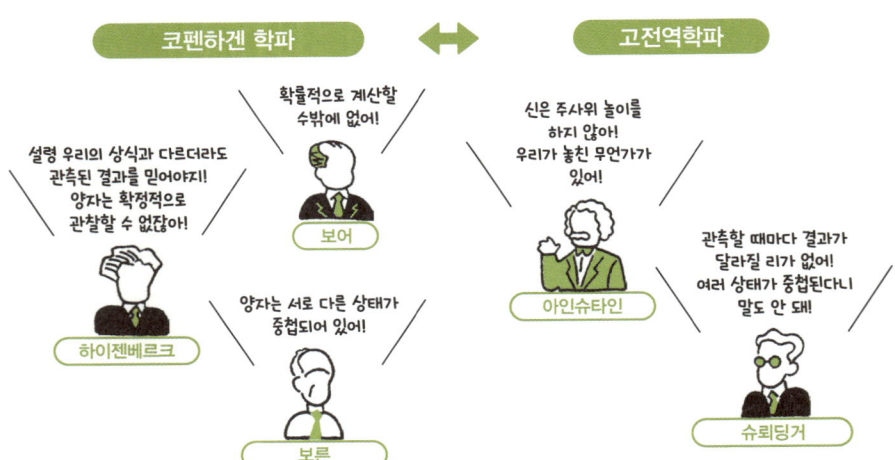

덴마크 코펜하겐에 있는 보어의 연구소를 중심으로 구축된 이론이기에 코펜하겐 해석이라는 이름이 붙었다.

양자역학이라는 학문 자체나 실험 및 관찰 결과를 부정하지는 않았지만, 양자역학은 아직 불완전하다며 인정하지 않았다.

여기서 잠깐, 양자의 신기한 특징을 잘 보여 주는 유명한 실험 하나를 소개하겠습니다. 전자를 이중 슬릿에 하나씩 통과시켰을 때 스크린에 비친 형상을 관찰한 실험입니다.

[이중 슬릿 실험]

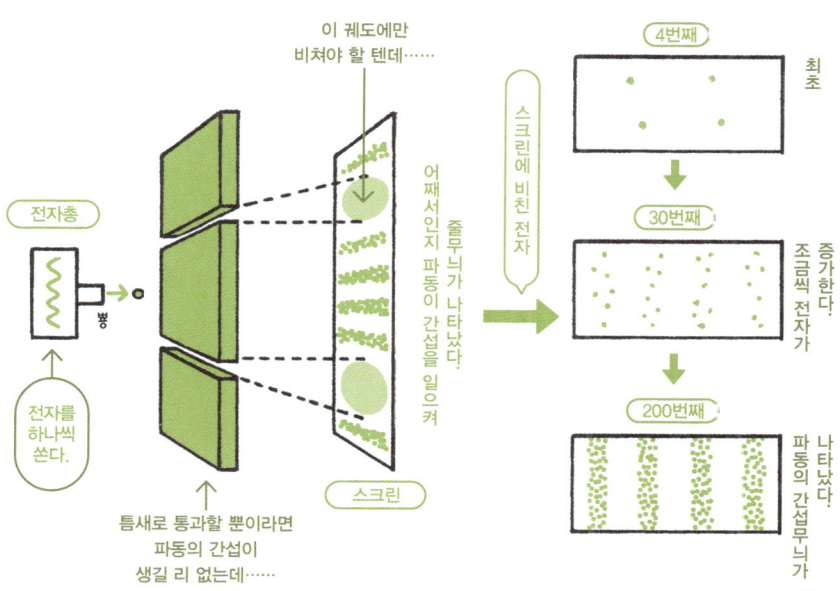

전자를 연속해서 쏘는 대신 시간을 두고 하나씩 쐈는데도, 이중 슬릿을 통과해서 스크린에 도달한 전자는 파동이 두 슬릿을 동시에 통과했을 때 생기는 줄무늬를 그렸다.

이 실험으로 우리는 전자라는 입자가 파동이 된다거나 전자가 파동처럼 움직이는 게 아니라 파동과 입자의 성질이 중첩되어 있다는 결론을 얻을 수 있습니다. 좀처럼 믿기 힘들지만요.

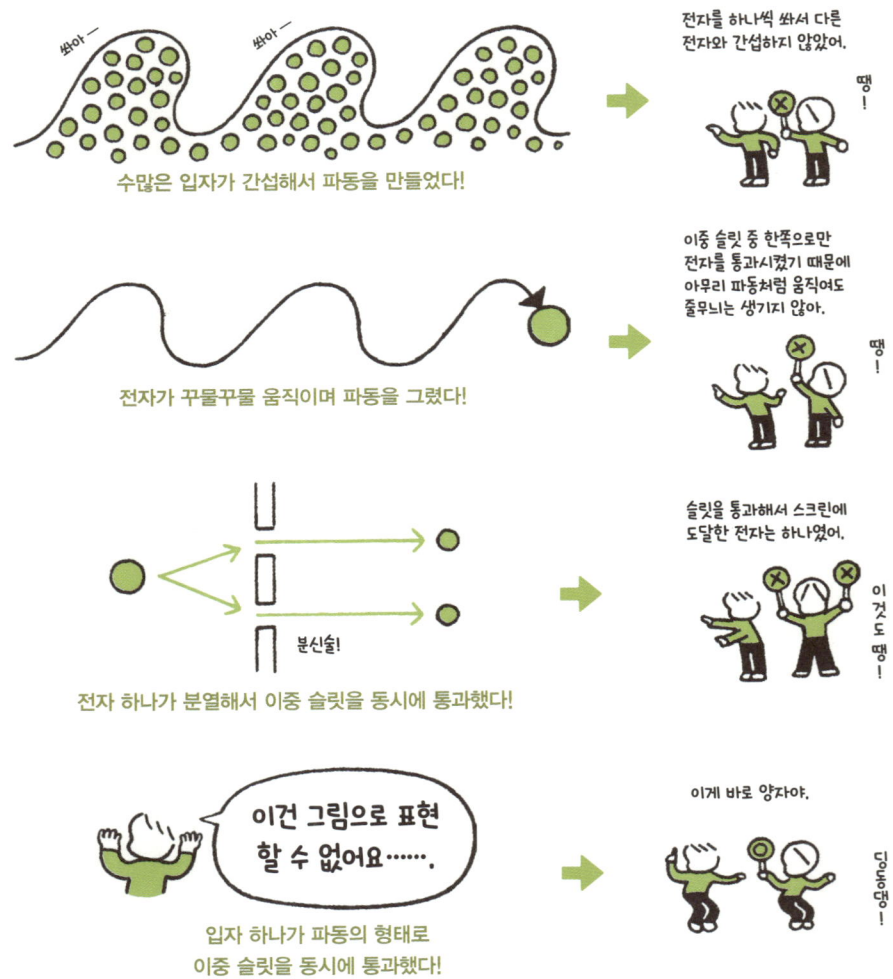

쏴아~   쏴아~

수많은 입자가 간섭해서 파동을 만들었다!

전자가 꾸물꾸물 움직이며 파동을 그렸다!

분신술!

전자 하나가 분열해서 이중 슬릿을 동시에 통과했다!

이건 그림으로 표현할 수 없어요…….

입자 하나가 파동의 형태로
이중 슬릿을 동시에 통과했다!

전자를 하나씩 쏴서 다른 전자와 간섭하지 않았어.

땅!

이중 슬릿 중 한쪽으로만 전자를 통과시켰기 때문에 아무리 파동처럼 움직여도 줄무늬는 생기지 않아.

땅!

슬릿을 통과해서 스크린에 도달한 전자는 하나였어.

이것도 땅!

이게 바로 양자야.

디용땅!

전자가 파동이기도 하고 입자이기도 하다는 사실을 인정할 수밖에 없는 결과였다.

실험은 여기서 끝이 아니었습니다. 전자가 어느 쪽 슬릿을 통과했는지 관측하자 전자가 입자처럼 행동한 것이지요.

[이중 슬릿 실험]

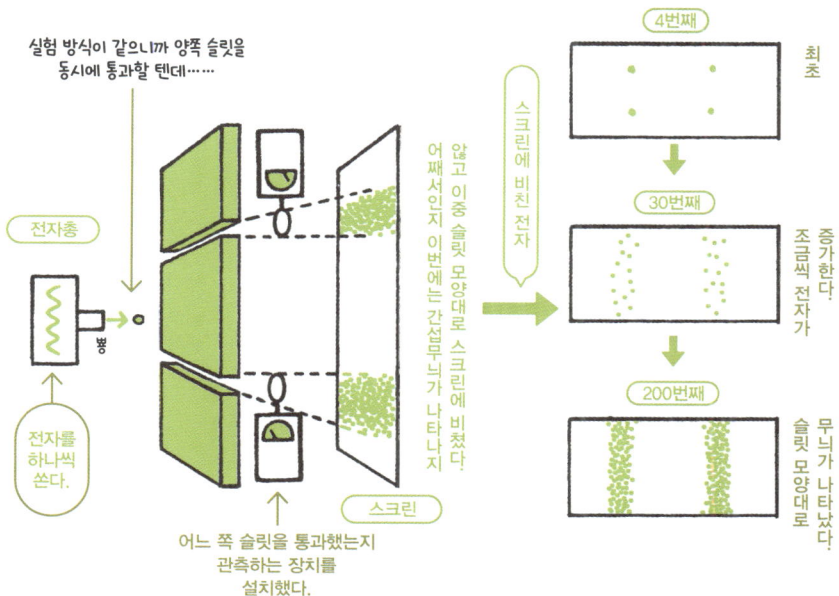

실험을 똑같이 진행했는데도 슬릿에 관측 장치를 달자마자 전자가 입자처럼
움직이며 한쪽 슬릿으로만 통과했다.

이를 통해 우리는 관측하기 전에는 파동과 입자가 동시에 중첩된 상태였다가, 관측하면 하나의 입자처럼 행동하는 전자의 특성을 알 수 있습니다. 관측 여부에 따라 결과가 달라진다니 이 역시 좀처럼 믿기 힘들지요.

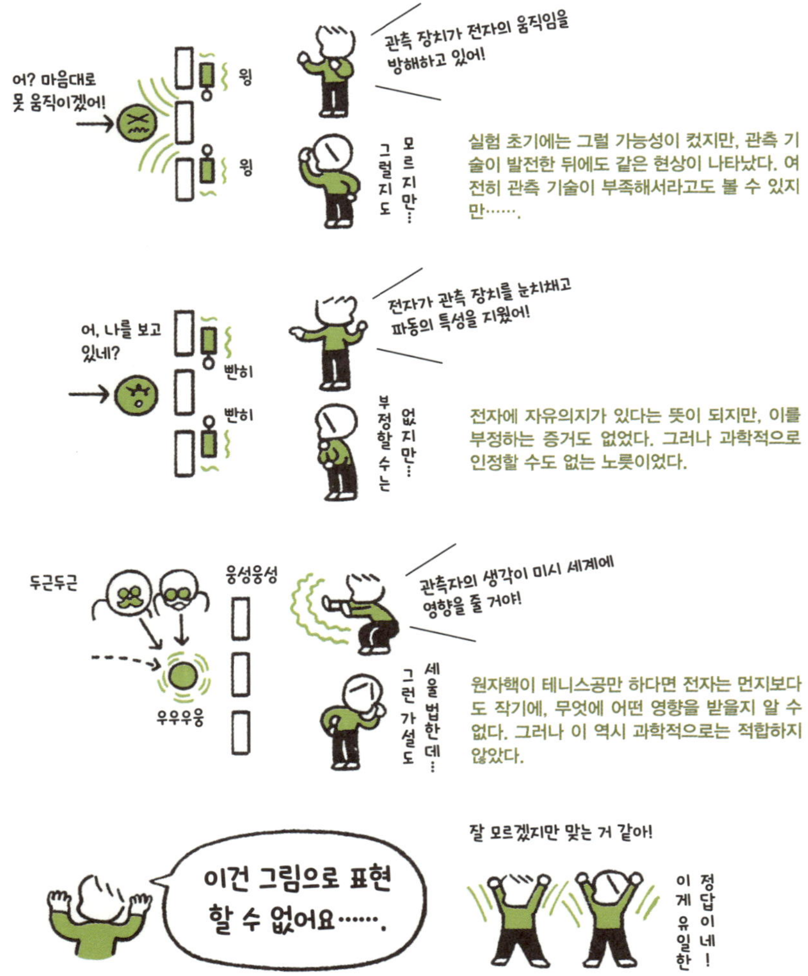

어? 마음대로 못 움직이겠어!

윙

윙

관측 장치가 전자의 움직임을 방해하고 있어!

모르지만도…

실험 초기에는 그럴 가능성이 컸지만, 관측 기술이 발전한 뒤에도 같은 현상이 나타났다. 여전히 관측 기술이 부족해서라고도 볼 수 있지만…….

어, 나를 보고 있네?

빤히

빤히

전자가 관측 장치를 눈치채고 파동의 특성을 지웠어!

부정할 수는 없지만…

전자에 자유의지가 있다는 뜻이 되지만, 이를 부정하는 증거도 없었다. 그러나 과학적으로 인정할 수도 없는 노릇이었다.

두근두근

웅성웅성

우우우웅

관측자의 생각이 미시 세계에 영향을 줄 거야!

세울 법한데…그런 가설도

원자핵이 테니스공만 하다면 전자는 먼지보다도 작기에, 무엇에 어떤 영향을 받을지 알 수 없다. 그러나 이 역시 과학적으로는 적합하지 않았다.

잘 모르겠지만 맞는 거 같아!

이건 그림으로 표현할 수 없어요…….

이게 유일한!

정답이네!

관측되기 전에는 파동처럼, 관측된 뒤에는 입자처럼 행동한다.
원리까지는 알 수 없으나 틀림없이 양자의 특성이다.

관측 전에 여러 상태가 중첩되어 있다가, 관측되면서 상태가 하나로 결정되는 양자의 성질을 설명하는 대표적인 사례가 바로 그 유명한 **슈뢰딩거의 고양이 15** 라는 사고 실험입니다.

[슈뢰딩거의 고양이]

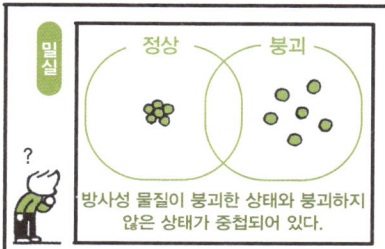

밀실 안에 50% 확률로 붕괴하는 방사성 물질을 넣었다고 가정해 보자. 양자론에 따르면 아무도 관측할 수 없는 상황에서는 물질이 붕괴한 상태와 붕괴하지 않은 상태가 중첩되어 있다.

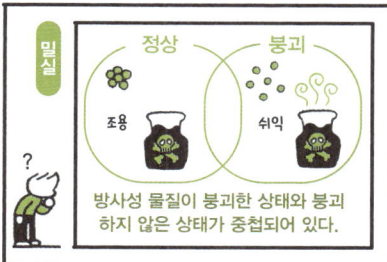

밀실에 방사성 물질이 붕괴하면 독가스가 흘러나오는 장치를 넣었다고 가정해 보자. 이때 아무도 관측할 수 없는 상황에서는 독가스가 흘러나온 상태와 흘러나오지 않은 상태가 중첩되어 있다.

밀실에 살아 있는 고양이를 넣었다고 가정해 보자. 아무도 관측할 수 없는 상황에서 고양이가 살아 있는 상태와 죽은 상태가 중첩되어 있다.

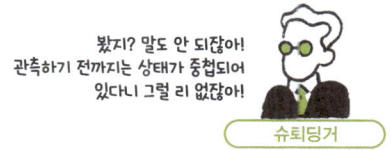

봤지? 말도 안 되잖아!
관측하기 전까지는 상태가 중첩되어
있다니 그럴 리 없잖아!

슈뢰딩거

전자 이중 슬릿 실험으로부터 수십 년 전, 슈뢰딩거는 관측하기 전까지 상태가 중첩되어 있다는 코펜하겐 학파의 주장을 부정하기 위해 위와 같은 사고 실험을 제시했다.
그러나 시간이 지나면서 중첩 상태를 인정할 수밖에 없는 실험 결과들이 하나둘씩 보고되었다.

양자 얽힘 ⑯ 이라는 현상도 있습니다. 얽혀 있는 두 양자 중 한쪽이 관측되면 다른 양자도 아무리 멀리 떨어져 있더라도 동시에 연결된 것처럼 행동하는 현상인데요. 둘 사이의 속도는 빛보다도 빠를 정도이지요. 아인슈타인은 이 모순적인 현상을 받아들이지 못해서 당혹해했다고 합니다.

[EPR 역설]

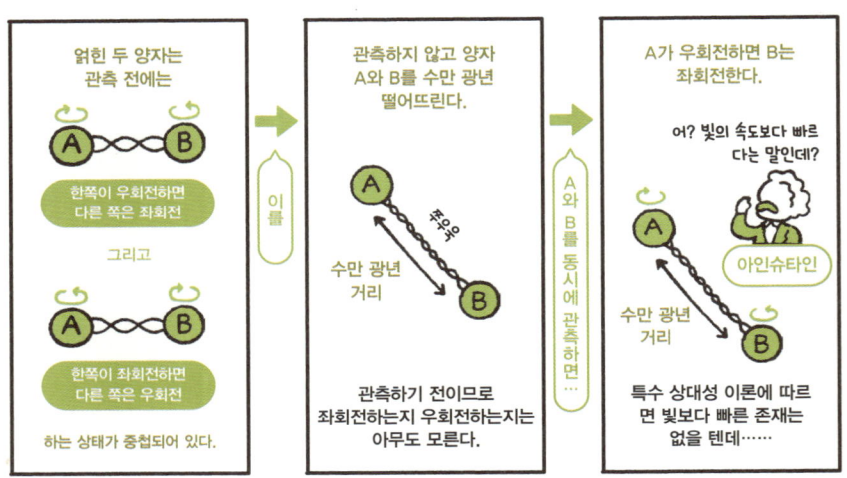

양자 얽힘 현상을 일으키는 '상태의 순간 이동'을 **양자 순간 이동** ⑰ 이라고 하는데,
이는 광속을 뛰어넘는 물질은 존재하지 않는다는 특수 상대성 이론과 모순되는 현상이다.
아인슈타인은 **EPR 역설** ⑱ 을 들어 이 모순을 지적했다.
그러나 이후 양자 순간 이동이 존재한다는 증거가 차례차례 발견되었다.

20세기 후반에 들어 수많은 과학자의 실험과 관찰로 상태의 중첩 및 양자 얽힘은 단순한 개념이 아니라 실재하는 현상임이 증명되었습니다.

③ 양자론의 미래

앞에서 살펴본 것처럼 양자에는 신기한 특성이 있는데요. 이러한 현상이 왜 나타나는지는 현대에도 여전히 밝혀지지 않았습니다. 이처럼 이유도 모르는 채로 인류는 양자의 성질을 이용하고 있습니다.

[양자 컴퓨터 [19]]

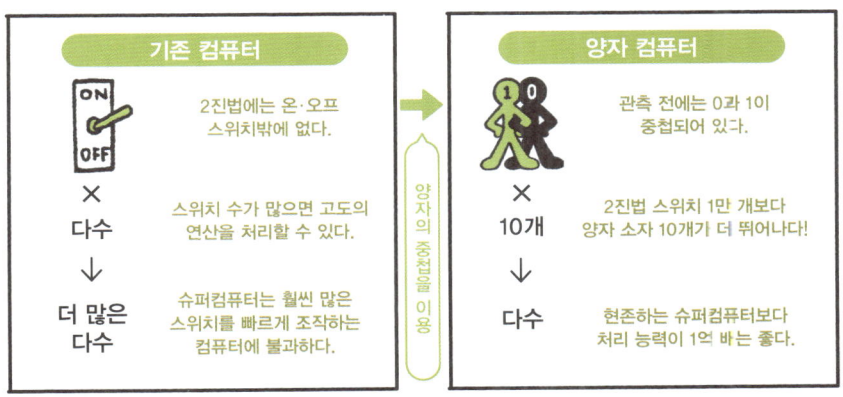

양자 컴퓨터는 인공지능, 암호 해석, 신약 개발 등의 분야에서 두각을
나타낼 것으로 기대를 모으고 있다.

[양자 정보 통신 [20]]

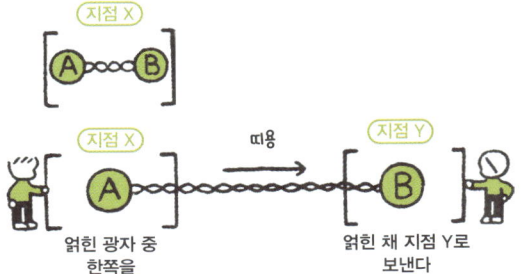

멀리 떨어져 있더라도 얽힌 광자 A와 B는 동시에 정보를 공유하므로, 아무에게도 관측되지 않고 눈 깜짝할 새 정보를 주고받을 수 있다.

이처럼 현대 기술과 미래 기술의 발전은 양자의 성질을 어떻게 응용하느냐에 달려 있습니다.

4-2 기본입자는 무엇일까?

─원자보다 작은 미시 세계─

마지막으로 오늘날 물질의 최소 단위인 **기본입자 21** 를 간단하게 알아보겠습니다.

1 원자의 구조

원자핵을 중심으로 전자가 여러 궤도를 도는 구조임이 러더퍼드와 보어에 의해 밝혀졌는데, 이 원자핵은 **양성자 22** 와 **중성자 23** 로 구성되어 있습니다.

[헬륨의 원자 구조]

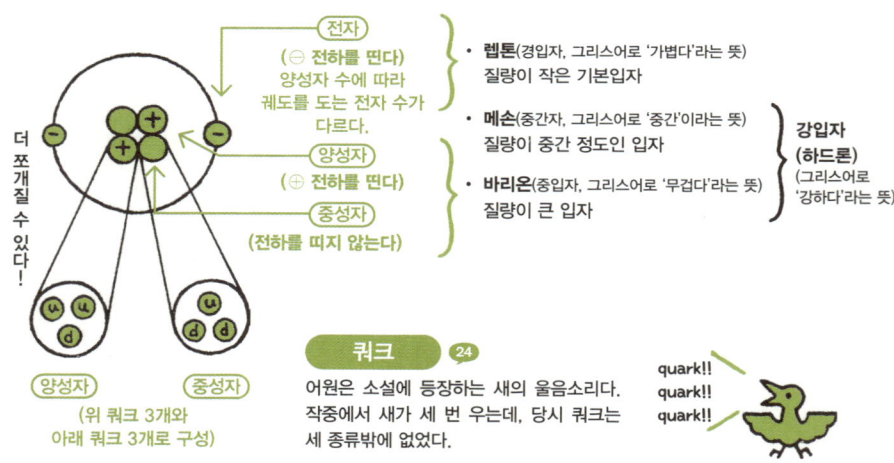

전자
(⊖ 전하를 띤다)
양성자 수에 따라 궤도를 도는 전자 수가 다르다.

양성자
(⊕ 전하를 띤다)

중성자
(전하를 띠지 않는다)

더 쪼개질 수 있다!

양성자   중성자
(위 쿼크 3개와 아래 쿼크 3개로 구성)

• **렙톤**(경입자, 그리스어로 '가볍다'라는 뜻)
질량이 작은 기본입자

• **메손**(중간자, 그리스어로 '중간'이라는 뜻)
질량이 중간 정도인 입자

• **바리온**(중입자, 그리스어로 '무겁다'라는 뜻)
질량이 큰 입자

강입자
(하드론)
(그리스어로 '강하다'라는 뜻)

쿼크 24

어원은 소설에 등장하는 새의 울음소리다. 작중에서 새가 세 번 우는데, 당시 쿼크는 세 종류밖에 없었다.

quark!!
quark!!
quark!!

기본입자는 물질을 구성하는 입자(페르미온)와 물질을 구성하지 않는 입자(보손)로 나뉘며, 현재 기본입자의 분류는 다음과 같습니다.

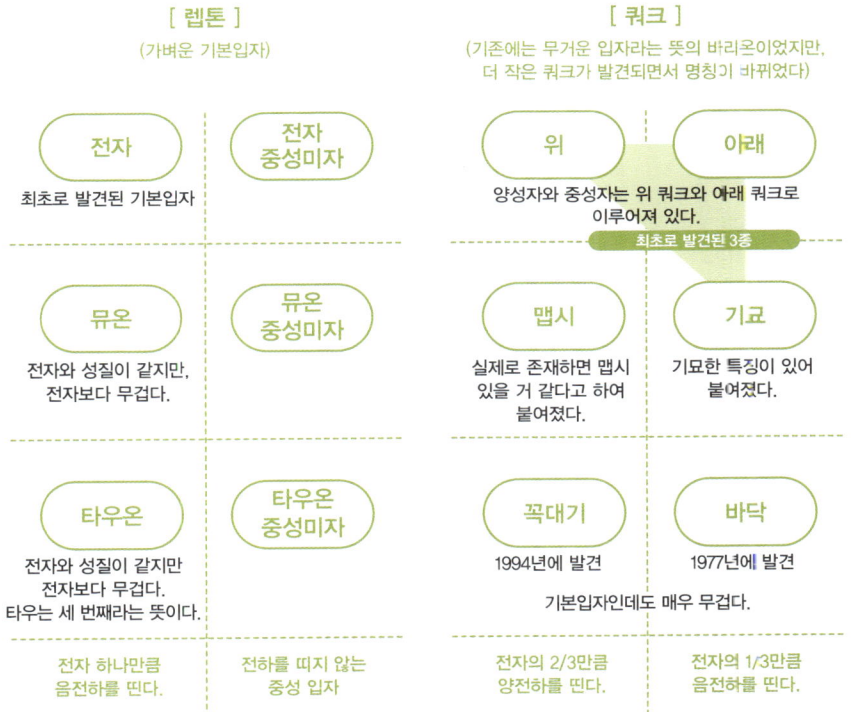

[페르미온(페르미 입자) 25]
(물리학자 엔리코 페르미의 이름을 따서 명명)
물질을 구성하는 기본입자

[렙톤]
(가벼운 기본입자)

[쿼크]
(기존에는 무거운 입자라는 뜻의 바리온이었지만,
더 작은 쿼크가 발견되면서 명칭이 바뀌었다)

전자
최초로 발견된 기본입자

전자 중성미자

위

아래

양성자와 중성자는 위 쿼크와 아래 쿼크로 이루어져 있다.

최초로 발견된 3종

뮤온
전자와 성질이 같지만, 전자보다 무겁다.

뮤온 중성미자

맵시
실제로 존재하면 맵시 있을 거 같다고 하여 붙여졌다.

기교
기묘한 특징이 있어 붙여졌다.

타우온
전자와 성질이 같지만 전자보다 무겁다.
타우는 세 번째라는 뜻이다.

타우온 중성미자

꼭대기
1994년에 발견

바닥
1977년에 발견

기본입자인데도 매우 무겁다.

전자 하나만큼 음전하를 띤다.

전하를 띠지 않는 중성 입자

전자의 2/3만큼 양전하를 띤다.

전자의 1/3만큼 음전하를 띤다.

12종의 입자에는 각각 반대되는 전하를 가진 반입자가 존재한다.
반입자는 질량과 수명은 같은데 전하를 비롯한 특정 성질이 반대인 물질이며,
입자와 반입자가 만나면 둘 다 소멸(쌍소멸)한다.

[보손(보스 입자) 26]
(물리학자 사티엔드라 보스의 이름을 따서 명명)
힘과 상호작용을 구성하는 기본입자

[게이지 보손(게이지 입자) 27]
게이지 이론(기본입자의 상호작용에 관한 이론)에서
정의한 보손

[힉스 보손(힉스 입자) 28]
(물리학자 엔리코 페르미의 이름을 따서 명명)
물질을 구성하는 기본입자

전자기장을
구성하는 입자

광자

입자로서의 빛(→ p.85)이다.
전자기장을 이루는 전자기력을 매개하는 기본입자.

사과에 질량을
부여한다.

힉스

1964년에 힉스가 존재를 예언했고,
2012년에 실제로 발견되었다.
질량을 부여하는 기본입자.
(물질의 움직임을 방해하는 힘)

풀로 붙인 것처럼
쿼크끼리 묶는다.

글루온

풀(glue)을 뜻하는 영어에서 따왔다.
강력(강한 힘, 쿼크끼리 묶는 힘)을 매개하는 기본입자.

중성자를
분해한다.

위크 보손

약력(약한 힘, 중성자를 분해하는 힘)을
매개하는 기본입자.

중력을
매개한다.

중력자

중력을 근거로 아인슈타인이 존재를 예언했다.
중력을 매개하는 기본입자로 추정되지만, 아직 발견되지 않았다.

기본입자 수준까지 파고들면 세계에는 오직 **네 가지 힘** 29 만 존재하며,
이 힘들은 입자의 이동과 전달로 발생한다.

기본입자를 관찰하려면 둘레 수십km짜리 거대 입자 가속기 또는 땅속에 파묻힌 거대 수조로 구성된 관측기가 필요합니다.

[입자 가속기]

둘레 20km가 넘는 지하 원형 터널

부딪쳐 튀어나오는 입자를 관측한다.

쾅광!

속도까지 끌어올린다!
광속에 가까운

스위스와 프랑스 국경에 있는 LHC **30**는 입자를 광속에 한없이 가까운 속도로 끌어올려 입자끼리 부딪친다. 부딪쳐서 기본입자만큼 작게 깨진 입자를 관측할 수 있다.

[중성미자 관측 시설]

일본 기후현 히다시 가미오카초
거대 수조 안에 든 관측기
일본 이바라키현 도카이무라

중성미자가 땅속을 통과한다.

295km 밖에서 쬔다.

물속에 있는 원자핵에 부딪힌 입자가 관측될 때도 드물게 있다.

중성미자를 검출한 초창기 가미오칸데 **31**의 50배가 넘는 용량의 수조를 갖춘 하이퍼 가미오칸데가 2020년부터 건설에 들어가면서 새로운 발견이 나올 것으로 기대를 모으고 있다.

② 질량의 정체

이론상 기본입자 자체에는 질량(→ p.47)이 존재하지 않습니다. 그러나 질량이 없는 광자
와 달리 전자에는 질량이 조금이나마 존재합니다.

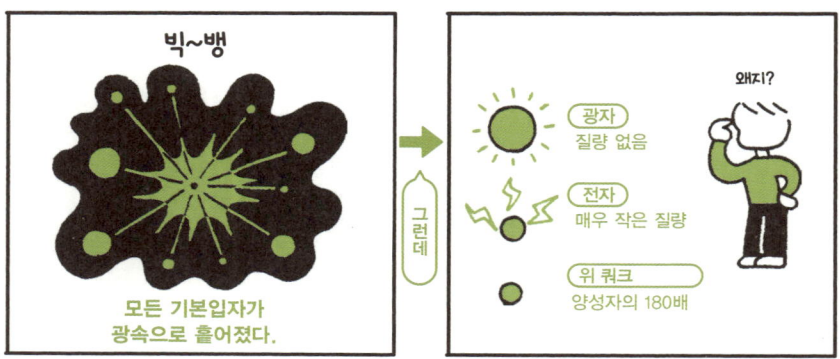

질량이 존재하는 물질은 광속으로 이동할 수
없을 테니(→ p.93) 기본입자에도 질량이 존재
하지 않을 것이다.

질량이 존재하는
기본입자도 있다.

그리고 진공 상태에서 기본입자의 이동을 관찰하면 광자는 똑바로 나아가지만, 쿼크는 지
그재그로 움직입니다.

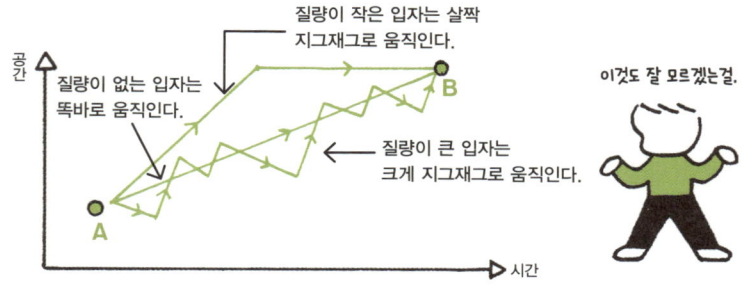

세 입자가 지점 A에서 지점 B로 같은 시간 동안 이동할 때,
질량이 클수록 지그재그로 움직인다.

20세기의 물리학자 **피터 힉스**⑥는 질량의 정체를 물질의 움직임을 방해하는 힘이라고 생각했습니다. 물질 내에서 기본입자가 잘 움직이면 질량이 작고, 반대로 기본입자가 잘 움직이지 않으면 질량이 큰 물질이라고 생각한 것이지요.

그렇다면 우주에 질량이 존재하려면 움직임을 방해하는 입자가 무한하게 존재해야 하는데요. 이 움직임을 방해하는, 즉 질량을 부여하는 입자를 힉스 입자라고 합니다. 개념 자체는 20세기에 처음 등장했지만, 2012년이 되어서야 마침내 발견되었습니다.

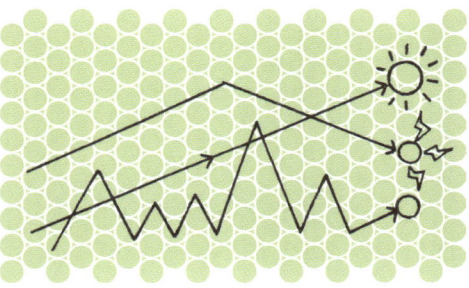

광자는 힉스 입자의 영향을 받지 않는다.

전자는 힉스 입자의 영향을 조금 받는다.

무거운 입자는 힉스 입자의 영향을 그대로 받기에 자유롭게 움직이지 못한다.

질량은 곧 장의 움직임을 방해하는 힘이다!

힉스

힉스는 질량을 물질에서 비롯된 힘이 아니라 장의 움직임을 방해하는 힘이라고 생각했다. 힉스의 주장이 성립하려면 우주 전체에 질량을 부여하는 입자(힉스 입자)가 가득해야 한다.

③ 기본입자론의 미래

이렇게 질량의 정체가 밝혀졌네요. 하지만 아직 중력의 정체는 베일에 싸여 있습니다(→ p.47). 이는 기본입자론으로도 설명할 수 없었지요. 하지만 과학이 발전하면 훗날 질량을 부여하는 입자뿐만 아니라 중력을 전달하는 입자도 발견될지 모릅니다.

[뉴턴 역학]

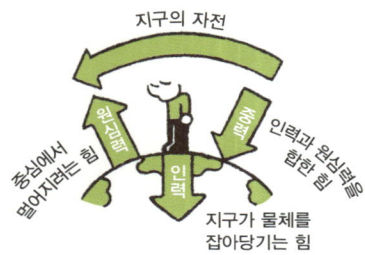

뉴턴 역학에서 정의한 중력은 인력과
원심력을 합한 힘이다.

[일반 상대성 이론]

일반 상대성 이론에서 정의한 중력은
거대한 질량에 의한 시공간의 왜곡이다.

[기본입자론]

우주에 퍼져 있는 중력자가 중력을
전달한다.

아인슈타인은 중력을 전달하는 입자의 존재를 예언했지만, 이 입자는 아직 발견되지 않았다.
그러나 질량을 부여하는 입자도 발견되었으니, 중력을 전달하는 입자도 언젠가 발견될지 모른다.

"이 세계에 존재하는 법칙은 더 간단하고 아름다울 것이다"라는 과학의 기본자세(→ p.18)가 있었기에 새롭고 복잡한 이론이 탄생할 수 있었습니다. 우리는 그 이론을 **초끈 이론** ㉜ 이라고 부릅니다. 많은 과학자가 지금도 초끈 이론을 연구하고 있습니다.

모든 기본입자는 형태는 달라도 결국 '진동하는 하나의 끈'이다!

'기본입자 = 둥글다'라는 발상을 근본부터 뒤집었다.

모든 물질과 힘을 한 종류의 끈으로 설명할 수 있는 이론이지만,
우주가 최소 10차원 이상 존재할 때 비로소 성립한다.

이처럼 양자론과 기본입자론은 새로운 발견이 나타날 때마다 새로운 의문과 과제를 안겨주는, 그야말로 현재진행형인 분야라고 할 수 있습니다.

양자론에 대한 설명은 여기까지입니다. 다음 장의 주제는 우주입니다. 천체 연구의 역사와 최신 우주의 모습을 기대해 주세요.

핵심 용어와 핵심 인물을 알아보자
KEYWORD & KEYPERSON

양자의 세계는 좌회전과 우회전, 그리고 붕괴한 상태와 붕괴하지 않은 상태가 중첩되어 있어 상식적으로는 이해할 수 없는 움직임을 보입니다. 이를 관측하면 어째서인지 중첩되어 있던 상태 중 한쪽으로 결정되어 한쪽 면만 보이므로, 우리는 중첩되어 있을 때의 모습을 볼 수 없습니다. 게다가 어느 쪽으로 결정될지도 확률적으로 결정되는 데다, 약 300년에 걸쳐 쌓아 온 고전역학 이론도 통하지 않는 영역입니다. 우리는 이 신비한 양자를 활용해서 새로운 최신 기술의 세계로 향하는 문을 열고 있습니다.

※ 앞 Chapter에서 소개한 키워드는 간단하게만 짚고 넘어갑니다.

4-1
양자란 무엇일까?
-상태가 중첩된 세계-

KEYWORD

① 산업혁명 (→ Chapter 1 p.25)
industrial revolution
18세기 후반부터 19세기 전반에 걸쳐 생산 기술이 발전하면서 일어난 산업과 사회의 큰 변혁. 19세기부터 시작된 근대화의 계기이다.

② 에너지양자
energy quantum
빛과 입자의 에너지 덩어리.

➡ 고전역학의 상식으로는 모든 양이 연속적으로 변해야 한다. 하지만 빛은 특정 값의 정수 배수, 즉 불연속적으로 변했다. 플랑크는 양을 나타내는 덩어리라는 의미로 이 에너지의 '특정 값'을 에너지양자라고 명명했다. 플랑크는 이 공로를 인정받아 1918년 노벨 물리학상을 받았다.

③ 광양자
light quantum
아인슈타인이 주장한 빛의 입자.

➡ 플랑크가 주장한 에너지양자에서 착상을 얻었다. 정해진 값(플랑크 상수)에 빛의 진동수를 곱한 '에너지 덩어리'가 빛의 입자라고 생각한 아인슈타인은 이를 광양자라고 명명했다(→ p.85). 플랑크가 에너지양자라는 개념을 생각해내지 못했더라면 아인슈타인도 빛의 정체를 밝히지 못했을지 모른다.

④ 플랑크 상수(h)
Planck's constant
양자역학의 기본적인 보편 상수.

➡ 원래는 광양자의 에너지를 측정하는 비례상수였으나, 양자역학의 진동수와 에너지를 환산하는 기본 상수로 널리 쓰이게 되었다.

⑤ 전자 (→Chapter 2 p.67)
electron
원자 안에 존재하는 원자핵 주변에 존재하는 기본입자. 음전하를 띤다.

⑥ 원자
atom
원자핵과 전자로 이루어진, 물질의 기본적인 구성 단위.

➡ "만물의 근원은 atomos(쪼갤 ⇔ 없는 것)"라는 고대 그리스 철학자 데모크리토스의 주장에서 비롯된 개념으로, 19세기까지도 만물의 최소 단위였다. 이후 원자가 원자핵과 전자로 이루어져 있으며 원자핵은 양성자와 중성자로, 그리고 양성자와 중성자는 각각 쿼크로 이루어져 있다는 사실이 밝혀지면서 만물의 최소 단위는 원자에서 기본입자로 바뀌었다.

⑦ 슈뢰딩거 방정식
Schrödinger equation
양자의 상태를 나타내는 기본 방정식.

➡ 슈뢰딩거가 전자의 파동 상태를 고전역학적으로 표현하기 위해 만든 방정식이었지만, 행렬역학과 같은 결론에 이르렀고 다양한 양자의 상태를 거의 정확하게 나타낼 수 있었기에 양자역학 연구의 유용한 방정식으로 자리매김했다. 슈뢰딩거 방정식으로 구한 해를 파동함수[ψ(프사이)]라고 한다.

⑧ 행렬역학
matrix mechanics
양자의 상태를 행렬로 나타낸 형식.

➡ 하이젠베르크가 입자로서의 양자의 위치와 양을 행렬로 나타낸 것이 시초였으나 슈뢰딩거 방정식을 바탕으로 만든 파동역학과 결론이 같다는 사실이 밝혀졌고, 이후 행렬역학과 파동역학이 통합되면서 양자학이 탄생했다. 행렬역학을 바탕으로 양자의 위치와 운동량을 동시에 확정할 수 없다는 양자의 불확정성 원리가 만들어졌다.

⑨ 고전역학
classical mechanics
뉴턴의 운동 법칙을 기초로 만들어진 역학의 이론 체계. 뉴턴 역학(→ p.46)이라고도 한다.

➡ 현재는 뉴턴 역학과 상대론적 역학을 통틀어 고전역학이라고 한다.

⑩ 양자
quantum
어떤 물리량이 특정 값(단위량)의 정수배로 표현될 때, 해당 특정 값(단위량)을 양자라고 한다.

➡ 에너지양자와 마찬가지로 위와 같이 정의하지만, 성질을 따지면 '파동과 입자의 성질을 모두 가진 작은 입자'이다. 전자 같은 기본입자뿐만 아니라 분자와 원자도 정의상 양자에 포함된다.

⑪ 양자역학
quantum mechanics
고전역학의 세계와 다른 법칙이 적용되는 분자, 원자, 기본입자의 미시 세계를 이론화한 물리학 분야.

⑫ 양자론
quantum theory
양자역학을 바탕으로 양자의 세계를 체계화한 이론의 총칭.

⑬ 결정론
determinism
이 세상에서 일어나는 모든 일은 미리 정해져 있다는 이론.

➡ 과학은 자연법칙을 바탕으로 미래에 일어날 일을 완전히 예측할 수 있다는 사고방식이다. 서구권에는 결정론적 사상이 예로부터 깊게 뿌리내렸는데, 기독교 세계관의 예정설(하느님께 구원받을 사람이 미리 정해져 있다는 설)이 대표적이다.

⑭ 확률론
theory of probability
확정되지 않은 우연이 일어날 확률을 수학적으로 구하는 학문 분야.

➡ 양자론에서는 관측하기 전의 입자가 어디에 존재할지 확정되어 있지 않으며, 관측한 입자가 어디에서 관측될지는 확률적으로밖에 알 수 없다고 설명한다. 확률론적 사고는 서구권에 뿌리내린 결정론적 사상과 상반되는 사고방식이다.

⑮ 슈뢰딩거의 고양이
Schrödinger's cat
양자론의 불완전성을 지적하기 위해 슈뢰딩거가 주장한 사고 실험.

16 양자 얽힘

quantum entanglement

둘 이상의 양자가 강하게 연결된 상태.

➡ 둘 이상의 양자가 공간적 거리 차이를 무시하고 서로 영향을 미치는 상태를 얽힘이라고 한다. 양자 컴퓨터와 양자 순간 이동 등에 응용할 수 있을 것으로 기대를 모으고 있다. 2022년 노벨 물리학상은 양자 얽힘을 연구한 과학자 세 명에게 돌아갔다.

17 양자 순간 이동

quantum teleportation

양자 얽힘을 이용하여 광속을 초월한 속도로 정보를 전달하는 기술.

➡ 서로 얽힌 양자 중 한쪽을 관측하면 동시에 다른 양자도 이에 대응되는 관측 결과를 보인다. 두 양자 사이의 거리가 아무리 멀다 해도 정보 전달은 동시에 일어나므로 양자 얽힘을 응용하면 감청당할 걱정 없이 정보를 광속을 초월한 속도로 주고받을 수 있다. '순간 이동'이라는 표현과 달리 실제로는 물체가 순식간에 이동하지 않는다.

18 EPR 역설

EPR paradox

사고 실험으로 증명한 양자론과 상대성 이론의 모순. 아인슈타인은 EPR 역설을 들어 양자론의 결점을 지적했다.

➡ 두 양자가 공간상의 거리 차이를 무시하고 서로 영향을 미치는 양자 얽힘은 "광속을 초월한 물질이 존재하지 않는다"라는 특수 상대성 이론과 모순된다. 이를 주장한 과학자 아인슈타인(Einstein), 포돌스키(Podolsky), 로젠(Rosen)의 앞 글자를 따서 EPR 역설이라고 한다.

19 양자 컴퓨터

quantum computer

양자의 성질을 응용한 컴퓨터.

➡ 양자 컴퓨터가 반드시 기존 컴퓨터를 대체한다고는 볼 수 없다. 사칙 연산과 표 계산은 기존 컴퓨터로 하고, 소인수분해와 인공지능은 양자 컴퓨터에 맡기는 식으로, 각자 장점을 살릴 수 있는 분야에서 활약할 것으로 예상된다.

20 양자 정보 통신

quantum information communication

양자의 성질을 응용한 정보 통신.

➡ 이론상 감청 및 암호 해독을 할 수 없는 정보 통신을 광속을 초월한 속도로 수행할 수 있는 기술이다. 기존 컴퓨터의 암호가 양자 컴퓨터로 간단히 해독될 가능성도 있기에 양자 컴퓨터의 실용화보다 양자 정보 통신 체제를 먼저 구축해야 한다.

KEYPERSON

① 막스 플랑크
Max Karl Ernst Ludwig Planck(1858~1947)
독일의 이론 물리학자.
➡ 열복사를 이론적으로 연구하는 과정에서 플랑크 상수를 발견하고 최초로 양자 가설을 주장했다. 1918년에 노벨 물리학상을 받았다. 2009년에 발사한 우주 관측 위성에는 그를 기리는 의미에서 플랑크라는 이름이 붙었다.

② 알베르트 아인슈타인   (→ Chapter 3)
Albert Einstein(1879~1955)
독일 태생의 이론 물리학자.
➡ 광전효과를 설명하는 광양자 가설을 세웠고, 이후 양자역학의 발전에도 이바지했으나, 양자의 확률론적 해석에는 마지막까지 반대했다. "신은 주사위 놀이를 하지 않는다"는 유명한 말도 여기서 나왔다.

③ 루이 드브로이
Louis Victor de Broglie(1892~1987)
프랑스의 이론 물리학자.
➡ 전자를 비롯한 미시 세계의 입자에는 파동성이 있다고 주장한 그의 논문은 아인슈타인의 인정을 받은 뒤로 슈뢰딩거가 도입한 파동역학의 기초가 되었다. 1929년에 노벨 물리학상을 받았다.

④ 에르빈 슈뢰딩거
Erwin Schrödinger(1887~1961)
오스트리아의 이론 물리학자.
➡ 드브로이가 주장한 물질의 파동성을 밝혀내기 위해 슈뢰딩거 방정식을 만들었다. 그리고 하이젠베르크의 행렬역학과 다르게 접근한 끝에 파동역학을 정립했다. 1933년에 노벨 물리학상을 받았다.

⑤ 베르너 하이젠베르크
Werner Karl Heisenberg(1901~1976)
독일의 이론 물리학자.
➡ 코펜하겐의 닐스 보어 밑에서 연구했다. 행렬 형식으로 양자역학을 표현한 행렬역학을 만들었다. 아인슈타인과의 토론을 바탕으로 불확정성 원리를 주장하고 코펜하겐 해석을 확립했다. 1932년에 노벨 물리학상을 받았다.

4-2
기본입자란 무엇일까?
-원자보다 작은 미시 세계-

KEYWORD

㉑ 기본입자
elementary particle
물질을 구성하는 최소 단위. 소립자라고도 한다.
➡ 1897년에 전자가 발견되면서 원자는 최소 단위가 아니게 되었고, 원자도 더 작은 입자로 구성되어 있다는 사실이 밝혀졌다.

㉒ 양성자
proton
원자핵을 구성하는 입자 중 하나로, 양전하를 띠고 있다.
➡ 1919년에 발견되었다. 양성자 수에 따라 음전하를 띠고 원자핵 주위를 도는 전자의 수가 정해진다.

㉓ 중성자
neutron
원자핵을 구성하는 입자 중 하나로, 전하를 띠지 않아 중성이다.
➡ 1932년에 중성자가 발견되면서 원자핵이 양성자와 중성자로 구성되어 있다는 사실이 밝혀졌다.

㉔ 쿼크
quark
양성자와 중성자를 구성하는 기본입자.
➡ 1964년에 예견되었고, 1969년에 쿼크의 존재를 증명하는 근거가 발견되면서 양성자와 중성자가 더 작은 기본입자로 구성되어 있다는 사실이 밝혀졌다.

㉕ 페르미온(페르미 입자)
fermion
주로 물질을 구성하는 기본입자.
➡ 페르미온에 해당하는 기본입자는 렙톤 6종과 쿼크(양성자와 중성자를 구성하는 기본입자) 6종을 통틀어 총 12종이다.

㉖ 보손(보스 입자)
boson
주로 물질의 상호작용을 구성하는 기본입자.
➡ 보손에 해당하는 기본입자는 게이지 입자(상호작용을 매개하는 입자) 4종과 힉스 입자(질량을 부여하는 입자) 1종 등 총 5종이다.

㉗ 게이지 보손
gauge boson
게이지 이론에서 기본입자 사이의 상호작용을 매개하는 기본입자.
➡ 게이지 이론(기본입자의 상호작용에 관한 이론)에 따르면 기본입자 사이의 상호작용에 관여하는 힘은 총 네 가지로, 각 힘을 전달하는 입자가 게이지 보손이다. 전자기력을 전달하는 기본입자는 광자, 강력을 전달하는 기본입자는 글루온, 약력을 전달하는 기본입자는 위크 보손, 중력을 전달하는 기본입자는 중력자이다. 중력자는 아직 발견되지 않았다.

㉘ 힉스 보손
Higgs boson
기본입자에 질량을 부여하는 기본입자.
➡ 기본입자가 지날 때 움직임을 방해하는 물질의 정체는 힉스 입자로 가득한 힉스장으로 추정된다. 2012년, LHC로 우주 탄생 직후의 상태를 재현하는 실험을 통해 힉스 입자가 발견되었다.

㉙ 네 가지 힘
four fundamental forces
자연계에 존재하는 기본적인 네 가지 힘.
➡ 전자기력(전기와 자기를 이루는 힘), 강력(쿼크끼리 묶는 힘), 약력(중성자를 분해하는 힘), 중력을 가리킨다.

㉚ LHC
Large Hadron Collider
대형 강입자 충돌 가속기.
➡ 유럽 입자 물리 연구소(CERN)가 운영하는 세계 최대의 입자 가속기. 광속에 가까운 속도까지 올린 양성자를 충돌시켜서 우주 탄생 직후의 상태를 재현하고, 이때 만들어진 입자를 관찰하는 실험에 이용한다.

㉛ 가미오칸데
カミオカンデ/KAMIOKANDE
일본 기후현 히다시 가미오카초에 있는 기본입자 관측 장치.
➡ 고시바 마사토시가 고안하고 도쿄대학 우주선 연구소가 건설했다. 불순물이 전혀 없는 순수(pure water)로 채운 탱크를 통과한 기본입자를 관측한다. 세계 최초로 중성미자(전하를 띠지 않은 렙톤)를 검출했다. 1995년에는 규모를 키운 슈퍼 가미오칸데가 완성되었고, 현재는 슈퍼 가미오칸데보다 더 큰 하이퍼 가미오칸데를 짓는 중이다.

㉜ 초끈 이론
superstring theory
기본입자의 정체가 진동하는 하나의 끈이라는 이론.
➡ 기본입자를 진동하는 하나의 끈으로 설명하고자 했다. 이 이론이 성립하려면 계산상 차원이 10차원 이상 존재해야 한다.

KEYPERSON

⑥ 피터 힉스

Peter Ware Higgs(1929~)

영국의 이론 물리학자.

➡ 1964년에 기본입자에 질량이 생기는 원리를 주장하여, 기본입자에 질량을 부여하는 입자(힉스 입자)의 존재를 예언했다. 2012년에 힉스 입자가 실제로 발견되면서 이듬해인 2013년에 노벨 물리학상을 받았다. 힉스의 이론은 2008년 노벨 물리학상을 받은 난부 요이치로가 1961년에 발표한 자발 대칭 깨짐 이론(균일하고 동등한 세계에서 비대칭성이 나타나는 현상)을 바탕에 두고 있다.

5

Chapter

우주

Universe

인류는 '우주'를 어떻게 밝혀내려 했을까?

이번 장에서는 천문학과 물리학에서 다루는 우주를 시간순으로 따라가며 설명합니다. 그리고 최신 우주론이 반영된 우주의 구조와 우주 탄생의 메커니즘, 그리고 다중우주 이론까지 폭넓게 배워 보겠습니다.

교양을 쌓자
ENRICH YOUR EDUCATION

🔍 주요 키워드

☑ 행성	☑ 은하	☑ 거시 공동	☑ 우주 상수
☑ 빅뱅	☑ 우주 배경 복사	☑ 인플레이션 우주론	☑ 양자 요동
☑ 암흑 에너지	☑ 블랙홀	☑ 특이점	☑ 웜홀
☑ 다중우주	☑ 다세계 해석		

5-1 천체 연구의 역사

－밤하늘을 올려다보다 우주의 법칙을 발견하기까지－

오늘날에 이르러서도 여전히 우리는 우주❶에 대해 아는 바가 거의 없습니다. 하지만 인류는 아주 오랜 옛날부터 밤하늘을 올려다보며 우주의 신비를 밝혀내고자 하는 꿈을 잃지 않고, 그렇게 우주에 관한 지식이 조금씩 쌓여갔습니다. 우선 천체 연구의 역사가 어떻게 시작되었는지부터 살펴보겠습니다.

① 천체의 운행

천체를 향한 인류의 호기심은 고대에도 존재했습니다. 당시 대부분 사람들은, 지구를 중심으로 태양과 달과 별이 돈다(천동설❷)고 생각했습니다.

기원전 고대 메소포타미아 문명에서는 달이 차고 기우는 주기와 태양의 운행을, 고대 이집트 문명에서는 항성 시리우스의 운행을 근거로 달력을 만들어, 씨를 뿌리고 작물을 수확하는 시기를 점쳤다.

[아리스토텔레스의 계층 우주]

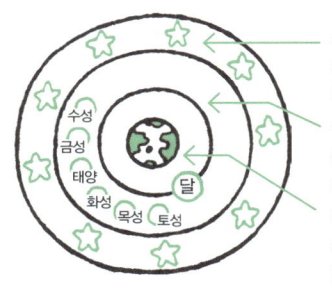

천상계
완전한 원운동을 하며,
탄생과 소멸이 없는 영원한 세계

달 위의 세계는 제5원소
(에테르❸)로 이루어져
있으며, 영원하고 완전한 세계

행성계
불규칙하고 불완전한 원운동도
하는 세계

달 아래의 세계
우주의 중심이지만, 완전함과는
거리가 먼 세계

물, 불, 흙, 공기라는 4대 원소로
이루어져 있으며, 생성과 소멸을
반복하는 불완전한 세계

아리스토텔레스①의 우주관은 이후 조금씩 바뀌었지만, 여전히 이슬람과 유럽의
우주관에 영향을 미쳤다.

그러나 고대 그리스에도 **지동설 4**을 주장한 사람이 있었습니다. 바로 천문학자 **아리스타르코스 2**입니다. 그는 달과 지구, 태양과 지구의 거리 차이를 보고 태양이 지구보다 훨씬 거대한 천체임을 깨달았습니다. 거대한 태양이 지구의 주위를 돈다는 생각을 부자연스럽게 느낀 아리스타르코스는, 지구가 아니라 태양이 천체의 중심이라고 주장했습니다.

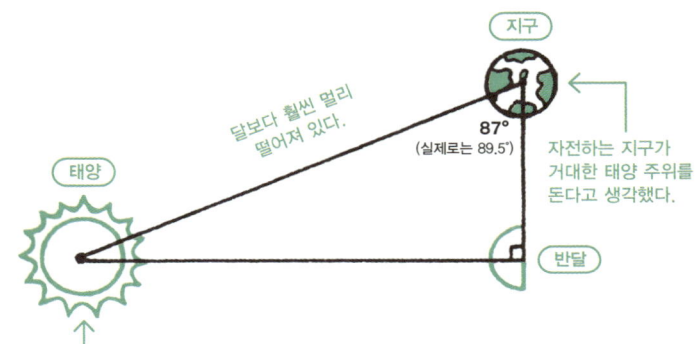

달보다 훨씬 멀리 떨어져 있는데 지구에서는 달과 거의 같은 크기로 보인다면 태양이 훨씬 크다는 뜻이다.

아리스타르코스는 반달일 때 달과 태양과 지구가 직각삼각형을 이룬다는 사실을 알아냈고, 이를 통해 달과 태양의 크기 및 지구까지의 거리를 구했다. 지금과 비교하면 수치에 오차가 많았지만, 태양을 중심으로 천체가 돈다는 가설에 도달했다.

금성과 화성의 움직임을 관찰하면, 단순히 서쪽에서 동쪽으로 이동하는 게 아니라 가까워졌다가 멀어지는데, 마치 목적지를 잃고 헤매는 것처럼 궤도를 그립니다. **행성 5**이라는 명칭도 이러한 움직임에서 비롯되었습니다.

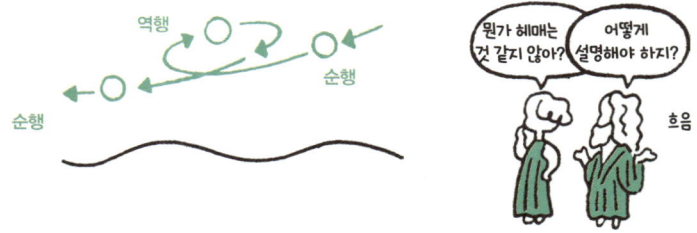

행성계에 속한 수성, 금성, 화성, 목성, 토성을 관찰하면 마치 목적지를 잃고 헤매는 것처럼 움직인다. 이 때문에 방황하는 사람을 뜻하는 그리스어 planétēs에서 planet이라는 이름이 붙었다.

하지만 이러한 행성의 움직임은 아리스토텔레스의 계층 우주와는 모순되었습니다. 이 모순을 해결하기 위해 많은 이들이 머리를 싸맸고, 그중 한 사람인 프톨레마이오스는 한 가지 답을 내놓았습니다.

[프톨레마이오스의 우주]

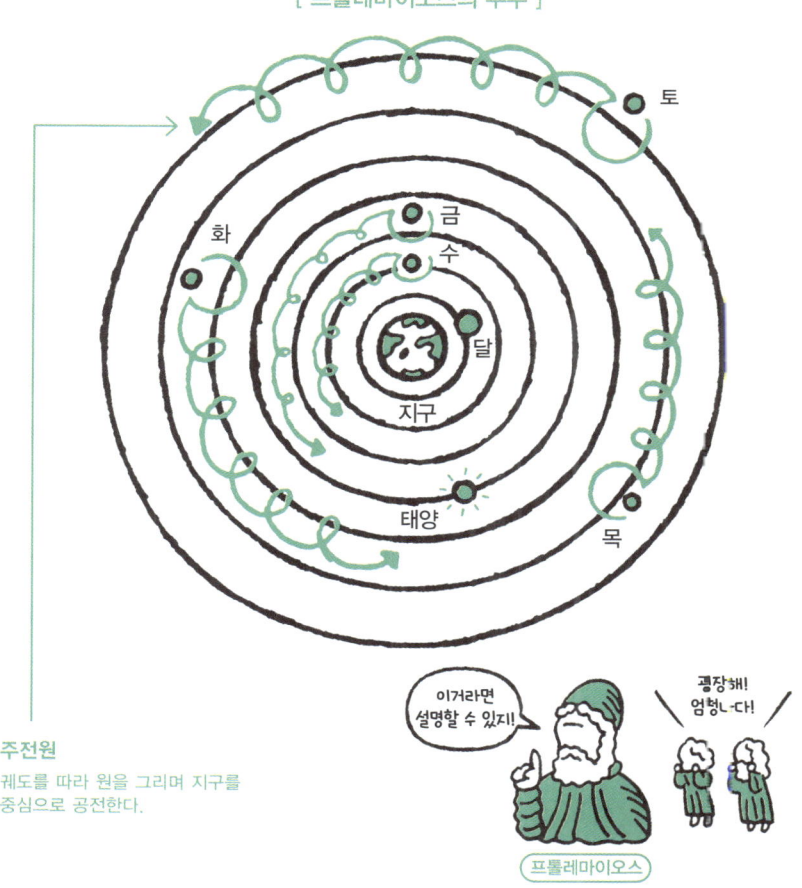

주전원
궤도를 따라 원을 그리며 지구를 중심으로 공전한다.

2세기에 프톨레마이오스가 주전원° 개념을 도입하면서 행성의 움직임을 이론적으로 설명할 수 있게 되었다. 계산이 매우 복잡하지만, 행성의 움직임을 정확하게 유도할 수 있다는 장점 덕에 이후 약 1,400년 동안 과학자들이 세운 이론의 바탕이 되었다.

• A 행성이 C 행성을 중심으로 공전하는 B 행성의 주변을 공전할 때, A 행성이 B 행성을 중심으로 공전하며 그리는 원형 궤도.

② 태양계 모델

프톨레마이오스의 천동설에 따라 행성의 운행을 구하려면 굉장히 복잡한 계산이 필요했습니다. 천동설에 의문을 품은 15세기 말의 천문학자 **코페르니쿠스** ③ 는 우주에 관한 문헌을 조사한 끝에 천체의 중심은 태양이라는 아리스타르코스의 주장에 도달했습니다.

15세기에 대항해시대 *가 열린 뒤로 목적지까지 무사히 항해하려면, 천체를 기준 삼아 배의 위치를 정확하게 측정할 줄 알아야 했다.

15세기 말에는 아직 망원경이 발명되지 않았다. 진리에 다가가려면 옛사람들이 남긴 문헌을 열심히 연구해야만 했다.

• 15세기에서 16세기에 걸쳐 유럽인들의 신항로 개척이나 신대륙 발견이 활발하던 시대.

맨눈으로 천체를 관측하는 데 누구보다도 뛰어났던 천문학자 **튀코 브라헤**④는 행성의 운행을 계산할 때, 프톨레마이오스의 가설보다 코페르니쿠스의 가설이 정확도 면에서 뛰어나다고 인정했습니다. 하지만 지동설만큼은 도저히 인정할 수 없었던 그는 천동설과 지동설의 절충안을 제시했습니다.

[브라헤의 우주]

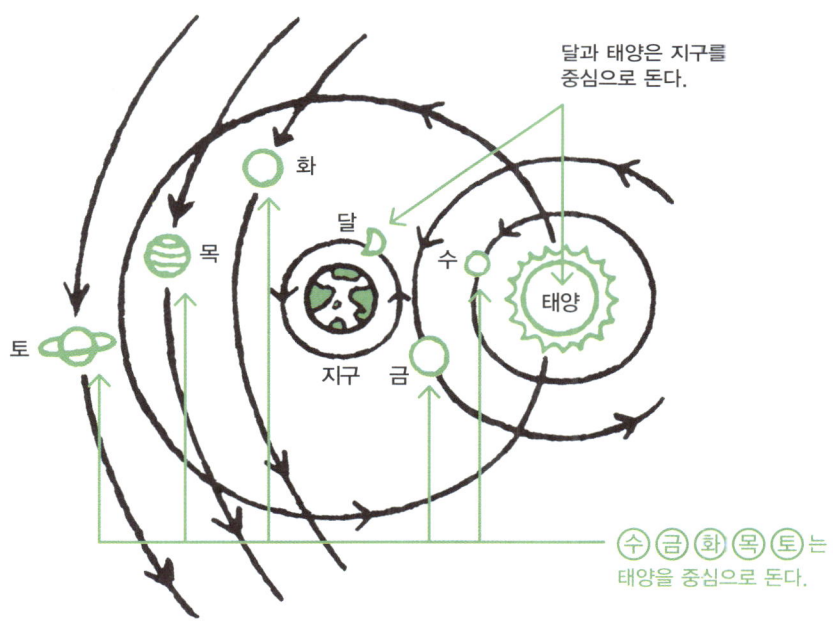

달과 태양은 지구를
중심으로 돈다.

화

달

목

수

태양

토

지구   금

수 금 화 목 토 는
태양을 중심으로 돈다.

케플러의 스승인 브라헤는 천동설과 지동설을 절충해서, 달과 태양은 지구 주위를 공전하고, 지구를
제외한 행성들은 태양 주위를 공전하는 모델을 만들었다.

17세기 초, 당시 막 발명된 망원경을 천체 관측에 응용하려 했던 **갈릴레이**⑤는 오목렌즈로 접안렌즈를 만든 갈릴레이식 망원경을 발명했습니다. 그는 자신이 만든 망원경으로 목성 주위를 도는 네 개의 위성을 발견했고, 이는 모든 천체가 지구 주위를 돈다는 천동설을 뒤집고 지동설을 증명하는 결정적인 근거가 되었습니다.

[갈릴레이식 망원경]

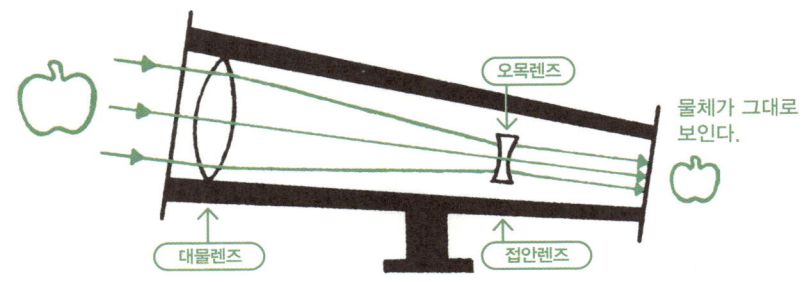

갈릴레이식 망원경은 정립상(위아래가 뒤집히지 않은 상)을 관찰할 수 있지만,
배율(확대율)이 높지 않았다.

목성 주위를 도는 위성을 발견하고 천동설의 오류를 확신했다.

그리고 **케플러**⑥는 스승인 브라헤의 방대한 자료를 기반으로 행성이 타원 궤도를 그리며 태양 주위를 **공전**❻한다는 사실을 알아내어 행성의 운행을 완벽하게 설명하는 데 성공했습니다. 태양계 모델의 기초를 완성한 시기도 이때입니다.

[케플러식 망원경]

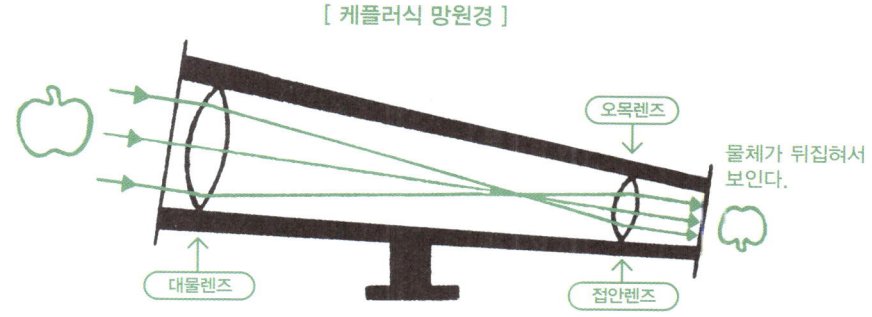

케플러식 망원경은 도립상*으로 보이지만, 높은 배율로 관찰할 수 있었다.

[케플러의 우주]

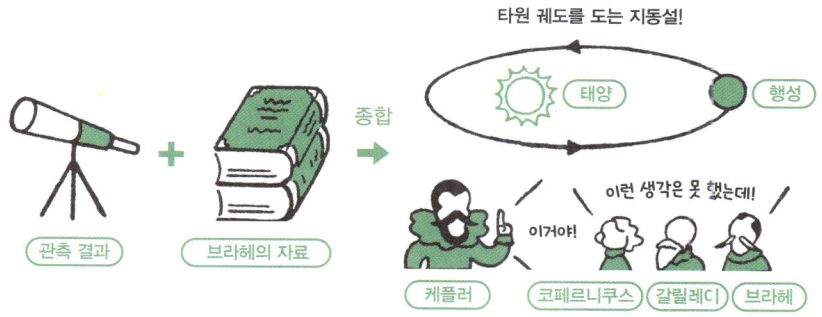

코페르니쿠스도, 브라헤도, 갈릴레이도, 가장 완전한 형태인 원에서 벗어나지 못했다.
타원이라는 발상으로 행성의 운행을 완벽하게 설명했다는 점에서
케플러는 높게 평가받을 만하다.

* 볼록렌즈 초점의 밖에 있는 물체의 상처럼 상하좌우가 반대로 된 상.

그전까지 태양계 모델에는 토성까지밖에 없었지만, 18세기 말 **윌리엄 허셜**⑦이 뉴턴식 반사망원경을 개량한 반사망원경으로 토성보다 먼 궤도를 도는 천왕성을 발견했습니다. 이로써 지구를 제외하고 수성, 금성, 화성, 목성, 토성 등 다섯 행성이 지구를 돈다는, 고대부터 정설로 내려오던 천동설이 뒤집혔습니다. 그리고 천왕성의 궤도를 근거로 새로운 행성이 존재한다는 예측이 나왔고, 이후 실제로 해왕성이 발견되었습니다.

[뉴턴식 반사망원경]

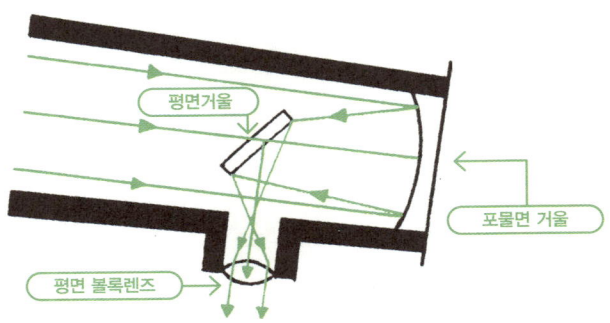

갈릴레이식 망원경과 케플러식 망원경은 굴절식이었기에 상의 색이 왜곡되는 문제가 있었다.
그러나 **뉴턴**⑧은 통 안에 거울을 비스듬히 배치한 다음 통 옆면에 뚫은 구멍으로 관찰한다는
참신한 발상을 낸 덕에 상을 선명하게 볼 수 있었다.

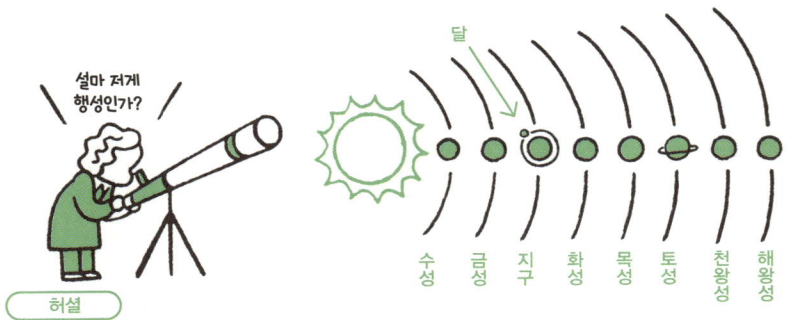

허셜은 자신이 개량한 반사망원경으로 발견한 별을 새로운 혜성인 줄 알고 계속 관측했다.
4개월 후 자신이 발견한 별이 태양 주위를 공전하고 있음을 깨달은 허셜은, 혜성이 아니라
새로운 행성이라고 인정했다.

해왕성이 관측되면서 과학자들은 새로운 행성이 또 있으리라고 예측했으나, 한동안 그런 행성은 발견되지 않았습니다. 1930년에 마침내 명왕성이 발견되었지만, 명왕성은 달보다도 작고 궤도가 다른 행성보다 약 17° 기울어져 있었지요.

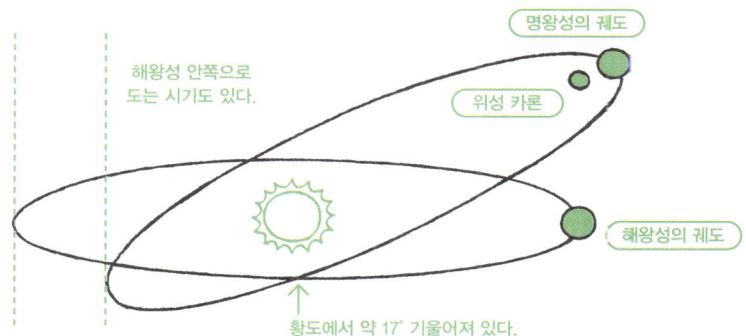

1978년에 지름이 명왕성의 50% 정도로 큰 위성 카론을 발견하였다. 1979년부터 1999년에 걸쳐 명왕성은 해왕성보다 안쪽 궤도를 따라 공전했다.

그리고 21세기에 태양계 가장자리를 도는 거대한 천체가 차례차례 발견되었고, 크기가 명왕성과 거의 비슷한 에리스가 발견되었습니다. 이로써 명왕성을 행성에서 제외해야 할지, 아니면 에리스도 행성으로 분류해야 할지를 두고 논쟁이 벌어졌습니다. 결과적으로 2006년에 국제천문연맹(IAU)이 명왕성을 행성에서 제외하면서 명왕성은 왜행성*으로 새로 분류되었습니다.

명왕성과 비슷한 천체가 다수 존재하는 데다, 태양계의 다른 행성들과 궤도가 다르다는 점을 들어 명왕성은 왜행성으로 분류되었다.

* 태양계를 도는 천체. 궤도 주변의 다른 천체를 배제하지 못하며, 다른 행성의 위성이 아니다. 중력을 유지할 수 있는 질량을 가지며, 원형에 가깝다. 명왕성, 케레스 따위가 이에 속한다.

③ 은하와 우주의 거대 구조

17세기에 천체를 관측한 갈릴레이는, 은하수가 별의 집합체라고 확신했습니다. 그리고 천왕성을 발견한 허셜은 18세기 후반에 밤하늘의 별을 하나하나 센 끝에 **은하❼**가 원반 형태임을 밝혀냈습니다. 태양계에 속한 은하는 **우리은하❽** 또는 은하계라고 합니다.

[은하수의 정체]

은하수는 어마어마하게 많은 별의 집합체를 안쪽에서 본 모습이었다.

[우리은하의 초기 모델]

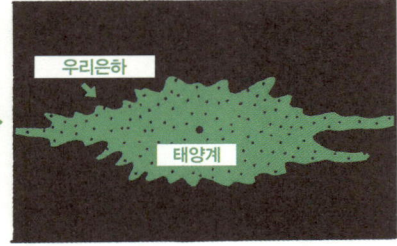

별들이 원반 형태로 모여 우리은하를 이루고, 그 중심에 태양계가 있다고 생각했다.

20세기에는 태양계가 우리은하의 중심에서 2만 6천 광년 떨어져 있으며, 은하계에 거대한 나선 팔이 있다는 사실이 밝혀졌습니다.

[관측 기술의 발전]

20세기에는 천체 관측에 적합한 장소에 세운 거대한 천문대에 거대한 망원경을 설치하여 천체를 더 정밀하게 관측할 수 있게 되었다.

[우리은하]

우리은하는 나선 형태, 그중에서도 중심에 막대 구조가 있는 막대 나선 형태로 추정된다.

최신 이론과 발전된 관측 기술 덕에 현대에는 이보다 거대한 우주의 구조도 측정할 수 있습니다.

[허블 우주 망원경]

1990년에 우주로 발사한 전장 13m짜리 거대 망원경. 지구 대기의 영향을 받지 않으므로 매우 선명한 영상을 촬영할 수 있다. 그 밖에도 수많은 **우주 망원경 9** 이 발사되었다.

[500m 구면 전파망원경]

2016년에 중국에서 완성한 세계에서 가장 큰 전파망원경. 지름 500m짜리 구면 거울로 이루어져 있다. 더 먼 우주를 관측하기 위해 망원경은 점점 커지고 있다.

[현재 밝혀진 우주의 구조]

우주의 거대 구조

수많은 은하단

(거시공동(巨視空洞, void))
**지름이 수억 광년이며
은하가 거의 존재하지 않는 영역**

현재 밝혀진 가장 거대한 우주의 구조. 무수히 많은 거품 같은 형태이며, '거품' 안쪽 공간을 **거시공동 ⑩** (void, 영어로 공허라는 뜻)이라고 한다.

초은하단(처녀자리 초은하단)

거시공동

크고 작은 은하들

(장성(長城, Great Wall))
밀집한 은하로 이루어진 벽

거시공동

거시공동

우리은하에서 약 1억 광년 이내에 있는 은하단이 모여 만들어진 초은하단을, 처녀자리 초은하단이라고 한다.

은하단(처녀자리 은하단)

형태가 가지각색인 2,500여 개의 은하

처녀자리 초은하단 중심에 있는 은하단을 처녀자리 은하단이라고 한다. 지구에서 은하단 중심까지의 거리는 약 6,000만 광년이다. 우리은하가 속한 국부 은하군은 언젠가 처녀자리 은하단에 합쳐질 것으로 추정한다.

5-2 우주 탄생을 둘러싼 수수께끼
−우주 관측부터 우주 탄생까지−

우주가 어떻게 탄생했고, 어떻게 지금과 같은 형태를 이루게 되었는지에 관한 수수께끼를 파헤쳐 보겠습니다. 3장에서 소개한 상대성 이론과 4장에서 소개한 양자론과 깊이 관련된 내용인데요. 이번 장을 읽고 다시 한번 3장과 4장으로 돌아가 내용을 비교해 보면, 처음 읽었을 때보다 훨씬 이해도 잘 되고 흥미가 샘솟을 겁니다.

① 끊임없이 움직이는 우주

"우주에는 시작도 끝도 없고, 멈춘 채 영원히 존재하고 있다." 20세기까지 서양 사람들에 게는 너무나도 당연한 상식이었습니다. 그리고 아인슈타인도 그중 한 사람이었지요.

[아인슈타인이 주장한 우주 모델]

등방성(等方性)
우주에는 방향이 없다.

우주를 부분적으로 보면 특정 방향으로 모이거나 회전하는 등 방향성이 있다.

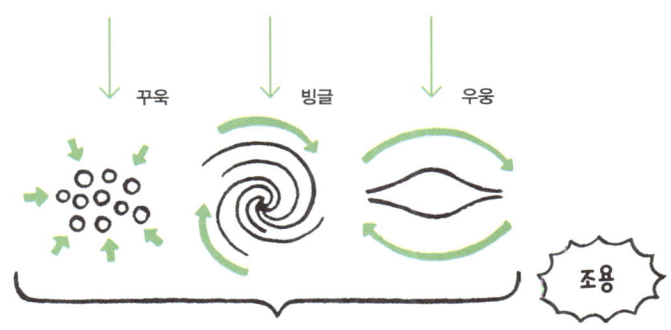

우주를 전체적으로 보면 방향성이 존재하지 않는다.

균일성

우주 어디서나 물리량은 항상 같다.

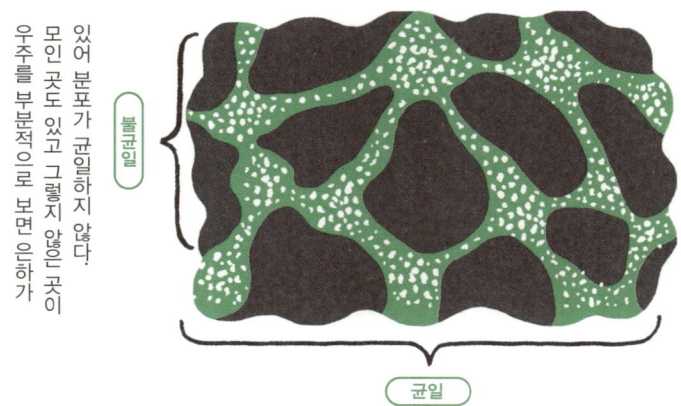

불균일

우주를 부분적으로 보면 은하가 모인 곳도 있고 그렇지 않은 곳이 있어 분포가 균일하지 않다.

균일

우주를 전체적으로 보면 천체의 분포가 균일하다.

정상성(定常性)

우주는 시간이 흘러도 변화가 없고 언제나 일정하다.

우주를 일부만 보면 시간이 흐르면서 변화가 생긴다.

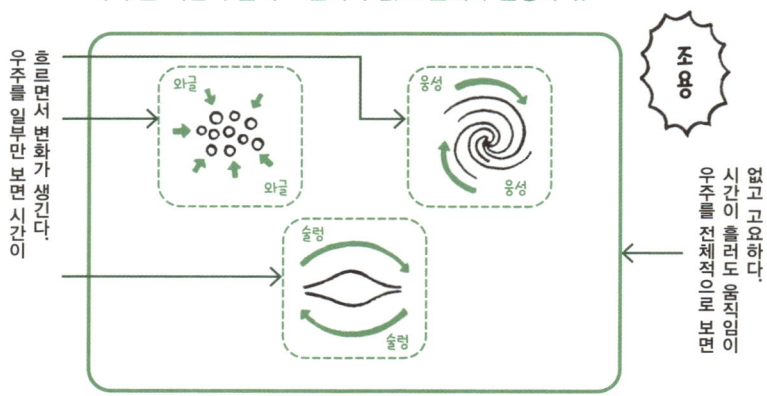

와글

와글

웅성

웅성

술렁

술렁

조용

우주를 전체적으로 보면 시간이 흘러도 움직임이 없고 고요하다.

아직 등방성*과 균일성에 모순되는 이론과 증거는 발견되지 않았고,
두 특성은 우주의 모습을 고찰하는 기본 원리인 **우주 원리 11** 로 작용한다.

● 공간이 방향에 따라 다르지 아니하고 같은 성질.

그러나 아인슈타인의 일반 상대성 이론(→ p.96)에 따르면, 중력의 정체는 질량에 의한 시공간의 왜곡입니다. 따라서 질량이 큰 천체끼리 서로 영향을 주고받으면서 우주는 끊임없이 팽창과 수축을 반복하다가 마지막에는 축소되어 죽음을 맞이하게 되는데요. 자신의 이론이 만들어낸 모순을 아인슈타인은 인정하지 못했고, 우주 상수⑫라는 척력(인력과 반대로 밀어내는 힘)을 도입하여 균형을 맞추면서까지 우주는 정적인 공간이라는 의견을 고집했습니다.

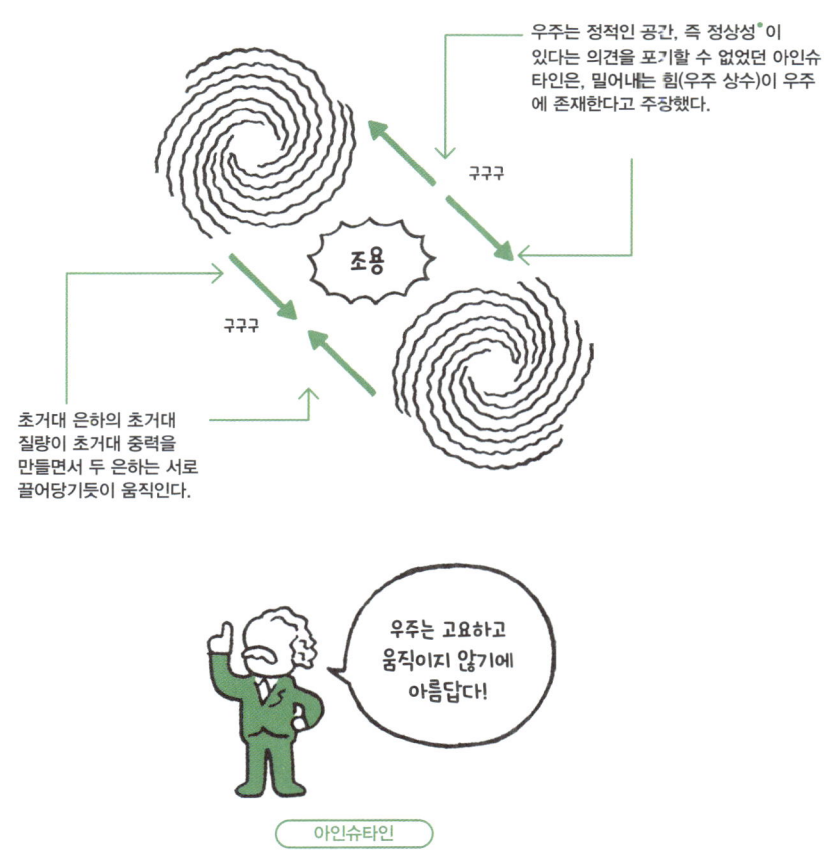

우주는 정적인 공간, 즉 정상성*이 있다는 의견을 포기할 수 없었던 아인슈타인은, 밀어내는 힘(우주 상수)이 우주에 존재한다고 주장했다.

구구구

조용

구구구

초거대 은하의 초거대 질량이 초거대 중력을 만들면서 두 은하는 서로 끌어당기듯이 움직인다.

우주는 고요하고 움직이지 않기에 아름답다!

아인슈타인

* 시간에 상관없이 일정한 성질.

하지만 1920년대 후반에 조르주 르메트르가 우주의 팽창을 주장했고, 에드윈 허블⑨은 우리은하에 가까운 은하보다 먼 은하가 더 빠르게 우리은하에서 멀어진다는 사실을 밝혀 냈습니다. 이로써 아인슈타인은 자신의 오류를 인정할 수밖에 없었습니다.

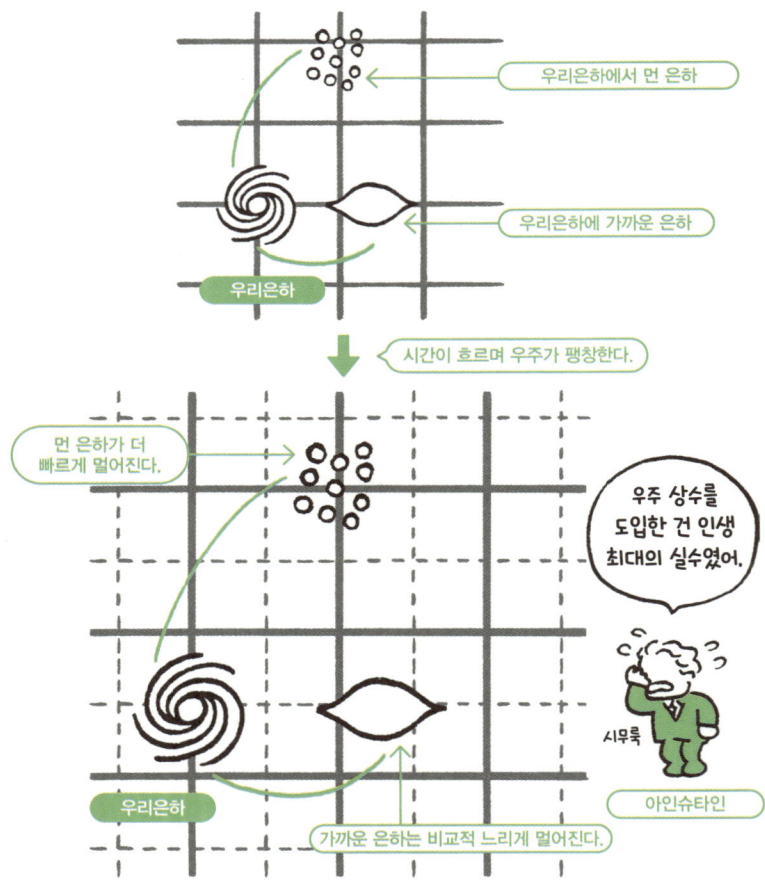

은하가 지구에서 멀어지는 속도는, 지구에서 각 은하까지의 거리에 비례한다. 이 허블-르메트르 법칙⑬에 따르면, 지구를 중심으로 우주가 팽창하는 것처럼 보이지만 이는 지구에서 관측했기 때문일 뿐, 다른 은하에서 관측해도 결과는 같다. 이로써 우주의 정상성은 부정되었다.

이러한 우주의 팽창은, 멀어질수록 빛이 빨갛게 보이는 적색편이(redshift)라는 현상을 통해 발견되었습니다. 적색편이가 일어나는 이유는 한 번쯤 들어봤을 **도플러 효과⑭** 때문인데요. 잠깐 도플러 효과를 짚고 넘어갈까요?

[도플러 효과]

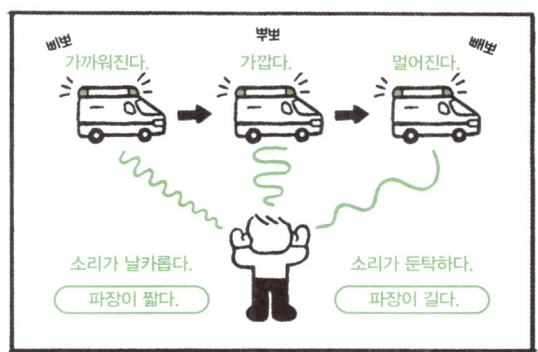

파원(波源)과 관측자가 가까울수록 파장이 짧아지고, 멀어질수록 파장이 길어지는
현상을 도플러 효과라고 한다.

[은하가 지구에서 멀어지는 속도를 측정하면]

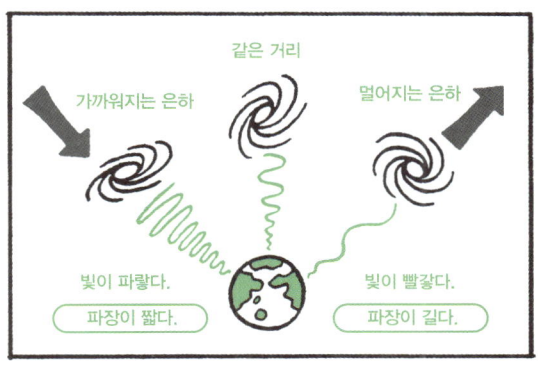

빛도 파장의 일종이므로 도플러 효과가 나타난다. 빛이 빨간색으로 바뀌는(적색편이) 양상을
측정하면 은하가 지구에서 멀어지는 속도를 계산할 수 있다.

② 우주에도 시작이 있다

르메트르와 허블의 발견으로, 우주는 끊임없이 모든 방향으로 팽창한다는 사실이 밝혀졌습니다. 그렇다면 팽창할 때와 반대 방향으로 거슬러 가면 과거의 우주는 지금보다 작았을 테고, 더욱더 과거로 거슬러 올라가면 우주는 하나의 점으로 집약된다는 결론이 나옵니다. 이를 바탕으로 **조지 가모프** ⑩ 는 연쇄 핵반응으로 초고밀도·초고온의 덩어리가 폭발하여 우주가 탄생했고, 이때 만들어진 수많은 원소가 퍼져 지금의 우주가 되었다고 주장했습니다. 우주에는 시작도 끝도 없다는 상식을 뒤집고 우주에 시작이 있다고 주장한 것이지요.

[가모프의 초기 빅뱅 가설]

※ 지금은 부정된 가설

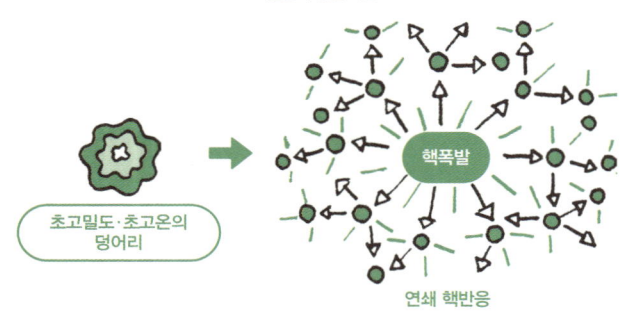

초고밀도·초고온의 덩어리

핵폭발

연쇄 핵반응

이 가설은 뭐야? 대폭발로 우주가 탄생했다고? 그야말로 '빅뱅'이군.

하하하

호일

좋은데? 빅뱅이라고 불러야지!

가모프

뜨거운 구슬이 폭발하면서 우주가 탄생했다는 가설을 들은 프레드 호일은 '빅뱅(big bang, 엄청난 폭발)'이라며 비웃었다. 이 말이 마음에 든 가모프는 직접 자신의 가설에 **빅뱅** ⑮ 이론이라는 이름을 붙였다.

③ 우주의 빛은 과거의 잔상

빛의 속도는 초속 약 30만km입니다(→ p.101). 지구라는 좁은 범위 이내라면 순식간에 목적지에 도달하겠지만, 우주로 범위를 넓히면 빛이 목적지에 도달하기까지 어느 정도 시간이 걸릴 겁니다. 따라서 우리가 눈으로 보는 우주는 현재의 모습이 아니라 과거의 모습입니다. 그리고 지구에서 멀어질수록 먼 과거의 모습이 되겠지요.

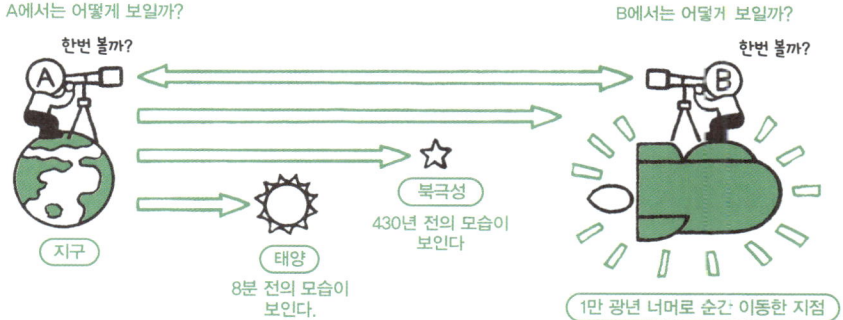

우주 공간에서 순간 이동을 할 수 있다는 전제하에, 1만 광년 너머로 순간 이동한 B와 지구에 있는 A가 동시에 서로를 관측했다고 가정해 보자.

[A에서 B를 관측했을 때]

지구에 있는 A가 B를 관측하려면 1만 년이라는 시간이 필요하다.

[B에서 A를 관측했을 때]

B에서는 지구를 관측할 수 있지만, B가 본 지구는 현재가 아닌 1만 년 전의 지구이다.

가모프는 우주가 탄생한 빅뱅 당시 생긴 빛의 잔상을 관측할 수 있다고 1948년에 예언했습니다. 그로부터 십수 년이 지난 1964년, 천체 관측용 안테나를 점검하던 도중 그가 예언한 빛의 잔상이 우연히 발견되었습니다. 빅뱅 이론이 단순한 가설을 넘어 사실임을 뒷받침하는 증거였지요. 이 빅뱅 과정에서 탄생한 빛의 잔상을 **우주배경복사⑯**라고 합니다.

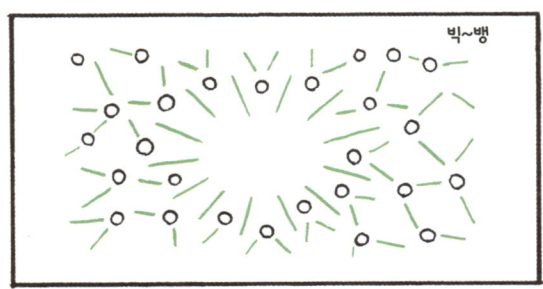

빅뱅 당시 탄생한 태곳적 빛이……

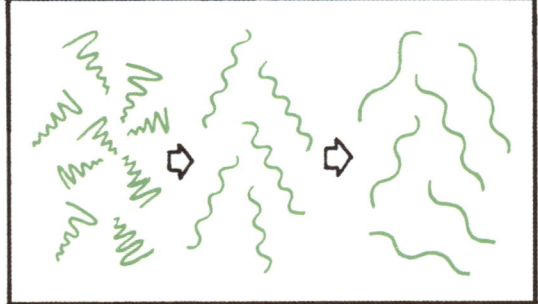

우주가 팽창하면서 파장이 긴 마이크로파가 되었고, 지금도 우주 여기저기로 나아가고 있다.

이 빛이 우연히 관측되었다.

이 우주배경복사는 관측 위치와 상관없이 약 138억 년 전의 빛이라는 사실이 밝혀졌습니다. 그렇다면 빅뱅은 약 138억 년 전에 일어났다는 말이지요. 그리고 우주에는 광속을 넘는 속도로 이동하는 물질이 없으므로(→ p.95) 이론상 지구에서 약 138억 광년까지가 우주배경복사를 관측할 수 있는 범위라는 뜻이기도 합니다.

지구에서 관측할 수 있는 우주의 한계 범위를 **우주의 지평선 ⑰** 이라고 합니다. 그렇다면 지구에서 약 138억 년 너머에 우주의 지평선이 있을까요? 사실 우주의 지평선은 지구에서 약 450억 광년 거리에 있답니다. 우주도 팽창하므로 약 138억 광년 너거에서 탄생한 빛이 지구에 도달할 때쯤에는 약 450억 광년까지 멀어지기 때문이지요.

[우주배경복사(우주의 지평선)]

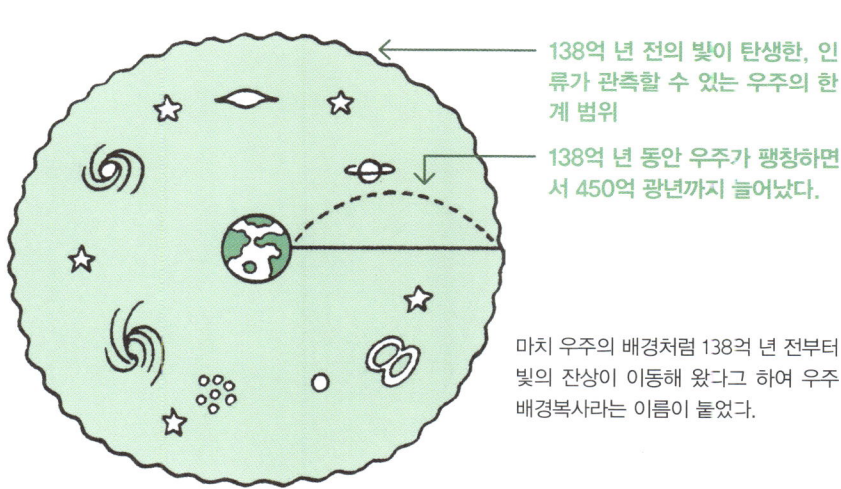

138억 년 전의 빛이 탄생한, 인류가 관측할 수 있는 우주의 한계 범위

138억 년 동안 우주가 팽창하면서 450억 광년까지 늘어났다.

마치 우주의 배경처럼 138억 년 전부터 빛의 잔상이 이동해 왔다그 하여 우주배경복사라는 이름이 붙었다.

허블―르메트르 법칙에 따르면 우주는 지구에서 멀어질수록 더 빠르게 팽창합니다. 이 팽창 속도가 광속을 넘을 만큼 거리가 멀어지면, 빛은 영원히 지구에 도달할 수 없습니다. 우주가 빛보다 빠르게 팽창하니까요. 그러므로 지금으로서는 지구에서 약 450억 광년보다 먼 우주는 알 수 없답니다. 어떻게 보면 우주의 지평선 안쪽만이 우리 우주일지도 모르겠습니다.

④ 모순을 해결할 새로운 가설

우주배경복사가 발견되면서 빅뱅 이론은 정설에 가까워졌지만, 여전히 빅뱅 이론만으로는
설명되지 않는 문제가 남아 있었습니다.

[초기 빅뱅 이론으로 설명되지 않는 문제]

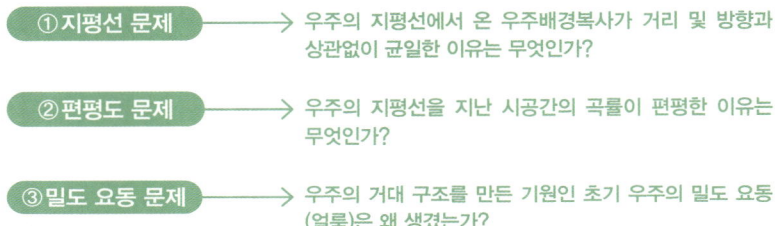

①지평선 문제 ──▶ 우주의 지평선에서 온 우주배경복사가 거리 및 방향과
상관없이 균일한 이유는 무엇인가?

②편평도 문제 ──▶ 우주의 지평선을 지난 시공간의 곡률이 편평한 이유는
무엇인가?

③밀도 요동 문제 ──▶ 우주의 거대 구조를 만든 기원인 초기 우주의 밀도 요동
(얼룩)은 왜 생겼는가?

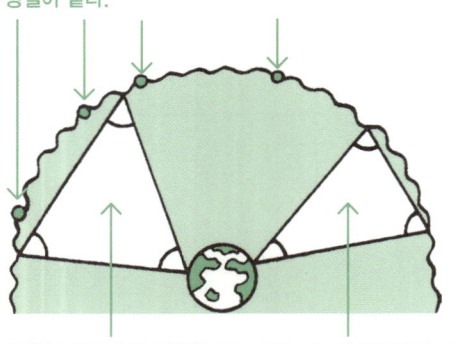

① 수억 광년 떨어진 지점끼리 인과 관계가 있을 리 없는데, 어떤 위치에
서든 물리적 성질이 같다.

②온 우주에 공간의 왜곡이 발생했을지도 모르는데, 어째서인지 내각의 합은
언제나 180°이다(공간의 왜곡이 없다).

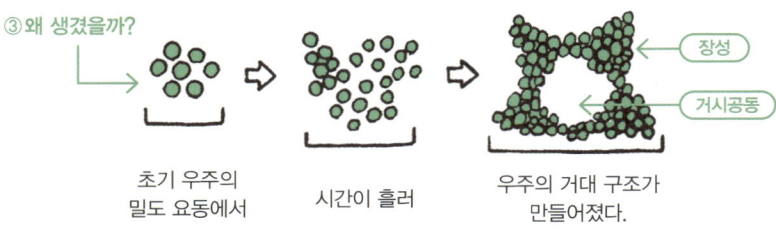

③왜 생겼을까?

초기 우주의
밀도 요동에서

시간이 흘러

우주의 거대 구조가
만들어졌다.

장성

거시공동

이 모순을 해결할 획기적인 이론이 1980년대에 등장했습니다. 바로 **사토 가쓰히코**⑪와 **앨런 구스**⑫가 각각 독자적으로 만든 **인플레이션 우주론**⑱입니다.

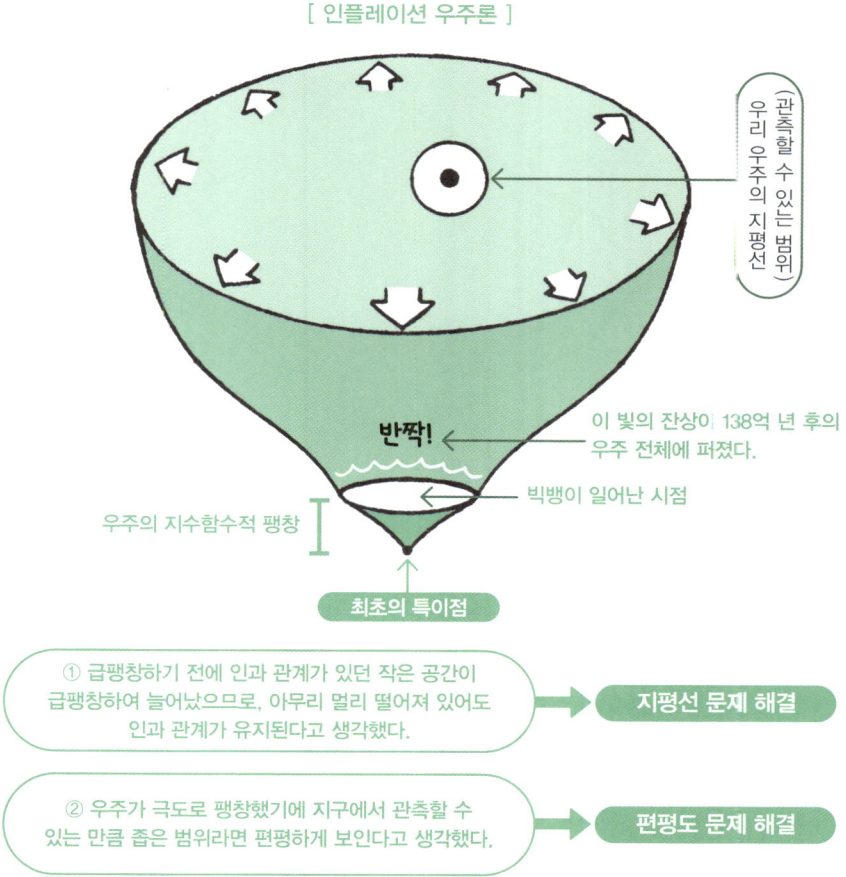

[인플레이션 우주론]

(관측할 수 있는 범위) 우리 우주의 지평선

반짝!

이 빛의 잔상이 138억 년 후의 우주 전체에 퍼졌다.

빅뱅이 일어난 시점

우주의 지수함수적 팽창

최초의 특이점

① 급팽창하기 전에 인과 관계가 있던 작은 공간이 급팽창하여 늘어났으므로, 아무리 멀리 떨어져 있어도 인과 관계가 유지된다고 생각했다. → **지평선 문제 해결**

② 우주가 극도로 팽창했기에 지구에서 관측할 수 있는 만큼 좁은 범위라면 편평하게 보인다고 생각했다. → **편평도 문제 해결**

우주가 탄생하자마자 순식간에 급팽창했다는 이론. 지수함수적(→ p.196)으로 팽창헜으므로 사토는 지수함수적 팽창 모델이라고 불렀지만, 경제 용어에서 딴 인플레이션 우주론이라는 이름으로 정착되었다.

지구 내부와, 지구에서 가까운 우주는 뉴턴 역학으로 설명할 수 있습니다. 그리고 우주의 거대 구조와 우주의 진화 과정은 아인슈타인의 상대성 이론으로 설명할 수 있습니다. 그러나 탄생 직후의 우주는 두 이론으로도 설명할 수 없는데, 이때 양자론이 중요한 역할을 합니다.

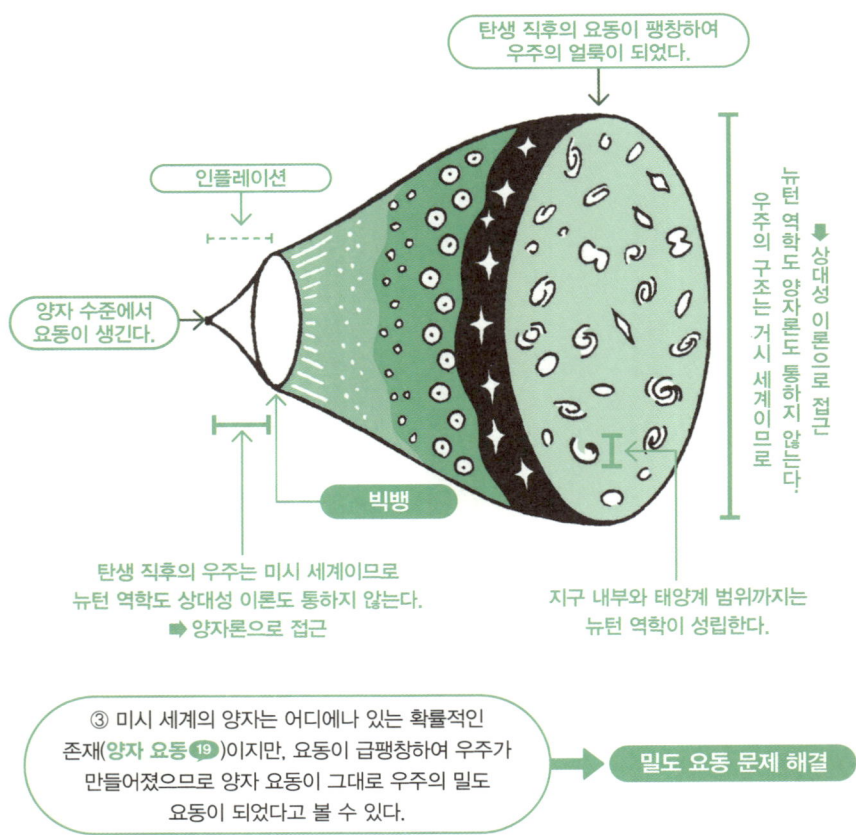

인플레이션

양자 수준에서 요동이 생긴다.

탄생 직후의 요동이 팽창하여 우주의 얼룩이 되었다.

뉴턴 역학도 양자론도 통하지 않는다.

상대성 이론으로 접근

우주의 구조는 거시 세계이므로

빅뱅

탄생 직후의 우주는 미시 세계이므로 뉴턴 역학도 상대성 이론도 통하지 않는다.
➡ 양자론으로 접근

지구 내부와 태양계 범위까지는 뉴턴 역학이 성립한다.

③ 미시 세계의 양자는 어디에나 있는 확률적인 존재(양자 요동 19)이지만, 요동이 급팽창하여 우주가 만들어졌으므로 양자 요동이 그대로 우주의 밀도 요동이 되었다고 볼 수 있다.

밀도 요동 문제 해결

이렇게 양자론을 바탕으로 새로운 빅뱅 이론이 탄생했습니다. 현대 빅뱅 이론에서는 우주의 급팽창 에너지가 열에너지로 변환되면서 기본입자와 빛이 탄생하는 현상이 빅뱅의 정체라고 설명합니다.

[현대의 빅뱅 이론]

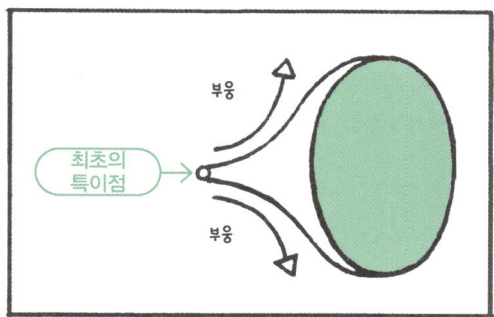

탄생 직후 바이러스만 한 점이 순식간에 은하단보다 크게 급팽창했다.

진공 20 의 **상전이**(相轉移) **21** 로 진공의 에너지가 열에너지로 해방되면서 기본 입자와 빛이 탄생했다. 이것이 빅뱅의 시초이다.

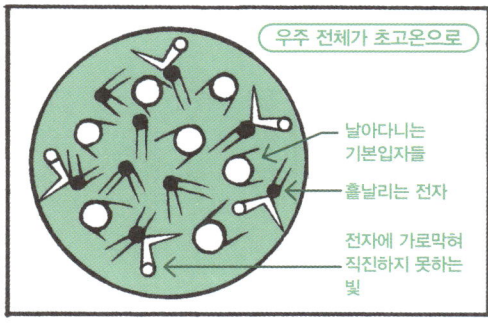

자유롭게 돌아다니던 전자가 원자핵에 사로잡혀 원자가 만들어졌다. 이로써 광자는 전자의 방해를 받지 않고 직진할 수 있게 되었다(맑게 갠 우주). 20세기에 과학자들이 관측한 우주배경복사의 정체는 이 당시 직진한 빛기다.

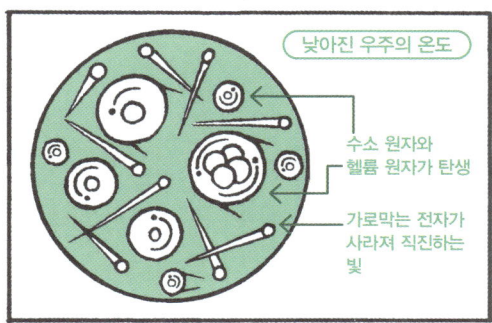

5-3 우주의 새로운 수수께끼

−우주의 수수께끼에서 새로운 가설로−

"알면 알수록 자신이 무지하다는 것을 깨닫게 된다"라는 아인슈타인의 말처럼, 인류가 우주를 파헤칠수록 새로운 수수께끼가 뒤따라 등장했습니다. 그중에서 대표적인 수수께끼와 가설을 소개합니다.

① 암흑물질과 암흑 에너지

태양계의 행성은 태양에 가까울수록 더 빠르게 공전합니다. 역학 법칙에서는 당연히 거리에 따라 속도가 다르지만, 은하계로 범위를 넓히면 은하의 중심에서 가깝든 멀든 천체가 공전하는 속도가 같습니다. 이는 눈에 보이는 물질만으로는 도무지 설명할 수 없는 부자연스러운 현상이었습니다.

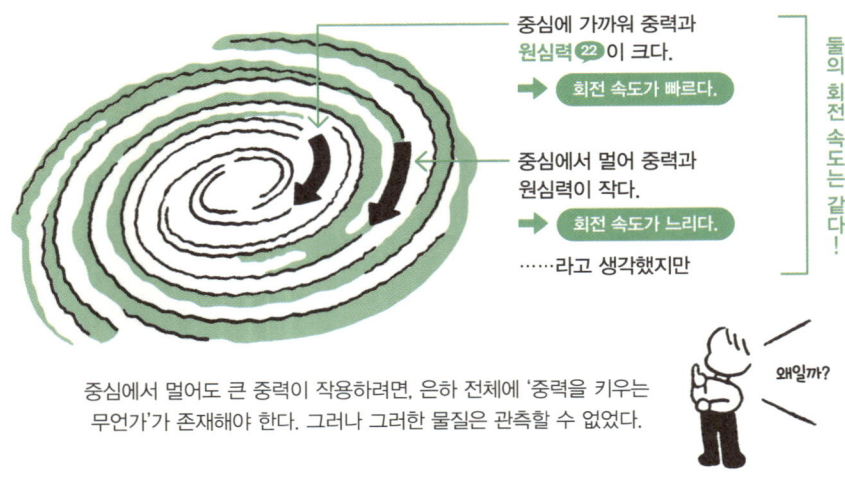

중심에 가까워 중력과 원심력 22 이 크다.

➡ 회전 속도가 빠르다.

중심에서 멀어 중력과 원심력이 작다.

➡ 회전 속도가 느리다.

……라고 생각했지만

둘의 회전 속도는 같다!

중심에서 멀어도 큰 중력이 작용하려면, 은하 전체에 '중력을 키우는 무언가'가 존재해야 한다. 그러나 그러한 물질은 관측할 수 없었다.

왜일까?

그래서 과학자들은 지금의 과학기술로는 관측할 수 없는 물질이 우주에 퍼져 있다고 생각했습니다. 이 관측할 수 없는 물질을 암흑물질 23 이라고 합니다.

[암흑물질의 특징]

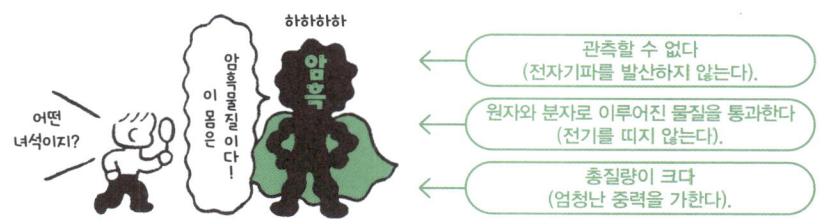

관측할 수 없다
(전자기파를 발산하지 않는다).

원자와 분자로 이루어진 물질을 통과한다
(전기를 띠지 않는다).

총질량이 크다
(엄청난 중력을 가한다).

암흑물질의 거대한 질량 때문에 그 주변을 지나는 빛은 진로가 꺾인다. 최근 이러한 암흑물질의 중력 렌즈 효과(→ p.97)가 관측되면서 암흑물질이 넓은 범위에 다량으로 존재한다는 사실이 밝혀졌다. 하지만 암흑물질을 직접 관측하는 방법은 아직 확립되지 않았다.

그리고 우주는 탄생 직후부터 지금도 계속 팽창하고 있는데, 은하단의 엄청난 질량과 암흑물질의 중력에 공간이 수축하므로 우주의 팽창 속도는 줄어들어야 합니다. 하지만 어째서인지 실제로는 약 50억 년 전부터 우주의 팽창 속도가 더 빨라지고 있습니다. 거대한 중력을 밀어내면서까지 팽창 속도를 높이는 에너지는 대체 무엇일까요?

우주는 은하와 암흑물질의 중력 때문에
수축할 것이다.

그러나

우주는 수축하는 힘보다 강한 힘으로
빠르게 팽창하고 있다.

이 에너지의 정체는
무엇일까?

우주 자체의 팽창 속도는 광속보다 빠르다. 그러나 이 명제가 성립하려면 엄청난 에너지가 필요하다.

우주의 팽창 속도를 높이는 수수께끼의 에너지를 **암흑 에너지**㉔라고 합니다. 암흑 에너지의 정체는 밝혀지지 않았지만, 아인슈타인이 주장했다가 포기한 **우주 상수**⑫와 같은 작용을 한다는 가설이 유력합니다. 이 사실을 알게 되면 아인슈타인도 깜짝 놀라지 않을까요?

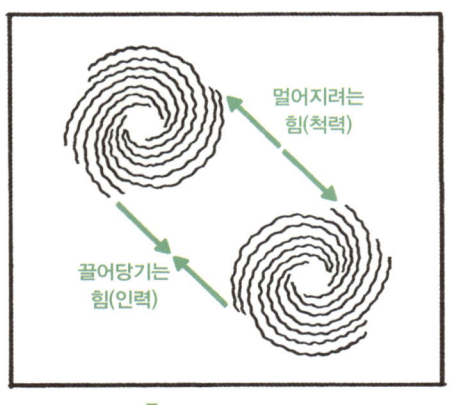

끌어당기는 힘과 균형을 맞추기 위해 도입된 우주 상수는, 우주가 팽창한다는 사실이 밝혀지면서 아인슈타인 본인도 실수라고 인정한 개념이었다.

정적인 우주는 틀린 이론이었어. 우주 상수는 없었던 거야.

아인슈타인

우주의 가속 팽창에 이용하면

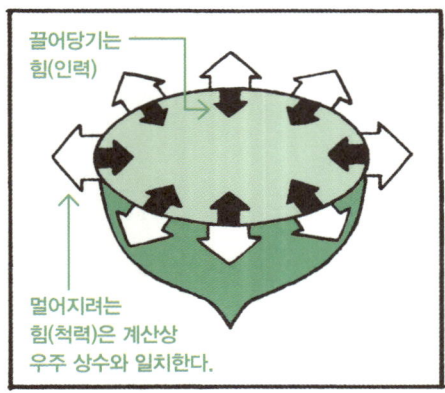

우주 상수는 우주의 팽창 속도를 높이는 수수께끼의 암흑 에너지와 계산상 일치했다.

아니? 우주 상수도 쓸모가 있었다니!

아인슈타인

우리가 관측할 수 있는 우주에 존재하는 물질 중 관측에 성공한 물질의 양은 약 5%라고 합니다. 남은 95%는 수수께끼가 풀리지 않은 암흑물질과 암흑 에너지라는 뜻이겠지요. 알면 알수록 늘어나는 미지. 그것이야말로 우주의 본질일지도 모르겠습니다.

② 실제로 존재했던 블랙홀

1920년대 말, 대학원생이었던 **수브라마니안 찬드라세카르**⑬는 일반 상대성 이론을 토대로 태양보다 질량이 1.4배 큰 항성은 죽을 때 자기 중력에 의해 쪼그라든 끝에 밀도가 무한대인 하나의 점이 되어 붕괴한다는 결론에 이르렀습니다. 당시에는 아인슈타인조차 그의 계산을 부정했지만, 이후 많은 과학자가 이 항성의 존재를 인정했고 1960년대에는 밀도가 무한대인 이 점에 **블랙홀**㉕이라는 이름을 붙였습니다.

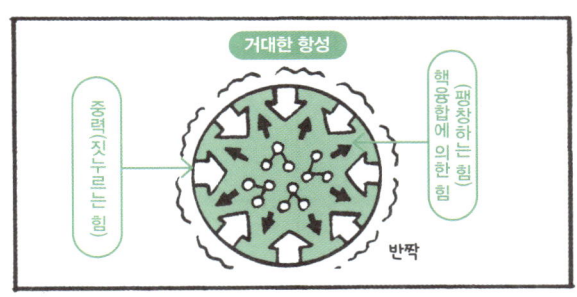

젊은 항성은 대량의 핵융합(→ p.254) 덕에 강더한 중력과 균형을 이루어 짓눌리지 않는다.

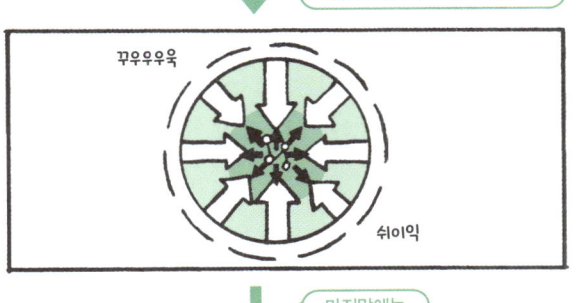

기나긴 세월 끝에 핵융합이 줄어들어 불씨가 꺼지면 별이 점점 짓눌린다.

밀도가 무한대인 점이 된다.

로저 펜로즈⑭와 스티븐 호킹⑮의 연구로 블랙홀에 관해 많은 것이 밝혀졌습니다. 2019년에는 마침내 블랙홀을 촬영하는 데 성공하면서 블랙홀의 존재는 완벽하게 증명되었습니다.

[중력의 이미지]

질량이 큰 항성은 시공간을 왜곡시킨다
= 중력이 발생한다.

[블랙홀의 이미지]

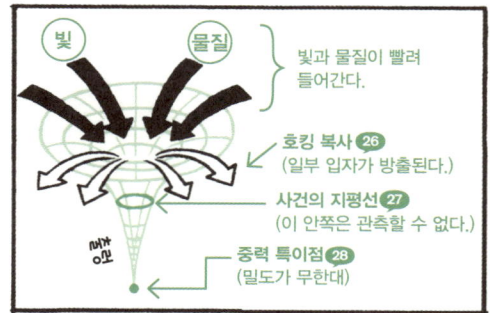

중력이 붕괴하면서 모든 물질이 빨려 들어가, 밀도가 무한대이고 중력이 매우 큰 특이점이 만들어진다.

블랙홀의 존재가 밝혀졌다 해도 여전히 베일에 싸인 부분이 많습니다. 특히 빨려 들어간 물질이 어떻게 되는지는 알려진 바가 없습니다. 어쩌면 다른 우주로 빠져나올지도 모르지요. 그렇게 과학자들은 또 다른 우주가 있을지도 모른다는 생각에 다다랐습니다.

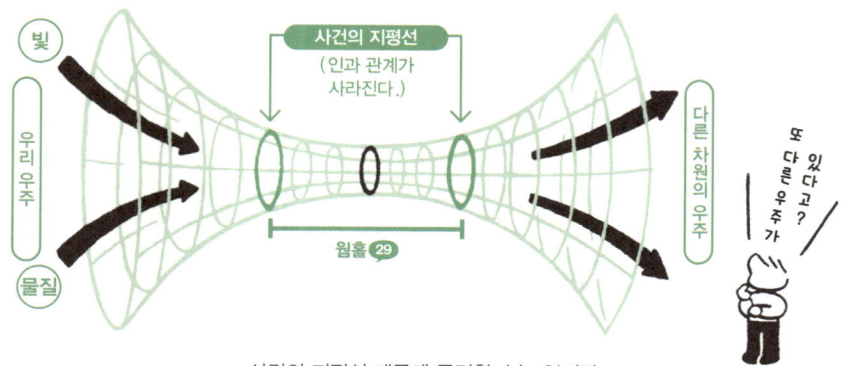

사건의 지평선 때문에 증명할 수는 없지만,
블랙홀은 우리 우주와 다른 차원의 우주를 연결하는 입구일지도 모른다.

③ 또 다른 우주의 가능성

우리가 사는 우주가 아닌 다른 우주가 있을지도 모른다. 또 다른 세상이 존재할지도 모른다. 판타지 애니메이션이나 소설에 나올 법한 생각이지만, 지금도 과학계에서 진지한 토론이 이루어지고 있는 주제입니다. **다중우주 ㉚** 이론이라는 이름으로요.

다른 차원의 세상은 허구라고 생각했지만, 실제로 존재할 가능성이 생겼다.

다중우주를 설명하는 여러 이론이 있는데, 여기서는 그중 일부를 소개하겠습니다.

첫 번째는 인플레이션을 계기로 탄생한 우주가 하나라고 단정할 수 없다는 생각을 바탕으로, 우리가 사는 우주와 전혀 다른 물리 법칙이 적용되는 우주의 집합체가 다중우주(레벨 2 다중우주, 거품 우주)라는 이론입니다.

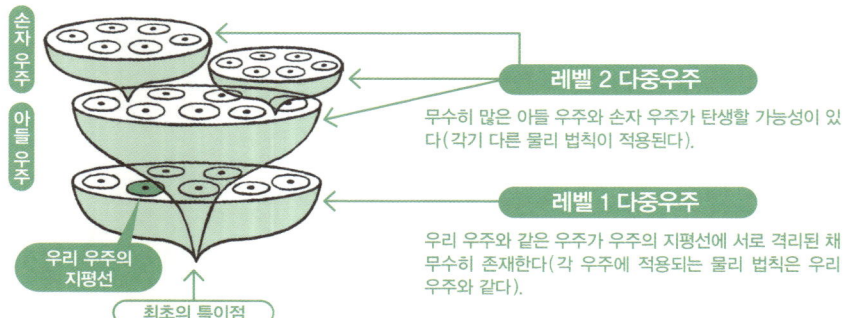

레벨 2 다중우주
무수히 많은 아들 우주와 손자 우주가 탄생할 가능성이 있다(각기 다른 물리 법칙이 적용된다).

레벨 1 다중우주
우리 우주와 같은 우주가 우주의 지평선에 서로 격리된 채 무수히 존재한다(각 우주에 적용되는 물리 법칙은 우리 우주와 같다).

손자 우주 / 아들 우주 / 우리 우주의 지평선 / 최초의 특이점

우리 우주의 지평선을 비롯하여 무수히 많은 우주의 지평선의 집합체를 레벨 1 다중우주, 우리가 사는 레벨 1 다중우주를 비롯하여 무수히 많은 레벨 1 다중우주의 집합체를 레벨 2 다중우주라고 한다.

양자론으로 유도한 **다세계 해석 ㉛**을 만족하는 우주의 집합체가 다중우주라는 이론도 있습니다. 쉽게 말해 동전을 던져서 앞면이 나온 세상이 있다면, 뒷면이 나온 세상도 존재한다는 뜻이지요.

양자론에 따르면

관측하기 전 상태

멀쩡 / 꿀꺽

슈뢰딩거의 고양이(→ p.117)를 예로 들자면, 관측하기 전에는 살아 있는 상태와 죽은 상태가 중첩되어 있다.

다중우주 이론에 따르면

레벨 3 다중우주

멀쩡 / 꿀꺽

고양이가 살아 있는 세계와 고양이가 죽은 세계가 모두 존재하며, 관측자는 둘 중 한쪽만을 관측했을 뿐이다.

우리가 관측한 결과를 포함하여 '관측될지도 모르는 여러 상태의 가능성'이 공존하는 세계를 레벨 3 다중우주라고 한다.

그 밖에도, 수학적으로 모순 없이 표현할 수 있는 법칙이 있다면, 그 법칙을 따르는 우주가 물리적으로 존재한다는 다중우주 이론도 있습니다.

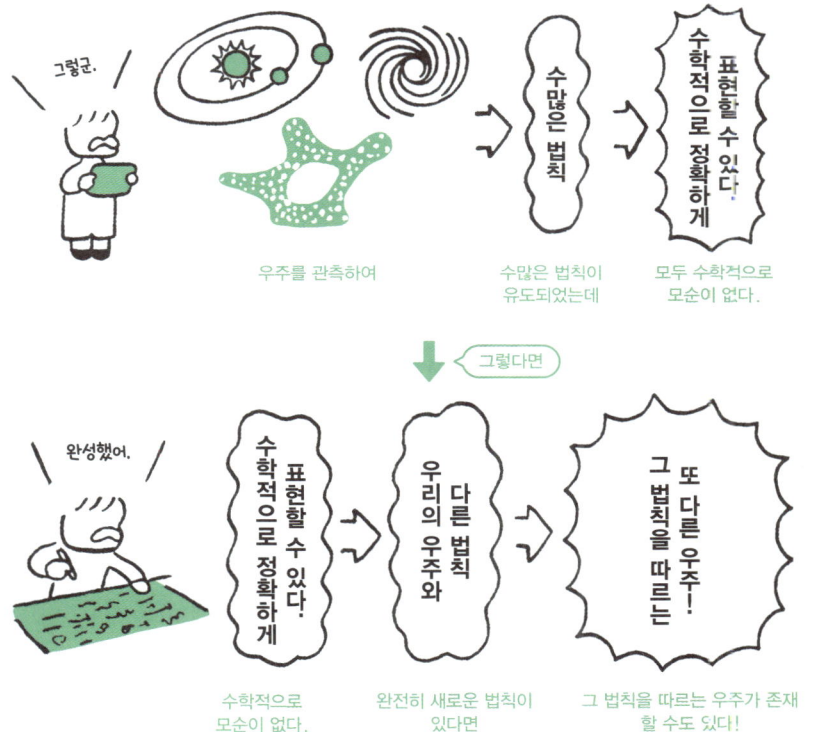

그렇군.

우주를 관측하여

수많은 법칙

수많은 법칙이
유도되었는데

표현할 수 있다.
수학적으로 정확하게

모두 수학적으로
모순이 없다.

그렇다면

완성했어.

표현할 수 있다!
수학적으로 정확하게

수학적으로
모순이 없다.

다른 법칙
우리의 우주와

완전히 새로운 법칙이
있다면

또 다른 우주!
그 법칙을 따르는

그 법칙을 따르는 우주가 존재
할 수도 있다!

법칙에 수학적으로 모순이 없을 때, 그 법칙의 수만큼 존재할 우주의 집합체를 레벨 4 다중우주라고 한다. 우주를 수학과 동급으로 보는 이론이다. 반대로 말하면 인류의 탄생과 함께해 온 수학은 우주 그 자체라고 할 수 있을지도 모른다.

레벨 4 다중우주에서 알 수 있다시피, 우리가 사는 우주는 수학적으로 아름다운 수식과 법칙으로 이루어진 세상이지요. 다음 장은 바로 이 수학에 관한 내용입니다.

핵심 용어와 핵심 인물을 알아보자
KEYWORD & KEYPERSON

밤하늘을 수놓은 별들은 고대부터 우리와 함께했고, 사람들은 우주를 향한 호기심을 잃지 않았습니다. 때로는 관측 기술을 발전시키고, 때로는 하느님의 가르침을 거스르면서 인류는 우주의 모습을 밝히고자 했습니다. 현대에는 첨단 과학기술을 활용하여 우주의 거대 구조와 우주가 탄생한 역사까지 파헤칠 수 있게 되었지만, 그때마다 새로운 수수께끼가 앞에 나타났고 이를 설명하는 새로운 가설이 탄생했습니다. 우주를 향한 인류의 호기심은 영원히 꺼지지 않을 것입니다.

※ 앞 Chapter에서 소개한 키워드는 간단하게만 짚고 넘어갑니다.

5-1
천체 연구의 역사
−밤하늘을 올려다보다 우주의 법칙을 발견하기까지−

KEYWORD

① 우주(宇宙)
universe
모든 천체가 존재하는 공간.
➡ 우주의 우(宇)는 사방과 위아래(하늘과 땅), 주(宙)는 예부터 지금까지를 뜻하는 글자로, 시간과 공간을 아울러 이르는 말이다.

② 천동설(天動說)　　(→ Chapter 1 p.18)
geocentric theory
멈춰 있는 지구가 우주의 중심이고, 다른 천체들이 지구를 중심으로 돈다는 설.

③ 에테르　　(→ Chapter 3 p.82)
ether
고대 그리스 시대부터 20세기 초까지 존재한다고 여겼던 물질. 사람들은 에테르가 온 세상에 가득하다고 믿었다.

④ 지동설(地動說)　　(→ Chapter 1 p.18)
heliocentric theory
태양을 중심에 두고, 지구와 다른 행성들이 돈다는 설.

⑤ 행성(行星)
planet
항성(恒星) 주위를 공전하는 비교적 큰 천체.
➡ 항성은 천구의 항상 같은 위치에서 스스로 빛나는 천체이다. 왜행성은 태양 주위를 공전하지만, 행성의 조건을 충족하지 못한 천체이며 비교적 크다. 위성(衛星)은 행성 주위를 공전하는 천체이고, 혜성(彗星)은 태양계의 천체로 긴 꼬리를 끌고 날아간다고 하여 꼬리별이라고도 한다.

⑥ 공전(公轉)
revolution
천체가 다른 천체 주위를 도는 운동.
➡ 케플러는 태양계 행성의 공전 궤도가 타원형임을 알아냈다. 천체가 무게중심을 지나는 축을 중심으로 회전하는 운동은 자전(自轉)이라고 한다.

⑦ 은하(銀河)
galaxy
항성, 성간물질, 암흑물질 등으로 이루어진 거대 천체.
➡ 형태에 따라 나선은하, 막대나선은하, 타원은하 등으로 분류된다. 이러한 은하가 모이면 은하단, 은하단이 모이면 초은하단이라고 한다.

⑧ 우리은하
Milky Way Galaxy
태양계가 속한 은하. 은하계라고도 한다.
➡ 막대나선 형태이다.

9 우주 망원경
space telescope
대기권 밖에서 우주를 관측하는 망원경.
➡ 대기의 영향을 받지 않고 우주를 직접 관측하므로, 우주의 모습을 매우 정확하게 볼 수 있다. 허블 우주 망원경, 케플러 우주 망원경 등이 있다. 천체에서 나오는 미약한 전파를 한 점에 집중시켜 관측하는 전파망원경도 있는데, 이 역시 우주를 관측하는 데 중요한 역할을 한다.

10 거시공동
void
우주에서 은하가 거의 존재하지 않는 영역.
➡ 우주의 거대 구조 중 '거품' 안쪽에 해당한다.

KEYPERSON

---

1 아리스토텔레스 (→ Chapter 1)
Aristotelēs(B.C. 384~B.C. 322)
고대 그리스의 위대한 철학자.
➡ 달을 기준으로 아래에는 4대 원소로 이루어진 세계가 있고, 위에는 에테르로 가득하고 태양, 수성, 금성, 화성, 목성, 토성을 비롯한 천체들이 운동하는 또 다른 세계가 있다고 믿었다.

2 아리스타르코스
Aristarchos(B.C. 310~B.C. 230 추정)
고대 그리스의 천문학자.
➡ 지구의 공전과 자전을 최초로 생각해 낸 지동설의 선구자이다.

3 니콜라우스 코페르니쿠스 (→ Chapter 1)
Nicolaus Copernicus(1473~1543)
폴란드의 천문학자, 성직자.
➡ 고대 그리스의 과학자 프톨레마이오스가 주장한 천동설에 의문을 품고 문헌을 조사하다가 아리스타르코스의 지동설을 발견했다. 그의 영향을 받아 지동설을 주장했다.

4 튀코 브라헤
Tycho Brahe(1546~1601)
덴마크의 천문학자.
➡ 천동설과 지동설의 절충안을 주장했으며, 망원경을 이용하지 않은 천체 관측자로서는 최대의 업적을 남겼다. 그가 오랜 시간에 걸쳐 남긴 방대한 자료는 제자 케플러가 케플러의 법칙(→ p.45)을 발견하는 데 큰 도움이 되었다.

⑤ 갈릴레오 갈릴레이 (→ Chapter 1·2)

Galileo Galilei(1564~1642)
이탈리아의 물리학자, 천문학자.

➡ 천문학 분야에서 갈릴레이는 자신이 직접 만든 망원경으로 달의 울퉁불퉁한 표면, 목성의 위성, 태양의 흑점 등을 발견했으며, 이를 근거로 지동설을 주장했다(→ p.19). 그 때문에 종교재판에서 이단으로 판결받은 사건은 매우 유명하다. 갈릴레이가 재판을 받고 나오면서 "그래도 지구는 돈다"라고 중얼거렸다는 일화는 허구라고 한다.

⑥ 요하네스 케플러

Johannes Kepler(1571~1630)
독일의 천문학자.

➡ 튀코 브라헤가 세상을 떠난 뒤, 그가 남긴 자료를 연구하여 행성이 타원 궤도를 따라 운동한다는, 아무도 생각지 못했던 결론을 끌어냈다.

⑦ 윌리엄 허셜

Frederick William Herschel(1738~1822)
영국의 천문학자.

➡ 자신이 만든 반사망원경으로 천문 측량(일정 범위의 밤하늘을 망라하여 관측하는 행위)을 했다. 1781년에 천왕성을 발견했고 은하수를 관측했으며, 은하계가 원반 형태임을 최초로 추론한 인물이기도 하다.

⑧ 아이작 뉴턴 (→ Chapter 1·2·3)

Isaac Newton(1642~1727)
영국의 물리학자, 천문학자, 수학자.

➡ 달과 행성의 운동을 설명하기 위해 만유인력의 법칙을 고안했다(→ p.20, 45). 광학 연구로 발명한 반사망원경은 허셜이 천왕성을 발견하는 계기이자 천체 관측이 발전하는 밑바탕이 되었다.

5-2 우주 탄생을 둘러싼 수수께끼
– 우주 관측부터 우주 탄생까지–

KEYWORD

⑪ 우주 원리
cosmological principle
우주는 크게 보면 모두 같고(균일성) 방향도 없다(등방성)는 원리.

➡ 1917년에 아인슈타인은 균일성과 등방성뿐만 아니라 정상성(시간적으로도 변화가 없다)도 우주의 특성이라고 주장했고, 논리를 보충하기 위해 우주 상수라는 개념을 도입했다.

⑫ 우주 상수
cosmological term
우주가 인력에 짓눌리지 않도록 0·인슈타인이 자신의 방정식에 도입한 상수. 인력에서 벗어나려는 척력으로 작용한다.

➡ 아인슈타인의 일반 상대성 이론에 따르면, 우주는 은하의 인력에 끌려간 끝에 마지막에는 축소되어 사라진다. 이러면 우주의 정상성이 성립하지 않으므로, 아인슈타인은 인력과 반대인 척력을 도입하여 우주가 정적(靜的)이라는 주장을 관철하고자 했다.

⑬ 허블-르메트르 법칙
Hubble-Lemaître law
은하가 지구에서 멀어지는 속도는, 지구에서 은하까지의 거리에 비례한다는 법칙.

➡ 1929년에 허블이 이 법칙을 발견하면서 우주 팽창설이 입증되자, 아인슈타인은 우주 상수 개념을 포기했다. 당시에는 허블 법칙으로 불렸지만, 1927년에 르메트르가 같은 내용을 이미 논문으로 발표했다는 사실이 알려지면서 국제천문연맹이 2018년에 명칭을 변경했다.

⑭ 도플러 효과
Doppler effect
관측자와 파원이 서로 가까워지면 파장이 짧게, 서로 멀어지면 파장이 길게 느껴지는 현상.

➡ 1842년에 오스트리아의 물리학자 크리스티안 도플러가 발견했다. 빛에도 도플러 효과가 적용되므로, 지구와 가까운 별은 파랗게 보이고 지구에서 먼 별은 빨갛게 보인다. 허블은 우리은하 바깥의 별들이 빨갛게 보이는 현상(적색편이)을 근거로 우주 팽창설을 주장했다.

⑮ 빅뱅
big bang
우주가 탄생한 계기인 대폭발.

➡ 1948년 가모프가 주장한 우주 기원설에 등장한 용어. 가모프는 초고밀도·초고온 상태에서 핵반응이 일어나 우주가 급팽창했다고 생각했다. '빅뱅'은 그가 붙인 이름이 아니라, 정상우주론(定常宇宙論)*을 주장한 호일이 라디오 방송에 출연하여 가모프의 가설을 비웃으면서 입에 담았던 것으로부터 비롯되었다.

⑯ 우주배경복사
cosmic background radiation
우주 전체에 가득한 전자기파 방사선.

➡ 약 138억 년 전 우주가 탄생할 때 발생한 빛의 잔상. 우주가 팽창하면서 적색편이 현상으로 빛의 파장이 전파 영역까지 길어졌는데, 이 빛은 지금까지도 남아 있다. 빅뱅 이론에서 처음 존재가 예견되었으며, 1964년에 발견되었다.

⑰ 우주의 지평선
cosmic horizon
인류가 관측할 수 있는 가장 먼 한계면.

➡ 허블-르메트르 법칙에 따라, 은하는 거리에 비례하는 속도로 지구에서 멀어진다. 이 속도가 광속에 도달할 때의 거리가 관측할 수 있는 한계 거리이다. 그 너머의 빛은 광속보다 빠르게 멀어지므로 우리에게 영원히 도달할 수 없다.

⑱ 인플레이션 우주론
inflationary cosmology
탄생 극초기에 우주가 급격히 팽창했다는 설.

➡ 1981년 사토 가쓰히코와 앨런 구스가 각자 독자적으로 발표했다. 빅뱅 이론으로는 설명할 수 없는 문제점을 해결했다. 당시 사토가 붙인 명칭은 지수함수적 팽창 모델이지만, 구스가 물가 상승을 설명하는 경제 용어인 인플레이션에서 따 붙인 인플레이션 우주론이라는 명칭으로 정착되었다.

* 우주는 시작도 끝도 없이 항상 일정하며, 무(無)에서 새로운 물질이 생겨나 우주가 팽창하여도 우주의 물질 밀도는 변하지 아니한다는 우주 이론.

⑲ 양자 요동

quantum fluctuation

양자역학에서 설명하는 물리량의 변화.

➡ 하이젠베르크의 불확정성 원리에 따르면, 양자 수준에서 시간과 에너지는 동시에 정확하게 측정할 수 없으며, 즉 변동하며 확률적으로 정해진다. 이 상태에서 우주가 급격하게 팽창하면서 '얼룩'이 만들어졌다고 과학자들은 생각하고 있다.

⑳ 진공

vacuum

물질이 존재하지 않는 공간.

➡ 양자역학에서는 에너지가 들뜨기 전의 상태에 더 가깝다.

㉑ 상전이

phase transition

물질의 상태(상)가 다른 상태(상)로 바뀌는 현상.

➡ 고체, 액체, 기체는 전형적인 상의 예시이다. 인플레이션 우주론에서는 진공의 상이 전이하여 방대한 에너지가 방출되었다고 설명한다.

KEYPERSON

⑨ 에드윈 허블

Edwin Powell Hubble(1889~1953)

미국의 천문학자.

➡ 우리가 사는 은하계 밖에도 안드로메다은하처럼 수많은 은하가 있음을 알아냈다. 그리고 우리은하계 바깥의 은하가, 은하계에서 떨어진 거리에 비례한 속도로 멀어진다는 허블–르메트르 법칙을 만들었다. 벨기에의 천문학자 르메트르는 허블보다 먼저 이 법칙을 발견했다.

⑩ 조지 가모프

George Gamow(1904~1968)

미국의 이론 물리학자.

➡ 원자핵물리학 발전에 이바지했다. 연구 성과를 바탕으로 태양 에너지가 열핵 반응의 결과임을 밝혀냈으며, 우주가 핵반응으로 탄생했다는 빅뱅 이론도 주장했다.

⑪ 사토 가쓰히코

佐藤勝彦 / Sato Katsuhiko(1945~)

일본의 우주 물리학자.

➡ 기본입자의 일종인 중성미자가 초신성 폭발에 관여한다는 사실을 밝혀냈으며, 우주가 급격히 팽창했다는 인플레이션 우주론을 주장했다. 사토는 당시 지수함수적 팽창 모델이라고 불렀다.

⑫ 앨런 구스

Alan Harvey Guth(1947~)

미국의 우주 물리학자.

➡ 인플레이션 우주론을 주장했다. 최초로 주장한 인물은 사토 가쓰히코지만, 물가 상승에 관한 경제 용어 인플레이션에서 따 명명한 인물은 구스였다.

5-3
우주의 새로운 수수께끼
−우주의 수수께끼에서 새로운 가설로−

KEYWORD

㉒ 원심력
centrifugal force
원운동을 하는 물체가 받는 관성의 힘. 원 중심에서 멀어지는 방향으로 힘이 작용한다.

㉓ 암흑물질
dark matter
빛과 전파로는 관측할 수 없는 물질.
➡ 현재 관측할 수 있는 천체의 질량만으로는 은하와 우주의 형태가 유지되지 않는다. 그러므로 아직 관측되지 않은 미지의 물질이 수없이 존재하며, 그 물질의 중력으로 균형이 유지되고 있으리라는 예상을 토대로 암흑물질 개념이 탄생했다.

㉔ 암흑 에너지
dark energy
우주를 더 빠르게 팽창시키는 미지의 에너지.

㉕ 블랙홀
black hole
밀도와 중력이 너무나도 커서 광학적으로는 관측되지 않는 새까만 천체.
➡ 2022년에 우리은하 중심에 있는 블랙홀을 촬영하는 데 최초로 성공했다.

㉖ 호킹 복사
Hawking radiation
블랙홀에서 방출되는 열복사선.
➡ 영국의 물리학자 스티븐 호킹이 주장한 데서 붙은 이름이다. 블랙홀은 복사선을 방출하며 에너지를 잃은 끝에 소멸한다고 한다.

㉗ 사건의 지평선
event horizon
빛과 전파로 관측할 수 있는 영역과 관측할 수 없는 영역의 경계선.
➡ 블랙홀과 우주의 지평선이 이에 해당한다. 참고로, 블랙홀 자체를 촬영할 수 없기에 블랙홀이 아니라 그 주변의 가스를 촬영한다.

㉘ 중력 특이점
singular point/gravitational singularity
중력이 무한대로 커지는 점.

㉙ 웜홀
wormhole
서로 다른 두 우주를 연결하는 시공간의 터널.
➡ 일반 상대성 이론으로 도출한 가상의 시공간 터널. 이 터널을 이용하면 이론상 빛보다 빠르게 이동할 수 있다.

㉚ 다중우주
multi-verse
우리의 우주와 다른 우주를 포함한, 수많은 우주의 집합. 다중 현실, 평행 우주라고도 한다.
➡ 단일 우주(universe)의 단일(uni−)을 다중(multi−)으로 치환한 조어. 우주는 하나가 아니라 수없이 많이 존재한다는 사고방식이 널리 퍼지면서 다양한 가설이 나왔지만, 여전히 다중우주는 관측할 수 없다.

③ 다세계 해석

many world interpretation

모든 세계는 여러 상태가 중첩되어 있다는 해석.

➡ 양자역학을 토대로 나온 다중우주 가설 중 하나. 1950년에 휴 에버렛 3세가 양자 중첩 상태를 세계 규모로 확대하여 주장했다.

KEYPERSON

---

⑬ 수브라마니안 찬드라세카르

Subrahmanyan Chandrasekhar(1910~1995)

인도 출신의 미국인 천체 물리학자.

➡ 태양 질량의 약 1.4배가 한계점일 때, 그보다 질량이 큰 별은 초신성 폭발을 일으키고, 질량이 작은 별은 백색왜성이 된다고 주장했다. 이 한계점을 찬드라세카르 한계라고 한다. 1983년에 노벨 물리학상을 받았다.

⑭ 로저 펜로즈

Roger Penrose(1931~)

영국의 수리 물리학자.

➡ 일반 상대성 이론에서 가정한 블랙홀의 존재를 증명했다. 이후 빅뱅 당시에도 특이점이 존재했음을 호킹과 함께 증명했다. 2020년에 노벨 물리학상을 받았다.

⑮ 스티븐 호킹

Stephen William Hawking(1942~2018)

영국의 물리학자.

➡ 근위축성 측삭 경화증에 걸린 뒤에도 연구를 계속하며 상대성 이론과 양자역학을 결합한 새로운 우주 이론을 펼쳤다. 빅뱅과 블랙홀에서 나타나는 특이점의 존재를 증명하는 한편, 블랙홀에서 입자가 방출되는 호킹 복사를 주장했다.

6

Chapter

수학
Mathematics

'수학'을 어디에 쓸 수 있을까?

이번 장에서는 수학이라는 학문 자체를 다루기보다, 인류 역사 속에서 수학이 어떻게 발전해 왔는지를 중심으로 접근하려 합니다. 계산식보다는 기초적인 수학 이론과 용어를 알기 쉽게 설명했습니다.

교양을 쌓자
ENRICH YOUR EDUCATION

🔍 주요 키워드

- ☑ 귀류법
- ☑ 대수학
- ☑ 해석학
- ☑ 위상수학
- ☑ 피타고라스 정리
- ☑ 방정식
- ☑ 복소평면
- ☑ 밀레니엄 문제
- ☑ 공리
- ☑ 좌표
- ☑ 비유클리드 기하학
- ☑ 기하학
- ☑ 미분
- ☑ 불완전성 정리

수학의 세계: 고대
−수학이 곧 세상의 지혜였던 시대−

① 고대 그리스 수학의 세계

이야기를 시작하기 전에 한 가지 짚고 갈 부분이 있습니다. 이번 장에서 계속 등장할 '0, 1, 2' 같은 숫자와 '+, −, =' 같은 부호는 현대 수학에 쓰이는 기호입니다. 과거에는 수학을 언어로 설명하거나, 지금과 다른 기호를 사용했습니다. 하지만 독자 여러분의 이해를 돕기 위해 당시의 기호를 그대로 가져오는 대신 현대의 표기법을 사용했으니 그 부분을 염두에 두고 읽어 주십시오.

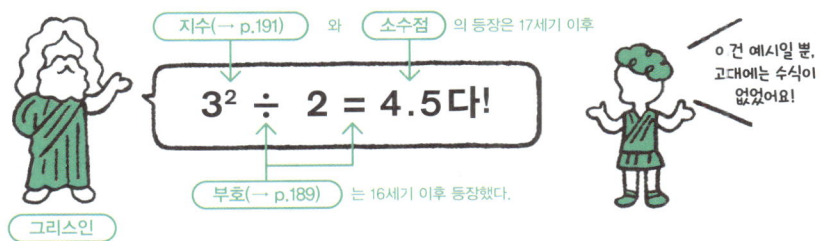

지수(→ p.191) 와 소수점 의 등장은 17세기 이후

$$3^2 \div 2 = 4.5 다!$$

부호(→ p.189) 는 16세기 이후 등장했다.

이 건 예시일 뿐, 고대에는 수식이 없었어요!

그리스인

이제 본격적으로 수학의 세계로 들어가 볼까요? 기원전 2000년경 고대 이집트 문명에서는 토지를 정확하게 측량하고 세금을 계산하는 등 실용적인 목적을 위해 지배층이 수학을 연구했습니다.

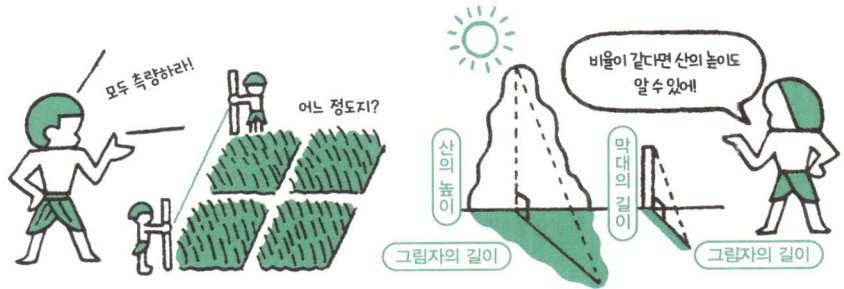

모두 측량하라!

어느 정도지?

비율이 같다면 산의 높이도 알 수 있어!

산의 높이

막대의 길이

그림자의 길이

그림자의 길이

인류는 문명이 탄생할 즈음 이미 수를 이용할 줄 알았다.
현대에도 여러 방면에 활용하는 삼각비(三角比) 역시 고대에 등장했다.

기원전 600년경 고대 그리스 시대가 되자, 자유롭고 평등한 도시국가에서 자연을 이성적으로 탐구하여 밝혀내고자 하는 움직임이 싹텄습니다. 참고로 물리학을 뜻하는 영어 physics는 자연을 뜻하는 그리스어 physis가 어원이고, 수학을 뜻하는 영어 mathematics는 '배우는 모든 것'을 뜻하는 그리스어 mathemata가 어원입니다.

[탈레스①]

만물의 근원은 물이다!

귀류법 ❶

명제 A가 참임을 증명하려면,
A가 거짓이라는 명제가 성립하지
않음을 증명하면 된다.

탈레스

탈레스는 자연이 어떤 물질로 이루어져 있는지 고찰했을 뿐만 아니라 증명법의 기본인 귀류법도 발명했다.

[피타고라스②]

만물의 근원은 숫자다!

피타고라스 정리 ❷

$a^2+b^2=c^2$
이다!

피타고라스

피타고라스는 자연의 형태를 수학적으로 고찰했고, 피타고라스 정리를 발견했다.

시간이 흘러 기원전 3세기에는 위대한 수학자 에우클레이데스가 등장합니다. 본명보다 영어식 이름인 **유클리드**③로 유명하지요. 유클리드는 기원전 600년경부터 300년에 걸쳐 내려온 수학적 유산을 책으로 정리하여 펴냈습니다. 그 책이 바로 수학의 기반으로 19세기 중반까지도 유럽 수학의 교과서로 영향을 떨친 《기하학 원론》입니다.

[《기하학 원론》의 구성]

정의를 명시한다!

← 선은 '폭이 없는 길이'다.

← 선의 끝은 점이다.

증명에 필요한 요소의 정확한 의미를 정의 3 라고 한다.

공준과 공리를 제시한다!

← 서로 다른 두 점 사이에 선분을 그을 수 있다.

← 모든 직각은 서로 같다.

증명하지 않아도 자명한 명제를 공리 4, 공준 5 이라고 한다.

이를 바탕으로 정리를 유도한다!

삼각형 내각의 합은 180°에 다.

정의와 공리를 바탕으로 증명된 식·문장을 정리 6 라고 한다.

수학의 3대 분야 중 하나인 기하학 7 은 도형과 공간을 연구하는 학문입니다. 《기하학 원론》의 공리와 공준을 따르는 기하학을, 유클리드의 이름을 따 유클리드 기하학이라고 합니다.

유클리드의 공준은 총 다섯 가지로, 평행선 공준도 그중 하나입니다. 그런데 평행선 공준이 정말로 자명한 이치인지를 두고 이슬람 수학자들이 의문을 제기했고, 19세기부터 공준의 자리가 서서히 흔들리기 시작했습니다.

[유클리드 기하학의 다섯 번째 공준*(평행선 공준)]

내각의 합이 180°보다 작을 때, 두 직선을 이으면 언젠가 만난다.

증명할 필요가 없다!

유클리드

정말로 그럴까?

약 1,200년 후 이슬람 수학자들

이건 당연한 명제가 아니야!

약 2,100년 후의 수학자 로바쳅스키

유클리드 공준에서 자명하다고 정한 평행선 공준이 약 2,100년 후 뒤집히면서 새로운 기하학(비유클리드 기하학, p.199)이 탄생했다.

• 《기하학 원론》에서 정한 도형의 다섯 가지 공리.

② 유럽 바깥의 수학

수학이 발전한 국가는 고대 그리스뿐만이 아니었습니다. 문명이 발달한 지역에서는 모두 수학을 연구하고 발전시켰지요. 이번 장에서는 유럽 바깥에서는 수학이 어떻게 발전했는지 들여다보겠습니다.

6세기경 인도에서 '0' 개념이 탄생한 사실은 유명한데, 빈자리와 무(無)를 표기하는 기호 자체는 기원전 고대 바빌로니아 문명과 마야 문명에도 존재했습니다. 하지만 인도는 수식 계산에 사용하는 '숫자 0'을 최초로 사용한 문명입니다. 0은 10진법의 **위치기수법 ⑧**이 발명되면서 탄생했는데, 10진법의 위치기수법은, 복잡한 계산을 순식간에 쉽게 만들어 준 일등 공신이었습니다. 0은 이후 유럽에 전파되어 유럽 수학의 발전에도 크게 이바지했습니다.

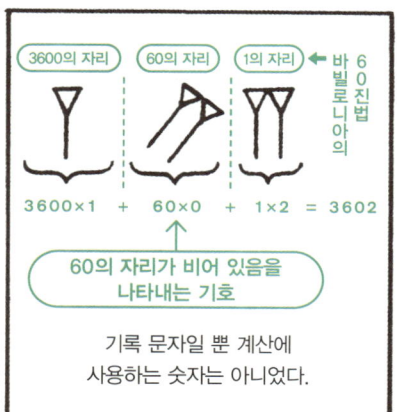

[바빌로니아의 0]

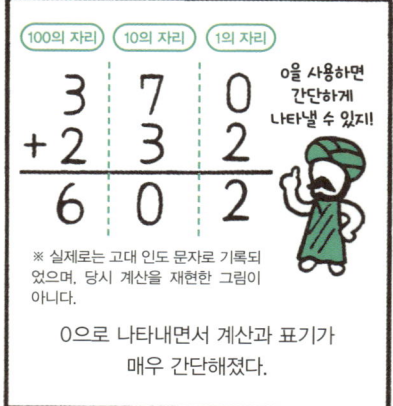

[인도의 0]

이슬람 수학자들은 9세기경부터 고대 그리스와 인도의 지식을 한데 모아 체계화했습니다. 수학의 3대 분야 중 숫자 대신 문자와 기호를 사용하여 고찰하는 학문을 **대수학(代數學) ⑨**이라고 하는데, **알콰리즈미 ④**를 비롯한 수학자들의 활약으로 대수학이 크게 발전했습니다. 대수학이라는 학문 자체는 다른 지역에서 탄생했지만, 이를 체계화한 이들은 이슬람 수학자들이었습니다.

[대수학 – 숫자 대신 문자와 기호로 고찰하는 학문]

알제브라
(algebra) ◄──── 알콰리즈미가 남긴 저서 《알 자부르(Al-jabr)》가 어원이다.

Q 사과 12개를 만들려면 사과 3개가 들어 있는 상자가 몇 개 필요할까?

3x=12니까
x=12÷3이네

현대인

상자 수에 3을 곱하면 12니까, 12를 3으로 나누면
상자가 몇 개인지 구할 수 있어!

아라비아인

당시에는 'x', '×', '=' 같은 기호 없이 말로 나타냈는데, 이를 언어적 대수라고 한다

그리고 기하학의 **삼각법** **⑩** 도 그리스의 수학 이론과 인도의 현(원둘레의 두 점을 연결한 선분)을 도입하여 이슬람 세계에서 발전시킨 방법입니다. sin(사인)의 어원 역시 현을 가리키는 인도어였지만, 이슬람과 유럽을 거치며 다양한 언어로 번역된 끝에 구부러진 것을 뜻하는 라틴어 sinus에서 딴 sin으로 정착되었다고 합니다.

[삼각법(trigonometry) – 삼각형 변과 각의 관계를 고찰하는 학문]

사인(sin)

호

활처럼
굽은 부분

반지름 c와 b의 비율

$$\sin\theta = \frac{b}{c}$$

코사인(cos)

여기가
코사인

여기가
사인

반지름 c와 a의 비율

$$\cos\theta = \frac{a}{c}$$

탄젠트(tan)

원과 접선으로
이루어진 △ABC와
∠abc는 각과 길이의
B가 같으므로 닮은
꼴이라고 한다.

반지름 A(a)와 B(b)의 비율

$$\tan\theta = \frac{b}{a}$$

한편 동아시아에는 기원전 100년부터 기원후 100년, 즉 200년이라는 세월 동안 중국에서 집필된 가장 오래된 수학책 《구장산술(九章算術)》이 있습니다. **방정식 ⑪** 이라는 용어는 이 《구장산술》 중 문자로 나타낸 등식에 관한 기술이 포함된 〈방정(方程)〉이라는 장 제목에서 유래했다고 합니다. 그리고 에도 시대(1603~1868) 일본에서는 수학의 성인으로 추앙받는 **세키 다카카즈 ⑤** 가 등장하는 등, 와산[和算]이라는 일본 전통 수학이 발전했습니다.

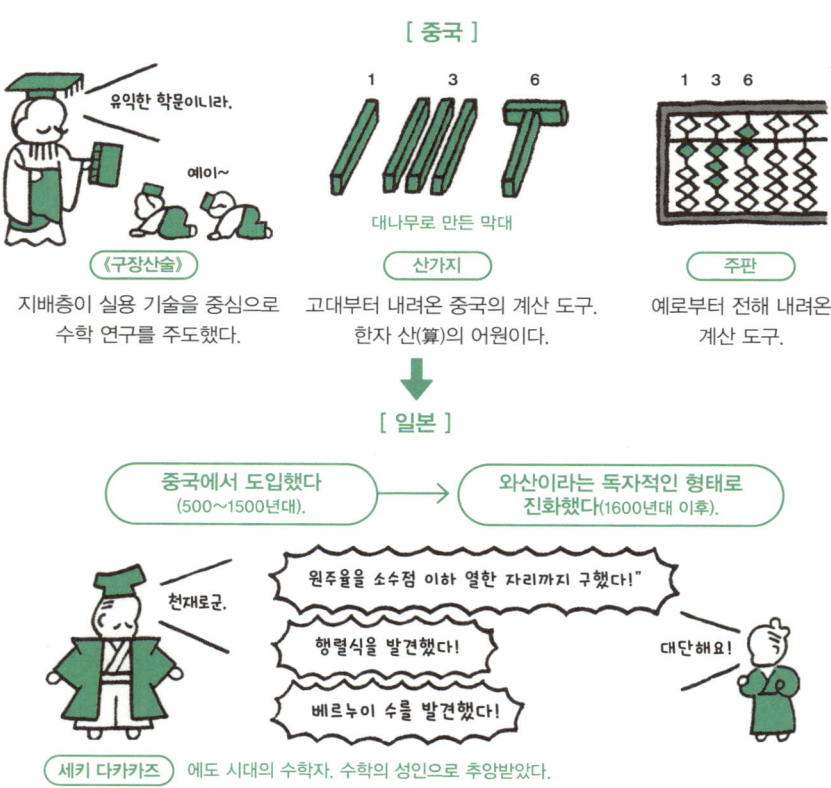

[중국]

유익한 학문이니라.

예이~

《구장산술》
지배층이 실용 기술을 중심으로 수학 연구를 주도했다.

1 3 6
대나무로 만든 막대

산가지
고대부터 내려온 중국의 계산 도구. 한자 산(算)의 어원이다.

1 3 6

주판
예로부터 전해 내려온 계산 도구.

[일본]

중국에서 도입했다 (500~1500년대). → 와산이라는 독자적인 형태로 진화했다(1600년대 이후).

천재로군.

원주율을 소수점 이하 열한 자리까지 구했다!"

행렬식을 발견했다!

베르누이 수를 발견했다!

대단해요!

세키 다카카즈 에도 시대의 수학자. 수학의 성인으로 추앙받았다.

위에서 소개한 이야기와 관련된 개념을 키워드로 정리했습니다. 함께 읽으면 더 잘 이해될 겁니다.

자연수 ⑫   분수 ⑬   유리수 ⑭   무리수 ⑮   소수(素數) ⑯

수학의 세계 : 중세

–천재들이 쌓아 올린 수학의 기초–

이번 장에서는 현대 수학의 초석이라고 할 수 있는 중세부터 근대까지의 유럽 수학이 어떻게 발전해 왔는지 살펴보겠습니다.

① 근대에 이르기까지 수학의 역사

12세기경 중세 유럽으로 이슬람 세계의 수학이 전파될 때, 로마 숫자보다 실용적인 아라비아 숫자도 함께 들어왔습니다. 그리고 문자 대신 '+', '=' 같은 대수 기호를 사용하며 수 세기에 걸쳐 기호 체계를 정비하기 시작한 것도 이때부터입니다.

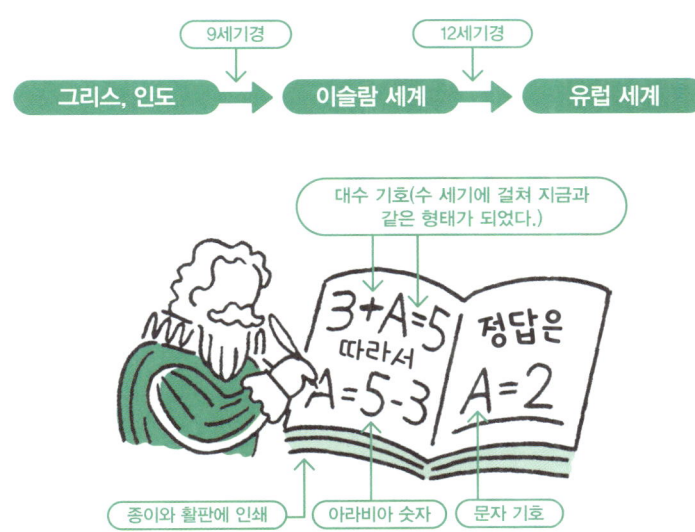

아라비아 숫자, 10진법 위치기수법, 대수 기호, 기호 대수 덕에 복잡한 계산이 쉬워졌다.

그리고 대항해시대가 한창이었던 17세기 초, **존 네이피어** ⑥ 는 어떤 수를 구할 때 같은 수를 몇 번 곱해야 할지 나타내는 **로그(logarithm)** ⑰ 를 발명했습니다. 로그 덕분에 열 자리를 넘을 만큼 큰 수도 간단하게 계산할 수 있게 되었습니다. 네이피어는 소수점을 널리 알린 인물이기도 한데, 그가 만든 개념들은 항해에 유용하게 쓰였을 뿐만 아니라 천문학이 발전하는 밑거름도 되었습니다.

항로를 측정할 때 천체의 위치를 기준으로 삼는 삼각법을 이용했지만,
자릿수가 커서 계산하기 힘들었다.

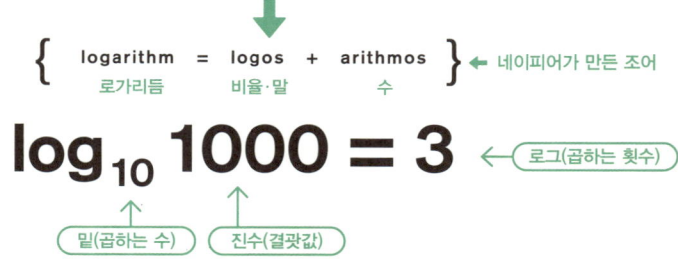

$$\{ \quad logarithm \quad = \quad logos \quad + \quad arithmos \quad \} \leftarrow 네이피어가 만든 조어$$

로가리듬   비율·말   수

$$\log_{10} 1000 = 3 \quad \leftarrow 로그(곱하는 횟수)$$

밑(곱하는 수)   진수(결괏값)

자릿수가 큰 수를 **곱한 횟수**로 나타내면서 계산이 매우 간단해졌다.

천체 사이의 거리도 자릿수가 크므로, 천체를 관측할 때 역시 로그가 유용하다.

17세기는 데카르트 ⑦가 수학계에서 눈부신 활약을 보인 시대이기도 합니다. 근대 수학이 발전하는 데 필요한 조건은 데카르트가 대부분 만들었다고 할 만큼 엄청난 업적을 쌓은 인물인데요. 특히 데카르트와 피에르 페르마 ⑧가 발명한 좌표 ⑱ 개념은 고대 그리스 시대부터 내려오던 상식을 뛰어넘어 유럽의 수학을 새로운 무대로 이끌었습니다.

[수학자 데카르트의 업적]

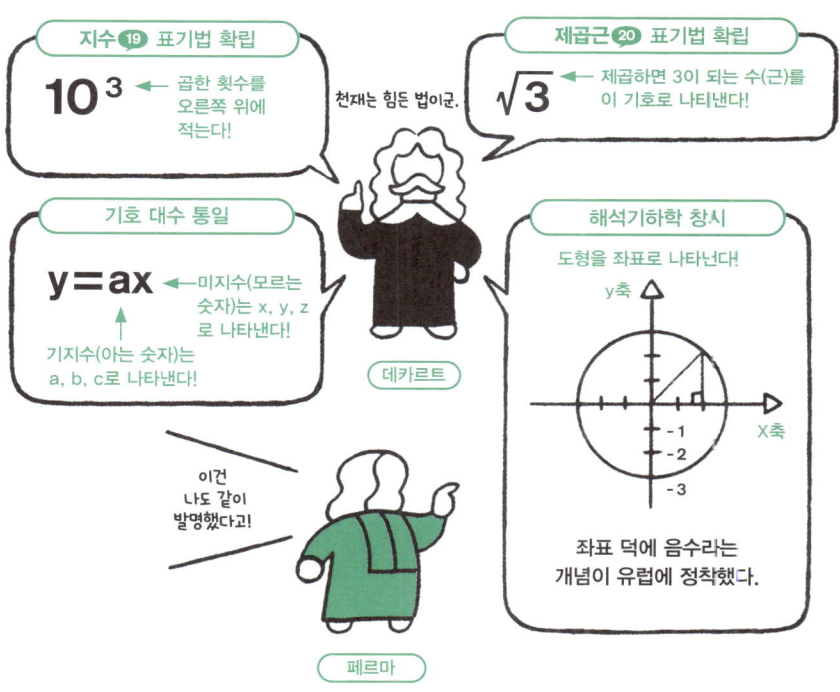

철학자이자 천문학자이자 수학자로서 수많은 업적을 남긴 데카르트는
그야말로 세계의 패러다임을 바꾼 인물이었다.

② 미적분의 탄생

근대 수학에 이르는 모든 조건이 갖추어졌을 무렵, 유럽에서는 **아이작 뉴턴**⑨과 **고트프리트 라이프니츠**⑩가 등장하여 근대 수학의 터전을 마련했습니다.

두 사람은 각각 곡선 위의 점에 대한 접선의 기울기를 구하는 **미분**㉑과, 곡선으로 이루어진 범위의 면적을 구하는 **적분**㉒이 역연산 관계임을 알아냈습니다.

[미분과 적분]

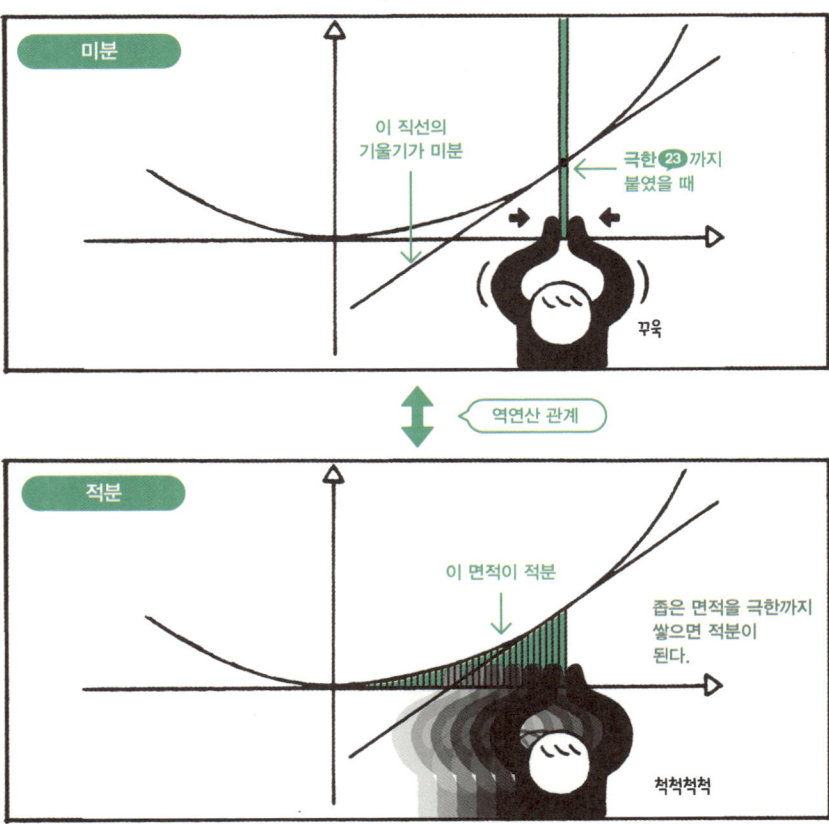

뉴턴은 속도를 미분한 가속도로 운동 방정식을 구하는 등, 미적분을 물리학에 응용하여 수많은 업적을 쌓았습니다. 한편 라이프니츠는 미분과 적분을 비롯한 수학적 방법을 기호로 나타내는 등 수학을 간단하게 만들어, 많은 이들이 수학을 활용할 수 있도록 노력했습니다.

[뉴턴의 업적]

[라이프니츠의 업적]

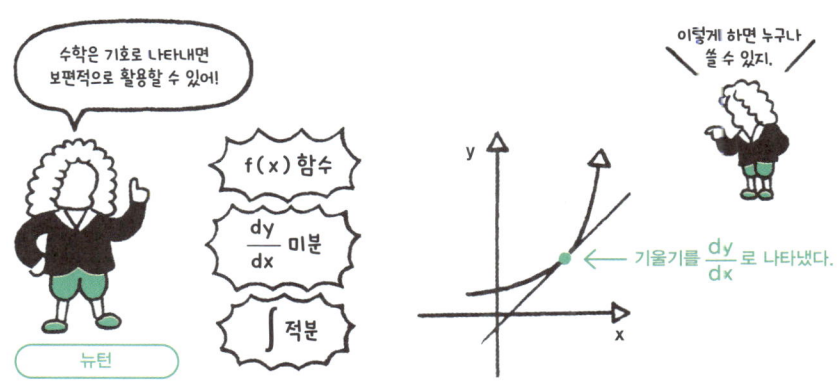

뉴턴과 라이프니츠 중 미적분을 누가 먼저 발견했는지를 두고 논쟁이 벌어졌지만,
지금은 두 사람이 각자 미적분을 따로 발견한 것으로 정리되었다.

뉴턴과 라이프니츠 이후로도 수많은 수학자가 연구한 끝에 미적분은 지금과 같은 형태를 갖췄고, 수학의 3대 분야인 **해석학** 24 이 완성되었습니다. 미적분은 이제 우리가 살아가는 데 필요한 각종 계산에 없어서는 안 될 요소입니다.

[해석학의 활용 분야]

대단해!

물리학

비행기, 우주 왕복선 등

그렇군.

생명과학

미생물 배양 등

여기에도 쓰이는구나!

경제학

주가 예상 등

날씨를 미리 알게 됐어.

기상

일기예보 등

미적분은 기술 발전에 크나큰 영향을 미칠 뿐만 아니라 다양한 분야에서
활약할 것으로 기대되는 학문이다.

위에서 소개한 이야기와 관련된 개념을 키워드로 정리했습니다. 함께 읽으면 더 잘 이해될 겁니다.

 음수 25   정수 26   변수 27   상수 28   소수 29

수학의 세계: 근현대
−천재들을 고뇌에 빠뜨린 수학의 벽−

이번에는 근대부터 현대까지 수학의 역사를 배울 차례입니다.

1 근대 수학의 성과

18세기는 수학사에 길이 남을 위대한 수학자 **오일러**⑪가 등장한 시대입니다. 오일러는 지수함수와 삼각함수를 비롯한 함수의 개념을 발전시킨 인물입니다.

[오일러의 업적① 함수를 정비했다]

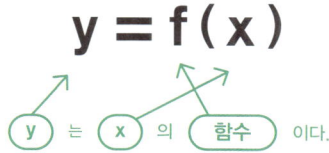

함수 ③⓪ (function)⋯⋯변수 x에 따라 변수 y의 값이 결정되는 식

$$y = f(x)$$

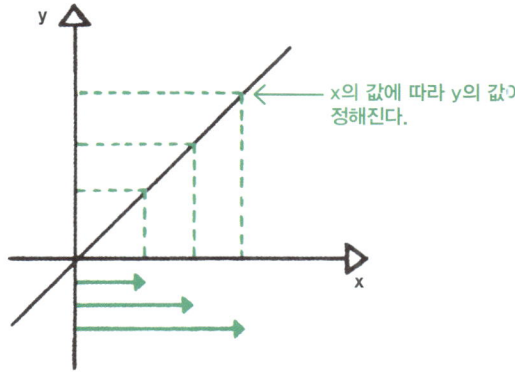

x의 값에 따라 y의 값이 정해진다.

f(x)라는 표기는 라이프니츠가 처음 고안했지만, 이를 정립한 인물은 오일러이다.

[오일러의 업적② 지수함수와 삼각함수]

지수함수 **31**

$$y = a^x$$ ← 변수가 지수에 있는 함수

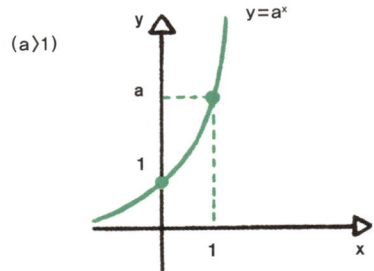

(a>1)

x가 증가할 때 y가 급격하게 증가하는 지수함수에 빗대어,
무언가가 급격히 증가할 때 '지수함수적으로 증가한다'라고 한다.

삼각함수 **32**

$$y = \sin\theta$$ ← 삼각비의 각도가 변수인 함수

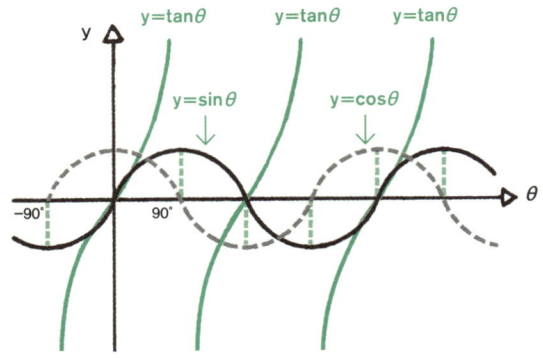

IT 분야에서는 **푸리에 해석 33** 에 삼각함수를 응용한다.

원주율(π)처럼 대수방정식으로 구할 수 없는 무리수를 초월수라고 하는데, 오일러는 극한으로 구한 초월수인 네이피어 상수를 문자 e로 표현했습니다. 그리고 오일러는 제곱했을 때 −1이 되는 가상의 수인 허수를 문자 i로 표현했습니다.

[오일러의 업적③ 네이피어 상수와 허수]

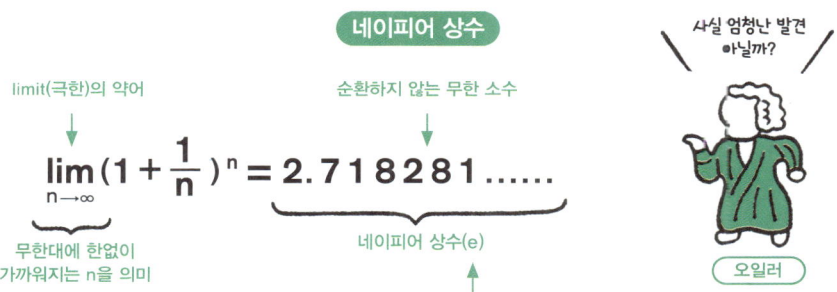

네이피어 상수

limit(극한)의 약어

순환하지 않는 무한 소수

$$\lim_{n \to \infty} \left(1 + \frac{1}{n}\right)^n = 2.718281\cdots\cdots$$

무한대에 한없이
가까워지는 n을 의미

네이피어 상수(e)

사실 엄청난 발견
아닐까?

오일러

Euler(오일러)의 앞 글자, exponential(지수)의 앞 글자 등 여러 설이 있다.

금리를 계산하다가 우연히 구한 무한소수가 해석학의 본질을 꿰뚫는 수임을 간파했다.

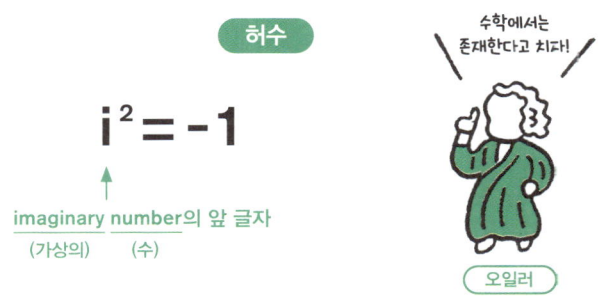

허수

$$i^2 = -1$$

imaginary number의 앞 글자

(가상의)　(수)

수학에서는
존재한다고 치자!

오일러

모든 실수(實數)는 제곱하면 반드시 양수가 되므로, 제곱해서 음수가 되는 수는 허구로만 존재한다는 뜻에서 허수로 부르게 되었다. 허수는 허수 단위 i로 나타낸다.

위와 같은 오일러의 업적은 세상에서 가장 아름다운 수식이라고 칭송받는 오일러 등식으로 이어졌습니다. 정말 간단하지만, 수학의 3대 분야인 기하학(π)과 해석학(e)을 모두 활용한 식입니다. 심지어 초월수와 허수가 다 들어 있는데도 식의 해는 0이지요. 따로따로 발견한 원리들 사이에 사실 이렇게 멋진 관계가 숨어 있던 거예요. 오일러 등식은 수학의 아름다움과 심오함을 상징하는 수식입니다.

[오일러의 업적④ 오일러 등식]

시간이 흘러 19세기에는 수학사에 길이 남을 또 다른 수학자 카를 프리드리히 가우스⑫가 등장했습니다. 가우스는 허수 개념을 적극적으로 활용하여 복소평면㉞을 고안했습니다.

[가우스의 업적 – 복소평면]

복소수(complex number) = 실수와 허수로 이루어진 수

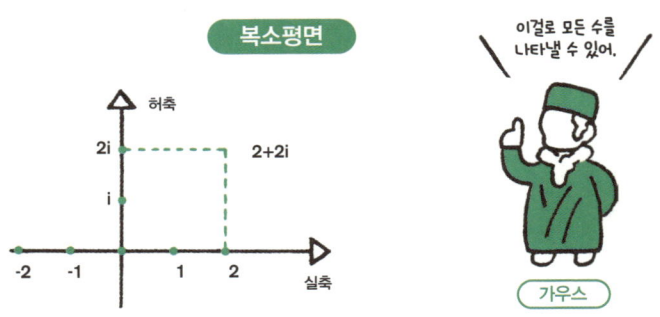

그 밖에도 수많은 업적을 남긴 가우스는 수학의 왕으로 불린다.

❷ 새로운 수학의 탄생

19세기에는 유클리드 기하학의 제5공준을 뒤집고, 구면과 곡면 같은 비평면을 바탕에 둔 **비유클리드 기하학** 35 도 탄생했습니다. 이는 이후 아인슈타인의 상대성 이론([Chap.3 상대성 이론])과 우주의 구조([Chap.5 우주])를 이해하는 데 큰 역할을 했습니다.

[유클리드 기하학]

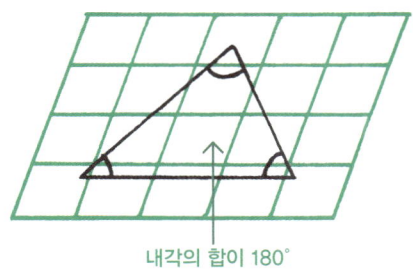

내각의 합이 180°

유클리드의 평행선 공준(→ p.185)은 평면 세계에만 성립한다.

[비유클리드 기하학]

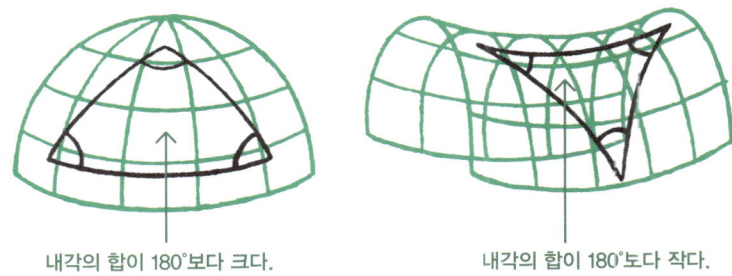

내각의 합이 180°보다 크다.　　　　　내각의 합이 180°노다 작다.

평면뿐만 아니라 곡면까지 고려하므로 새로운 기하학을
전개할 수 있다.

20세기에는 기하학, 대수학, 해석학이라는 수학 3대 분야의 기반이 되는 **논리학 36** 과 **집합론 37** 같은 **수학 기초론 38** 이 나오면서 수학은 거대한 체계로 자리 잡기 시작했습니다. 그러나 집합론의 논리 자체에 근본적인 모순이 발견되었고, 이후 괴델이 주장한 **불완전성 정리 39** 를 통해 수학은 완전하고 모순 하나 없는 체계가 아니었음이 밝혀졌습니다.

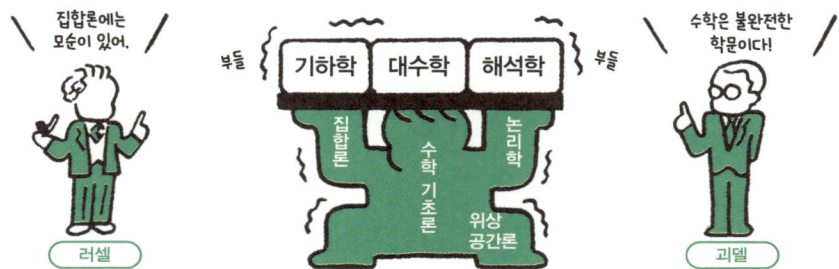

집합론의 근본적인 모순이라는 수학의 위기를 맞은 20세기의 수학자들은 수학 기초론을 완전한 학문으로 만들려 했지만, 오히려 괴델이 발표한 불완전성정리로 수학의 한계가 밝혀졌다.

그리고 수학의 엄밀성에 초점을 맞추어 도형과 공간을 그 특징과 얼개에 주목함으로써 단순화한 기하학 분야가 탄생했습니다. 바로 **위상수학 40** 입니다. **앙리 푸앵카레 13** 가 창시한 위상수학은 우리 생활에서도 응용되는 분야로, 지하철이나 버스의 노선도가 대표적인 사례입니다.

[위상수학(topology)]

그리스어 topos(위치)와 logos(론)를 합쳐서 만든 조어

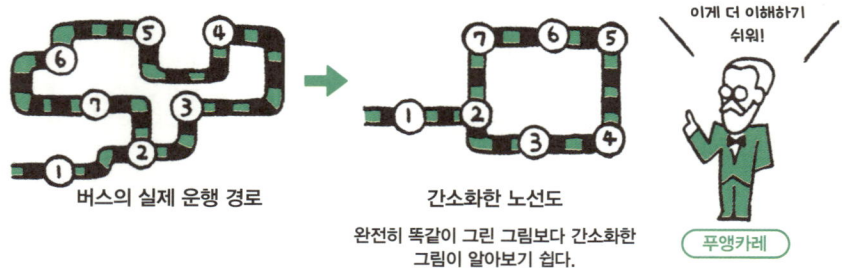

변의 길이와 각도를 엄밀히 따지는 대신, 연결 방식과 구조에 초점을 맞춰 단순하게 나타내면 이해하기 쉽다.

③ 수학의 수수께끼에 도전하는 현대

현대에 이르기까지 아무도 풀지 못한 수학의 수수께끼로는 17세기에 등장한 퍼르마의 마지막 정리가 유명합니다. 300여 년 동안 수많은 수학자가 도전했다가 좌절한 이 정리는 20세기 중반에 마침내 증명되었습니다.

[페르마의 마지막 정리]

n이 3 이상의 자연수일 때

$$x^n + y^n = z^n\text{을 만족하는}$$

자연수 쌍 (x, y, z)는 존재하지 않는다.

얼핏 보면 간단한 명제이지만 아무도 이를 증명하지 못했고,
"페르마의 마지막 정리에 도전해서는 안 된다"라는 말까지 나왔다.
그러나 1994년에 앤드루 와일스가 수많은 최신 이론을 동원하여 증명하는 데 성공했다.

이처럼 수학에는 여전히 증명되지 않은 미해결 문제들이 수없이 많습니다. 수학자들은 그중 일곱 문제를 엄선해서 상금을 걸었는데, 2000년에 발표된 이 문제들을 **밀레니엄 문제 41** 라고 합니다. 밀레니엄 문제 중 위상수학에 관한 푸앵카레 추측은 2006년에 증명되었습니다.

2000년에 미국 클레이 수학 연구소에서 일곱 가지 미해결 문제에 상금 100만 달러를 걸었다.

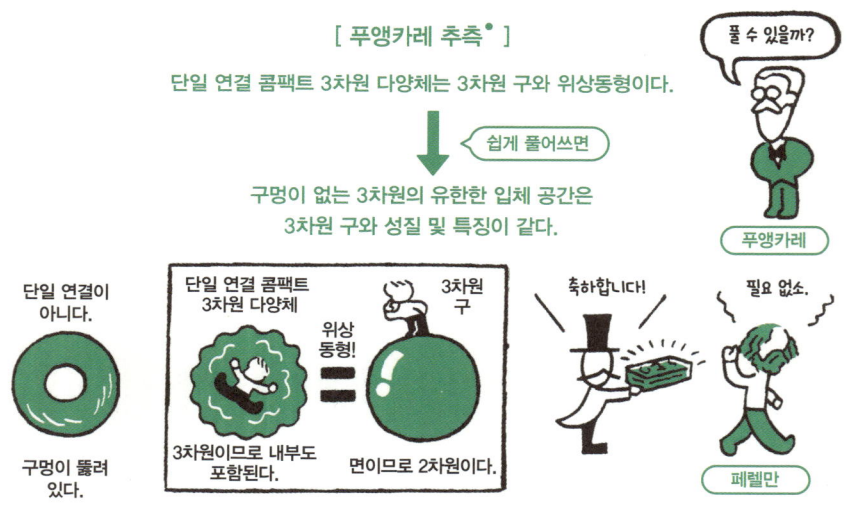

1904년에 푸앵카레가 발표한 푸앵카레 추측은 100여 년 동안 증명되지 않았으나, 2002년에 그리고리 페렐만이 다양한 이론을 조합하여 증명했다. 페렐만의 풀이는 2006년에 인정받았다.

- 어떤 하나의 닫힌 삼차원 공간 X 위에서 모든 폐곡선이 수축되어 하나의 점이 될 수 있다면, 이 공간 X는 구로 변형될 수 있다는 추측. 해밀턴(Hamilton, R.)과 페렐만에 의하여 사실임이 증명되었다.

밀레니엄 문제는 아니지만, 그만큼 중요한 미해결 문제인 ABC 추측도 있습니다. 2012년에 일본의 **모치즈키 신이치** ⑭ 교수가 이를 증명하는 논문을 투고했고, 2020년에 검증이 마무리되면서 학술지에 논문이 실렸습니다.

[ABC 추측] – "a+b=c" 조합에 관한 추측

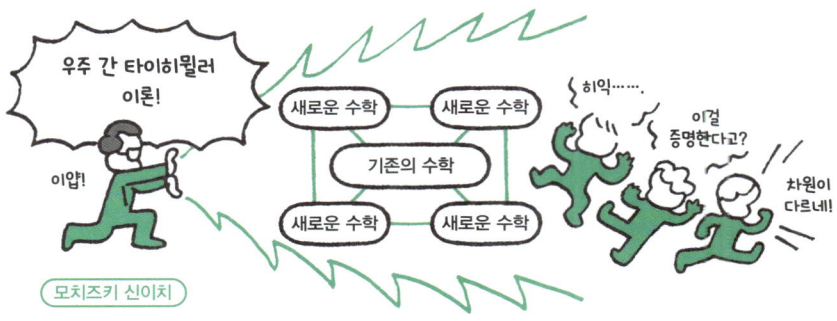

모치즈키는 우리가 사는 수학의 세계, 즉 수학 우주와 다른 차원의 수학 우주를 오가며 ABC 추측을 증명했다. 이를 증명한 논문은 백 페이지에 달했다.•

이처럼 수학은 새로운 차원으로 나아가며 우주의 수수께끼까지 다가간 학문입니다.

마지막으로 위에서 소개한 이야기와 관련된 개념을 키워드로 정리했습니다. 함께 읽으면 더 잘 이해될 겁니다.

허수 ㊷   실수 ㊸   복소수 ㊹   초월수 ㊺

이번 장은 여기까지입니다. 다음 장에서는 화학의 세계를 소개합니다.

•   ABC 추측은 1 이외의 공약수가 없는 '서로소' A, B, C가 A+B=C의 관계를 만족할 때 세 수의 소인수의 곱에 0에
     가까운 작은 양수를 더한 수는 C보다 언제나 크다는 내용이다.
     모치즈키 신이치는 이 문제를 증명했다며 그 논문이 학술지에 실렸으나, 논문이 매우 어려워 이해하는 학자가
     드문 상태다. 이에 수학계에서는 이 문제를 증명되었다고 인정하지 않고 있다. 이 문제는 수학계에서도 논쟁이
     되고 있는데, 더 자세한 내용은 인터넷 등을 통해 확인할 수 있다.

핵심 용어와 핵심 인물을 알아보자
KEYWORD & KEYPERSON

고대 그리스와 인도를 비롯한 세계 각지에서 저마다 발전한 수학은 이슬람 수학자들에 의해 하나로 통합되었고, 십자군전쟁을 계기로 중세 유럽에 전파되었습니다. 수많은 천재의 등장과 함께 수학은 발전을 거듭하며 현대 수학까지 이어지는 체계로 완성되어 갔습니다. 현대에 이르러서는 완전하다고 생각했던 수학에서 허점이 발견되는가 하면, 증명하기 위해 머리를 싸매게 하는 난제가 등장하는 등 우리는 새롭게 나타난 거대한 벽을 마주해야 했습니다. 하지만 수학은 언젠가 이 벽을 뛰어넘어 한 단계 발전할 것입니다.

※ 앞 Chapter에서 소개한 키워드는 간단하게만 짚고 넘어갑니다.

6-1
수학의 세계: 고대
– 수학이 곧 세상의 지혜였던 시대–

KEYWORD

❶ 귀류법

reductio ad absurdum(라)

어떤 주장이 틀렸다고 가정했을 때 모순이 생김을 증명함으로써 그 주장이 참임을 증명하는 방법.

➡ 예를 들어 "A는 범인이 아니다"라는 주장을 증명하기 위해 "A가 범인이다"라고 가정해도 범행이 일어날 수 없음을 증명하는 방식이다.

❷ 피타고라스 정리

Pythagorean theorem

직각삼각형 세 변 길이의 관계를 보여 주는 정리. 직각삼각형 ABC의 빗변 길이가 c일 때, 다른 두 변 a, b와 c 사이에 $a^2 + b^2 = c^2$이 성립한다.

❸ 정의

definition

개념의 의미를 명확하게 규정하는 것.

➡ 유클리드 기하학에서 명제를 증명하는 첫 단계. 말하는 이와 듣는 이 사이의 혼동을 피하려면, 설명하기 전에 용어와 개념을 정의해야 한다.

❹ 공리(公理)

axiom

증명하지 않아도 자명한 명제.

➡ 유클리드 기하학에서 명제를 증명하는 두 번째 단계. 용어와 개념을 정의한 다음에는 '증명하지 않아도 자명한' 공리를 설명할 차례이다.

그러나 비유클리드 기하학의 등장으로 곡면과 구면 등 상황이 다양해진 현대에는 유클리드 기하학의 공리를 자명한 명제로 보지 않는다. 따라서 공리는 '이론의 전제가 되는 가정'이라고 정의해야 한다.

❺ 공준(公準)

postulate

공리 중에서도 특히 기하학적인 내용이 담긴 명제.

➡ 유클리드 기하학에서는 다음 다섯 가지 명제를 공준이라고 한다.

① 서로 다른 두 점 사이에 선분을 그을 수 있다.

② 선분은 연장할 수 있다.

③ 임의의 두 점 사이에 선분을 그었을 때, 한 점을 중심으로 선분이 반지름인 원을 그릴 수 있다.

④ 모든 직각은 서로 같다.

⑤ 두 직선과 한 직선이 만나 이룬 나각의 합이 180°보다 작을 때, 두 직선을 이으면 언젠가 만난다(평행선 공준).

현대에는 공준과 공리를 구별하지 않고 공리로 묶어서 부른다.

6 정리(定理)
theorem
정의와 공리를 바탕으로 증명된 명제.
➡ 유클리드 기하학에서 명제를 증명하는 마지막 단계. 개념을 정의하고 공리를 세웠다면 이를 근거로 연역적 추론을 통해 정리를 유도한다. 연역(deduction)이란 일반적인 원리에서 개별적인 결론을 추론하는 방식이다.

7 기하학(幾何學)
geometry
도형과 공간의 성질을 연구하는 학문.
➡ 그리스어로 geō는 땅을, metron은 측량 도구를 뜻한다. 인류가 고대부터 측량을 위해 도형 개념을 익히고 발전시켰다는 사실을 엿볼 수 있다.

8 위치기수법(位置記數法)
positional notation
수를 숫자로 나타내는 방법을 기수법이라고 하며, 수의 자릿수로 단위를 나타내는 방법을 위치기수법이라고 한다.
➡ 가령 10진법은 0부터 9까지의 숫자로 모든 수를 나타낸다. 9보다 큰 수는 왼쪽(10의 자리)에 1을 써서 "10"이라고 쓴다. 그리고 2진법은 0과 1로 모든 수를 나타낸다. 1보다 큰 수는 왼쪽(2의 자리)에 1을 써서 "10"이라고 쓴다. '열하나'를 10진법으로 표현하면 '11'이지만, 2진법으로 표현하면 '1011'이다.

9 대수학(代數學)
algebra
수 대신 문자와 기호를 사용한 계산과 식을 연구하는 학문.
➡ 알콰리즈미의 저서 중 'Al-jabr(알 자부르)'라는 제목이 라틴어 번역을 거쳐 대수학을 가리키는 영어 algebra(알제브라)가 되었다고 한다.

10 삼각법(三角法)
trigonometry
삼각형 변과 각의 관계를 고찰하는 학문.
➡ 고대부터 인류는 직각삼각형 길이의 비를 이해하고 측량에 활용했다. 알콰리즈미를 비롯한 이슬람 수학자들은 이를 체계적인 학문으로 정립했고, 근대 유럽의 오일러가 이를 이어받았다.

11 방정식(方程式)
equation
문자와 기호로 변수의 값을 구하는 등식.
➡ 문자가 들어 있는 등식은 방정식과 항등식 두 종류로, 방정식은 문자에 특정 숫자가 들어가야만 등식이 성립하는 식이다. 예를 들어 $2x = 6$이라는 식이 있을 때, x에 3이 들어갈 때만 등식이 성립하므로 이 식은 방정식이다. 한편, 항등식은 문자에 어떤 숫자가 들어가도 등식이 성립하는 식이다. 예를 들어 $2x + 2 = 2(x + 1)$이라는 식이 있을 때, x에 어떤 숫자가 들어가도 등식이 성립하므로 이 식은 항등식이다.

12 자연수

natural number

1부터 차례대로 1씩 더했을 때 2, 3, 4……가 되는, 가장 기본적인 수.

➡ 우리 생활에서 밀접하게 쓰이는 수이자 가장 오래된 수이다.

13 분수

fraction

두 수의 비율을 나타내는 수.

➡ 여러 고대 문명에서 양의 분수를 활용했다는 증거가 발견되었다.

14 유리수(有理數)

rational number

분수로 나타낼 수 있는 수.

➡ 정수(→ **26**)는 2=2/1처럼 분수로 나타낼 수 있으므로 당연히 유리수이다. 0.75 같은 유한소수도 3/4이라는 분수로 나타낼 수 있으므로 유리수이다. 그리고 0.33333……이나 0.454545…… 같은 순환소수도 각각 1/3, 5/11로 나타낼 수 있으므로 유리수이다. 유리수의 어원은 비를 뜻하는 라틴어 ratio로, 분수로 나타낼 수 있다면 2/3=2:3처럼 비(比, ratio)로도 나타낼 수 있다. 고대 그리스에서는 깔끔하게 비로 나타낼 수 있는 수를 중시했다.

15 무리수(無理數)

irrational number

분수로 나타낼 수 없는 수.

➡ $\sqrt{2}$=1.41421356……, π = 3.14159265 같은 무한소수는 분수로 나타낼 수 없는 무리수이다. 분수로 나타낼 수 없다면 비로 나타낼 수 없다는 뜻이다. 고대 그리스에서는 비로 나타낼 수 없는 무리수를 존재부터 금기시했다.

16 소수(素數)

prime number

1과 자기 자신 이외의 정수로는 나뉘지 않는 정수.

➡ 예를 들어 13은 1과 13 이외의 정수로는 나뉘지 않으므로 소수이다. 소수는 신비하고 가장 중요한 (prime) 수로, 고대 그리스에서 특히 활발하게 연구한 수였다. 《기하학 원론》에서도 소수를 중요하게 다루며, 소수가 무한하게 존재함을 증명했다. 그리고 소수는 순수수학에서만 연구하는 수가 아니라 인터넷의 전자 암호 기술에도 활용된다.

KEYPERSON

① 탈레스
Thalēs(B.C. 624~B.C. 546 추정)
고대 그리스의 철학자.
➡ 이집트에서 기하학을 들여와, 그림자의 길이로 피라미드의 높이를 측정했다고 한다. 그는 또 만물의 근원을 물이라고 생각했다.

② 피타고라스
Pythagoras(B.C. 570~B.C. 496 추정)
고대 그리스의 철학자, 수학자.
➡ 피타고라스의 정리를 발견했다. 만물의 근원은 수이며, 세상이 수학적인 조화로 이루어져 있다고 생각했다. 자신의 교단을 세워 엄격한 계율을 지키며 생활했다.

③ 유클리드
Euclid(B.C. 330~B.C. 260 추정)
고대 그리스의 수학자. 본명은 에우클레이데스.
➡ 과거 수학자들의 업적을 집대성하여 논리적으로 체계화한 《기하학 원론》은 성서 다음으로 많이 출판되었을 만큼 유럽의 학문에 엄청난 영향을 미쳤다. 그 밖에도 《광학》, 《현상》, 《음악 원론》 등 여러 책을 남겼다.

④ 알콰리즈미
al-Khwārizmī(780~850 추정)
이슬람 세계의 수학자, 천문학자.
➡ 인도의 수학을 이슬람 세계에 도입했으며 아라비아 기수법을 보급했다. 그의 저서는 라틴어로 번역되어 유럽 전역에 커다란 영향을 미쳤다. 현대 수학에서는 algebra(대수학), algorithm(계산하는 절차와 방법) 등에서 그의 업적을 엿볼 수 있다.

⑤ 세키 다카카즈
関孝和/Seki Takakazu(1642~1708)
에도 시대(1603~1868) 전기의 수학자.
➡ 일본의 전통 수학 와산의 시조. 중국의 산술을 개량하여 독자적인 산법을 만들었다. 종이에 써서 계산하는 필산(筆算)을 대수학에 최초로 활용한 인물이며, 행렬 개념과 정다각형 이론을 고안하여 일본의 독자적인 산술이 발전하는 데 크게 이바지했다.

6-2
수학의 세계: 중세
- 천재들이 쌓아 올린 수학의 기초-

KEYWORD

⑰ 로그

logarithm

어떤 수를 구하기 위해 같은 수를 몇 번 곱해야 하는지 나타낸 수.

➡ $\log_{10} 100$은 10(밑)을 몇 번 곱하면 100(진수)이 되는지 나타낸 표기로, 답은 2(10을 제곱하면 100이 되므로)이며, 이때 정답인 2를 로그라고 한다. 자릿수가 큰 숫자끼리의 곱셈도 로그끼리 더하면 되므로 계산이 편해진다.

⑱ 좌표(座標)

coordinates

평면 또는 공간에 있는 점의 위치를 나타내는 숫자.

➡ 예를 들어 x축과 y축이 수직으로 만나는 좌표평면에 있는 점의 위치는 $(x = 2, y = 3)$으로 나타낸다. 좌표 덕에 도형까지 수와 문자로 표현할 수 있게 되면서, 기하학을 대수로 나타내는 해석기하학이 탄생했다.

⑲ 지수(指數)

index number

제곱할 횟수를 숫자 또는 문자 오른쪽 위에 나타낸 수.

➡ 10^2는 10(밑)을 제곱(지수)했음을 나타내는 표기로, 계산하면 100이 된다. 지수는 자릿수가 큰 숫자를 간략하게 표현할 때 편리하다.

⑳ 제곱근

square root

제곱하면 a가 되는 수를 a의 제곱근이라고 한다.

➡ 제곱근에 관한 피타고라스의 일화가 유명하다. 피타고라스는 수학과 종교를 결부하여, 분수(자연수의 비)로 나타낸 수를 숭배했다. 그러나 $\sqrt{2}$는 분수로 나타낼 수 없는 무리수였기에 피타고르스는 이를 발견한 제자를 죽여서라도 무리수의 존재를 부정하고자 했다고 한다. 제곱근을 나타내는 기호 $\sqrt{}$는 뿌리(근)를 가리키는 영어 root에 해당하는 라틴어 radix의 앞글자 r을 길게 늘인 다음 데카르트가 가로선을 더하면서 만들어졌다고 한다.

㉑ 미분(微分)

differential calculus

곡선 위의 점에 대한 접선의 기울기를 계산하는 수학 분야.

➡ 물리학에서는 다음과 같이 미분을 응용한다. 물체가 점점 빠르게(가속) 이동할 때 물체의 이동 거리를 이동 시간으로 나누면(미분하면) 평균 빠르기(속도)를 구할 수 있고, 이때 순간 속도를 계산하면(미분하면) 속도가 빨라지는 비율(가속도)을 구할 수 있다. 데카르트를 비롯한 뉴턴 이전의 수학자들도 곡선 위의 점에 대한 접선의 기울기를 계산하는 데 성공했지만, 이 계산법이 적분의 역연산이라는 생각에 미치지는 못했다.

22 적분(積分)
integral calculus
도형의 면적과 곡선의 길이를 계산하는 수학 분야.
➡ 물리학에서는 다음과 같이 적분을 응용한다. 물체가 점점 빠르게(가속) 이동할 때 각 순간의 속도(가속도)를 전부 더하면(적분하면) 평균 빠르기(속도)를 구할 수 있고, 모든 이동 시간에 대한 속도를 더하면(적분하면) 이동 거리를 구할 수 있다. 적분과 비슷한 계산법 자체는 고대 그리스 시대에도 존재했다고 한다.

23 극한(極限)
limit
어떤 값에 한없이 가까운 값.
➡ 곡선 위에 있는 두 점 사이의 거리를 0에 극한까지 가까이 붙였을 때 두 점을 잇는 선을 접선이라고 한다. 점과 점 사이의 거리가 0이 되면 점이 하나가 되어 선을 만들 수 없으므로 거리를 0으로 만드는 대신 0에 극한까지 가깝게 붙이는 방식을 사용한다.

24 해석학(解析學)
analysis
극한 개념을 바탕으로 미적분을 연구하는 학문.
➡ 데카르트가 활약한 17세기 전반에 기호를 사용하여 계산하는 방법을 통틀어 '해석'이라고 불렀던 데서 유래했다.

25 음수(陰數)
negative number
0보다 작은 수.
➡ 음수는 고대 중국의 《구장산술》에도 실린 개념으로, 7세기에는 인도 수학에 도입되었다. 유럽에는 이슬람 세계를 통해 12세기에 전파되었고, 좌표가 발명되면서 정착되었다.

26 정수(整數)
integer
자연수(1, 2, 3, 4……), 0, 음의 자연수(−1, −2, −3, −4……)를 통틀어 부르는 총칭.
➡ 정수는 양수와 음수가 무한하게 존재한다. 정수끼리 더하거나 빼거나 곱하면 무조건 정수가 되는데, 이를 "정수 집합이 닫혀 있다"라고 한다.

27 변수(變數)
variable
변하는 양을 나타낸 문자.
➡ 유럽에서 수 대신 문자 기호를 본격적으로 활용하게 된 시기는 16세기 프랑스 수학자 프랑수아 비에트가 등장한 이후이다. 변수를 가리키는 문자 기호는 17세기 이후 데카르트에 의해 정립되었으며, 대수학에서는 주로 x, y, z로 표현한다.

28 상수(常數)
constant
변하지 않는 양을 나타낸 문자.
➡ 데카르트가 변수와 상수를 표현하는 문자를 구분해서 사용하면서 상수를 주로 a, b, c로 표현하게 되었다.

29 소수(小數)
decimal
1보다 작은 양의 실수. 10진법에서는 정수가 아닌 실수를 소수점으로 표현한다.
➡ 고대 바빌로니아에서는 소수를 60진법으로 표현했다. 동양에서는 일반적으로 분수보다 소수를 사용했지만, 유럽에서는 16세기 이전까지 소수를 사용하지 않았다. 네이피어가 소수점을 발명하면서 소수가 본격적으로 쓰이기 시작했다.

KEYPERSON

⑥ 존 네이피어
John Napier(1550~1617)
영국의 수학자.

➡ 로그를 발명했으며, 1614년에는 로그표를 첨부한 책 《놀라운 로그 체계의 기술》을 발표했다. 이후 헨리 브릭스와의 공동 연구 끝에 10을 밑으로 하는 상용로그표를 만들었다. 그가 발명한 로그를 응용한 계산기는 근대 계산기의 원형이 되었다.

⑦ 르네 데카르트   (→ Chapter 1)
René Descartes(1596~1650)
프랑스의 철학자, 물리학자, 수학자.

➡ 1619년에 기하학을 바탕으로 모든 학문을 한데 모으는 영감을 얻은 데카르트는, 수학적으로 모든 학문을 일반화한 보편 수학을 정립하고자 했다. 좌표를 도입하여 해석기하학을 창시한 그의 발자취에서도 이를 엿볼 수 있다.

⑧ 피에르 페르마
Pierre de Fermat(1601~1665)
프랑스의 정치가, 수학자.

➡ 의원 직무를 수행하면서도 여유가 있을 때마다 수학을 연구했고 그 성과를 데카르트 같은 수학자들에게 편지로 알렸지만, 논문이나 책으로 공표하는 데에는 소극적이었다. 그래서 그의 업적은 대부분 그가 세상을 떠난 뒤 공개되었다. 좌표축을 이용한 해석기하학을 고안했을 뿐만 아니라 파스칼과 편지를 주고받으며 확률론을 정립하는 데에도 도움을 주었다. 그가 즐겨 읽던 책 여백에 쓴 페르마의 마지막 정리는 이후 300년 동안 수많은 수학자를 고뇌에 빠뜨렸다.

⑨ 아이작 뉴턴   (→ Chapter 1·2·3·5)
Isaac Newton(1642~1727)
영국의 물리학자, 천문학자, 수학자.

➡ 미적분의 창시자로 유명하다. 페스트로 대학이 휴교하여 고향에 돌아왔을 때 만유인력의 법칙을 발견한 일화가 유명한데, 미적분도 이때 발명했다. 그러나 논문으로 정리하여 발표하는 게 늦어지는 바람에 창시자의 자리를 두고 라이프니츠와 격렬한 논쟁을 벌이게 되었다.

⑩ 고트프리트 라이프니츠
Gottfried Wilhelm Leibniz(1646~1716)
독일의 철학자, 수학자.

➡ 뉴턴과 따로 미적분을 발견했으며, 미적분 기호를 고안했다. 철학자로서 신학을 바탕에 둔 목적론적 세계관과 자연과학을 바탕에 둔 기계론적 세계관을 모두 수용하여 단자(Monad)론과 예정 조화론을 주장했다.

6-3
수학의 세계: 근현대
– 천재들을 고뇌에 빠뜨린 수학의 벽–

KEYWORD

30 함수(函數)
function
변수 x의 값이 정해지면 변수 y의 값도 정해지는, 변수 x를 포함한 y의 식.
➡ 함수의 어원은 영어 function[펑션]을 중국어로 음역한 함수(函數, [한슈])라는 설이 있다.

31 지수함수
exponential function
$y = a^x$ 처럼 지수 부분에 변수 x를 넣은 함수.
➡ 로그함수는 $y = \log_a x$ 처럼 진수 부분에 x가 들어간 함수로, 지수함수 $y = a^x$ 의 역함수(x와 y의 대응관계가 뒤집힌 함수)이다.

32 삼각함수
trigonometric function
삼각비를 확장한 함수의 총칭.
➡ 삼각비는 직각삼각형 중 예각에 의해 결정되는 변길이의 비율이다. 삼각함수는 이 삼각비를 예각에 한정하지 않고 모든 각도로 확장한 함수이다.

33 푸리에 해석
Fourier analysis
복잡한 함수를 단순한 삼각함수로 분해하여 해석하는 방법.
➡ 함수는 여러 삼각함수의 합으로 표현할 수 있다고 생각한 프랑스 수학자 조제프 푸리에는, 복잡한 함수를 단순한 삼각함수로 분해하는 방법을 생각해냈다. 복잡한 데이터를 단순화하는 푸리에 해석은 IT 분야의 데이터 압축을 비롯한 각종 분야에 응용된다.

34 복소평면
complex plane
실수를 가로축, 허수를 세로축으로 나타낸 좌표 평면.
➡ 가우스 평면이라고도 한다. 실수를 가로축(실축), 허수를 세로축(허축)에 놓는다.

35 비유클리드 기하학
non-Euclidean geometry
유클리드 기하학의 제5공준인 평행선 공준을 다른 공리로 대체하여 체계화한 기하학.
➡ 평면이 아니라 곡면에서 성립하는 기하학. 곡면에서는 평행선이 교차하는 예시도 고려할 수 있다.

36 논리학
logic
올바른 사고와 구조를 연구하는 학문.
➡ 아리스토텔레스에 의해 체계화된 이후 스콜라주의를 거쳐, 19세기 이후 기호와 숫자를 구사하는 기호논리학으로 정립되었다.

37 집합론
set theory
집합의 성질을 수학적으로 연구하는 분야.
➡ 19세기 말에 게오르크 칸토어가 창시했으며, 20세기에는 수학과 논리학의 발전에 큰 영향을 주었다. 그러나 집합론에서는 역설도 논리적으로 탄생했다.

38 수학 기초론
foundation of mathematics
수학의 기초에 관한 이론.
➡ 게오르크 칸토어의 집합론에서 탄생한 역설을 해결하기 위해, 수학의 기초 자체를 돌아보며 연구하는 기조가 조성되었다. 그로부터 기호 논리로 수학을 재구성하는 논리주의, 인간의 직관으로 수학을 구하는 직관주의, 수학을 형식화해서 모순이 없음을 증명하는 형식주의 등 세 주장이 격렬하게 부딪히며 서로 영향을 준 결과 오늘날의 수학 기초론이 형성되었다.

39 불완전성정리
incompleteness theorem
수학의 형식적 체계에 모순이 없다는 명제는 그 형식적 체계 안에서 증명할 수 없다는 정리.
➡ 여러 과학 분야 중에서도 수학은 엄밀한 논증을 자랑하는 이상적 논리 체계라는 인식이 있었지만, 불완전성정리로 인식이 무너졌다. 그러나 프로그래밍 언어를 비롯한 정보과학이 발전하는 데 크게 이바지한 연구이기도 했다.

40 위상수학(位相數學)
topology
위상적으로 변하지 않는 도형의 성질을 연구하는 기하학.
➡ 20세기에 푸앵카레가 창시한 현대 수학 분야. 가령 고무 막으로 된 구면과 타원면이 있을 때, 각각 면을 자르거나 당기지 않고 늘리거나 줄이기만 해도 형태가 서로 바뀌므로 둘은 같은 성질을 공유한다. 즉 같은 위상이다.

41 밀레니엄 문제
millennium prize problems
2000년에 상금이 걸린 일곱 가지 미해결 수학 문제.
➡ 미국 클레이 수학 연구소가 상금으로 100만 달러를 걸었다. 러시아의 수학자 그리고리 페렐만은 일곱 가지 문제 중 푸앵카레 추측을 해결했지만, 상금을 받지 않았다. 이 상금은 수학의 발전에 사용되었다.

42 허수(虛數)
imaginary number
제곱하면 −1이 되는 수. 허수 단위 i로 나타낸다.
➡ 복소수는 a+bi(a와 b는 실수)라는 형태로 나타내는데(→ 44), 이 복소수에서 b≠0인 수가 허수이다.

43 실수(實數)
real number
정수와 분수로 이루어진 유리수와 두리수를 통틀어 부르는 총칭.
➡ 19세기부터 본격적으로 실수를 정의하고 연구하기 시작했다.

44 복소수(複素數)
complex number
실수와 허수로 이루어진 모든 수.
➡ a+bi(a와 b는 실수, i는 허수 단위)라는 형식으로 실수와 허수를 아우르는 모든 수를 나타낼 수 있다.

45 초월수(超越數)
transcendental number
소수점 아래가 불규칙적으로 무한하게 이어지며, 어떤 대수방정식의 해도 아닌 수(원주율 π, 네이피어 상수 e 등).
➡ 초월수는 모두 무리수이므로 유리수는 초월수가 아니다(예를 들어 1/2은 $2x - 1 = 0$이라는 대수방정식의 해이다). 그러나 무리수가 반드시 초월수는 아니다. 예를 들어 $\sqrt{2}$은 무리수이지만, $x^2 - 2 = 0$이라는 대수방정식의 해이므로 초월수가 아니다.

KEYPERSON

11 레온하르트 오일러 (→ Chapter 2)
Leonhard Euler(1707~1783)
스위스의 수학자.
➡ 18세기의 위대한 수학자. 1741년에 프로이센 과학 아카데미 회원이 되었다. 과로로 1738년경 한쪽 눈의 시력을 잃고 만년에 다른 쪽 눈도 시력을 잃었으나, 이에 굴하지 않고 수학 연구를 계속하며 수많은 업적을 남겼다.

12 카를 프리드리히 가우스
Karl Friedrich Gauss(1777~1855)
독일의 수학자, 천문학자.
➡ 19세기의 위대한 수학자. 1801년에 쓴 《산술 연구》로 정수론의 체계를 바로잡았다. 그 밖에도 최소제곱법을 발견하고 복소수 개념을 도입하였으며, 곡면을 연구하는 등 수없이 많은 업적을 남겼다. 한편, 소행성의 궤도를 산출하고 지구자기장을 관측하고 모세관 현상을 연구하는 등 수학 이외의 분야에서도 눈부신 성과를 보였다.

13 앙리 푸앵카레
Jules Henri Poincaré(1854~1912)
프랑스의 수학자, 철학자.
➡ 1887년에 파리 과학아카데미 회원이 되었다. 순수수학과 응용수학의 거의 모든 영역에서 뛰어난 활약을 펼쳤으며, 위치 해석 연구를 바탕으로 위상수학을 창시했다. 사상가이기도 했던 푸앵카레는 실용주의적 입장에 맞서 과학을 위한 과학을 주장했다.

⑭ 모치즈키 신이치

望月新一 / Mochizuki Shinichi(1969~)
일본의 수학자.

➡ 16세의 나이로 미국 프린스턴대학에 입학했고, 32세에는 일본 교토대학 수리해석 연구소 교수가 되었다. 약 10년의 연구 끝에 43세에 ABC 추측을 증명하고 이를 500페이지짜리 논문으로 공개했다. 해당 논문은 2020년에 검증이 끝났다.

7

Chapter

화학

Chemistry

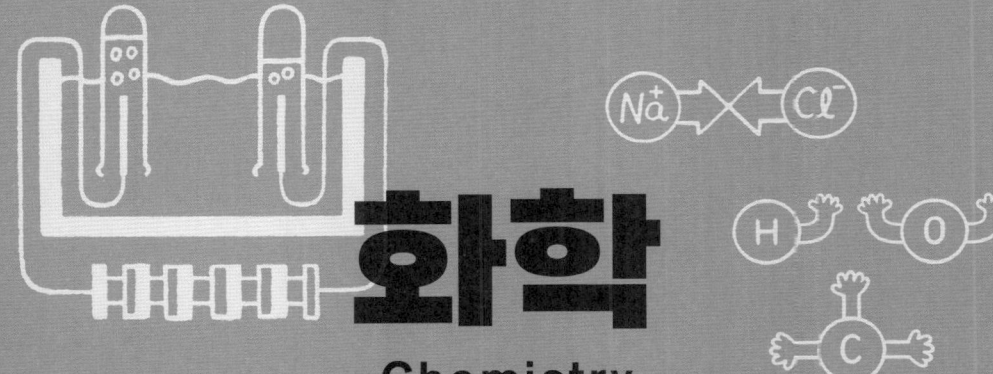

'화학'은 인류에게 어떤 도움을 주었을까?

우리는 화학 덕분에 풍족한 생활을 누리고 있습니다. 이번에는 우리가 누리는 화학의 산물이 탄생하기까지 어떤 일들이 있었는지 살펴볼 차례입니다. 이번 장에서도 마찬가지로 화학에서 쓰이는 특징적인 용어의 어원을 통해 뜻을 알아보겠습니다.

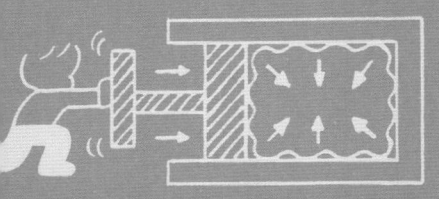

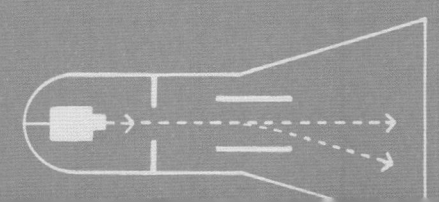

교양을 쌓자
ENRICH YOUR EDUCATION

🔍 주요 키워드

☑ 원자	☑ 원소	☑ 산성	☑ 염기성
☑ 분자설	☑ 전기분해	☑ 유기물	☑ 무기물
☑ 이온	☑ 작용기	☑ 주기율표	☑ 동위원소
☑ 몰	☑ 《침묵의 봄》	☑ 고분자화학	

7-1 만물의 근원은 무엇일까?

−4원소설부터 분자설까지−

1 중세 이전의 화학

화학(chemistry)의 어원은, 비옥하고 검은 흙을 뜻하는 이집트어 khem이라고 합니다. 인류는 고대부터 화학 기술을 활용했는데, 양조(발효)와 금속(야금)이 대표적입니다.

[고대 이집트의 맥주 양조 및 금속 주조]

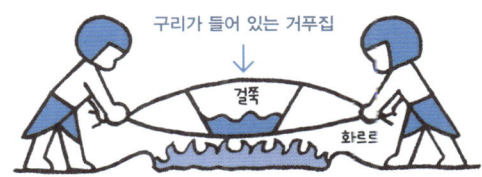

고대 이집트인들은 비옥하고 검은 흙에서 자란 작물 및 광물을 활용하는 기술을 개발했다.

고대 그리스에는 이미 원자론이 존재했습니다. 철학자 데모크리토스①가 만물의 근원을 원자❶라고 주장한 것이지요. 하지만 아리스토텔레스②가 만물의 근원을 물, 불, 흙, 공기라는 4원소❷라고 주장하면서 데모크리토스의 원자론은 이후 2,000년이 넘는 세월 동안 빛을 보지 못했습니다.

[아리스토텔레스의 4원소설]

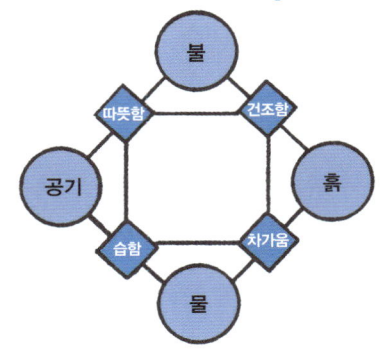

만물은 물, 불, 흙, 공기라는 4원소로 이루어져 있다.
그리고 이 원소들은 따뜻함, 차가움, 건조함, 습함이라는 네 성질의 조합으로 만들어진다.

이슬람 세계에 전파된 이후 화학은 기술적으로 발전했습니다. 이슬람 과학자들은 아리스토텔레스의 주장대로, 만물을 이루는 4원소의 분량을 바꿔가며 조합하면 다양한 금속을 만들어낼 수 있다고 생각했습니다. 이것이 바로 **연금술 ❸** 입니다.

[이슬람 세계의 연금술]

부글부글

아리스토텔레스의 4원소설을 따라 수은과
황으로 금을 만들려고 했다.

또한 신맛이 나는 **산성 ❹** 과, 산성 물질의 물에서 염을 만드는 성질인 **염기성 ❺** (알칼리성, 아라비아어로 재를 뜻함)이라는 개념도 이때 탄생했습니다.

[산성과 염기성]

너무 시어!

과일의 신맛을 내는 물질이
금속을 녹슬게 하고 우유를
굳히는 현상은 예로부터
알려졌다.

어라?   나뭇재

세제로 쓰던 나뭇재를
산성 물에 섞으면 중화되면서
신맛이 사라진다.

씨!

나뭇재가 든 물을 졸여서 만든
결정은 쓴맛이 날 때도 있고
신맛이 날 때도 있다.

이슬람의 화학 기술은 십자군을 통해 유럽에 전파되었지만, 당시 이를 이단으로 취급했던 기독교의 영향으로 화학은 천문학과 수학처럼 학문으로 인정받지 못했습니다.

2 과학의 한 갈래인 화학

동로마제국이 멸망한 15세기에는 마침내 연금술과 약학을 비롯한 화학이 학문으로 인정받았습니다. 이에 따라 17세기에는 데모크리토스의 원자론이 다시금 주목받았고, 근대 화학의 시조로 불리는 **로버트 보일 ③**도 활약했습니다. 보일은 실험과 관찰로 물질의 성분을 밝혀내고자 했고, 이를 '**분석 ⑥**'이라고 불렀습니다.

보일의 행보는 화학뿐만 아니라 모든 과학 분야 발전에 큰 영향을 미쳤다.

18세기에는 근대 화학의 아버지로 불리는 **라부아지에 ④**가 등장했습니다. 그는 화학을 정확한 수치와 수량으로 나타낸 관찰, 즉 **정량적 ⑦**인 관찰을 중시했습니다. 그가 발견한 질량보존의 법칙과 연소 이론 역시 정량적인 관찰에서 비롯되었습니다.

[질량보존의 법칙]

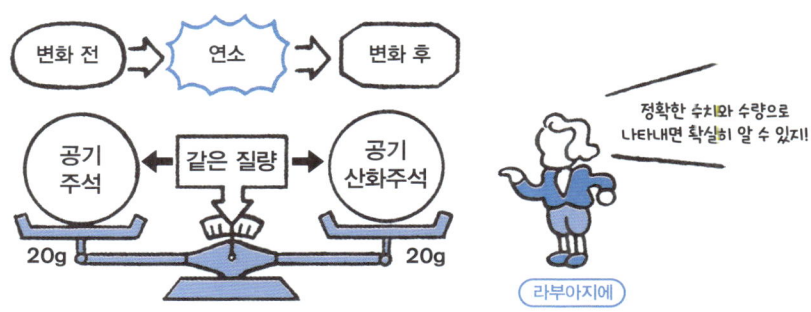

실험 전후의 수치와 수량을 정밀하게 측정함으로써 과학이 발전했다.

18세기는 수소와 산소가 발견되고, 라부아지에가 33종이나 되는 원소를 분류한 시대이기도 합니다. 그렇게 아리스토텔레스부터 시작된 4원소설의 신화는 막을 내렸습니다. 그리고 19세기 초에는 존 돌턴⑤이 "모든 원소는 나뉘지 않는 최소 단위인 원자로 이루어져 있다"라는 원자론을 발표했습니다. 고대 그리스의 데모크리토스가 주장한 원자론이 부활한 것이지요.

기원전에 데모크리토스가 주장한 원자론이 17세기에 다시 주목받았다.

앞서 소개한 보일은 온도가 일정할 때 기체의 부피가 압력에 반비례한다는 법칙을 발견했습니다.

[보일의 법칙]

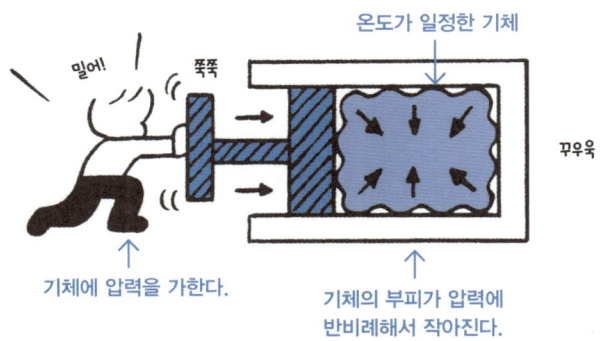

※ 프랑스의 화학자 에듬 마리오트도 이 법칙을 독자적으로 발견했기에
마리오트의 법칙 또는 보일–마리오트의 법칙이라고도 한다.

한편 샤를은 압력이 일정할 때, 기체의 부피는 온도에 비례한다는 법칙을 발견했습니다.

[샤를의 법칙]

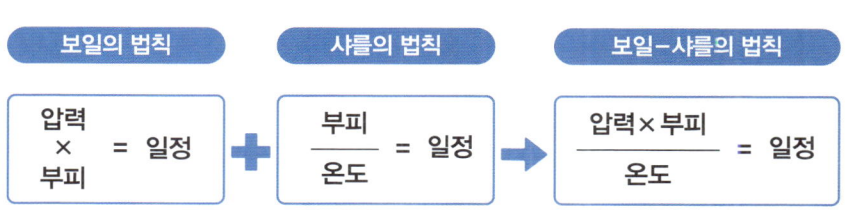

압력이 일정한 기체

께뜨리면
안 돼!

후~
후~

뭉게뭉게

↑
기체의 온도를
높인다.

↑
기체의 부피가 온도에
비례하여 커진다.

※ 이후 프랑스의 **조제프 루이 게이뤼삭** ⑥이 이 법칙을 정밀하게 측정하여 정리했기에,
게이뤼삭의 법칙 또는 샤를-게이뤼삭의 법칙이라고도 한다.

보일의 법칙과 샤를의 법칙은 이후 **보일-샤를의 법칙 ❽** 이라는 하나의 법칙으로 정리되
었습니다.

[보일-샤를의 법칙]

보일의 법칙	샤를의 법칙	보일-샤를의 법칙

$$\text{압력} \times \text{부피} = \text{일정}$$ ➕ $$\frac{\text{부피}}{\text{온도}} = \text{일정}$$ ➡️ $$\frac{\text{압력} \times \text{부피}}{\text{온도}} = \text{일정}$$

※ 두 법칙을 누가 합쳤는지는 알려지지 않았다. 이 법칙이 성립하는 기체를
이상기체(理想氣體)•라고 하며, 실제 기체는 이 법칙을 완벽하게 따르지 않는다.

• 보일·샤를의 법칙이 완전하게 적용된다고 여겨지는 가상의 기체. 고온·저압 아래에서 분자 사이의 상호작용이
전혀 없는 상태를 가리킨다.

앞에서 소개한 게이뤼삭은 **기체 반응 법칙 ❾** 도 발견했는데, 기체 반응 법칙에는 돌턴의 원자론과 모순되는 부분이 있었습니다.

[기체 반응 법칙]

수소 2 : 산소 1 : 수증기(물) 2 ←

기체와 기체가 반응하면 반응 전후의 부피 비를 간단한 정수비로 나타낼 수 있다.

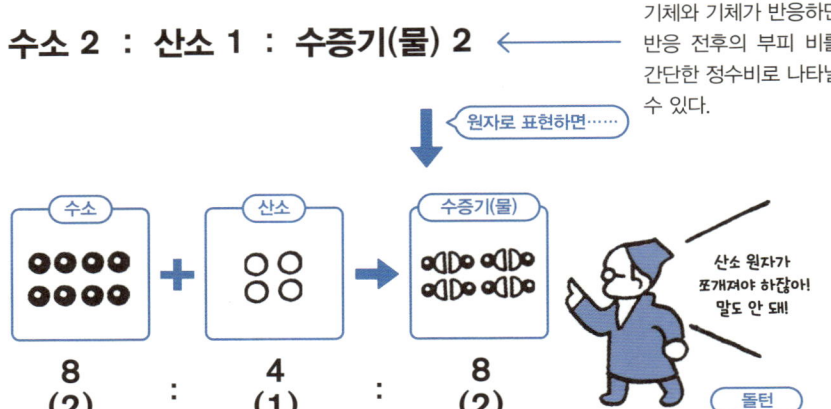

이 모순을 해결한 이론이 바로 1811년에 **아메데오 아보가드로 ⑦** 가 주장한 **분자설 ❿** 입니다. 두 원자가 한 덩어리로 뭉쳐 있다는 발상으로 기체 반응 법칙의 모순을 해결했으니 그야말로 획기적이었지요. 발표 당시에는 별로 지지받지 못했지만, 1860년 국제 화학자 회의에서 주목받은 이후 20세기에 마침내 분자의 존재가 증명되면서 분자설은 화학의 기본 상식이 되었습니다.

[분자설로 설명한 기체 반응 법칙]

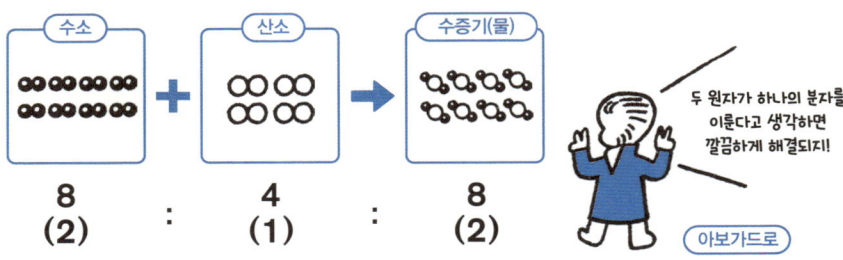

현대 화학으로 향하는 길
―원자의 결합을 둘러싼 수수께끼―

① 원자의 결합을 밝히고자 한 화학자들

18세기 말에 볼타가 발명한 볼타전지(→ p.61)를 이용한 **전기분해⑪** 덕에 새로운 원소가 차례차례 발견되었습니다. 이렇게 발견된 수많은 원소를 표기하기 위해 **옌스 야코브 베르셀리우스⑧**는 알파벳 앞 글자로 원소기호를 표기하는 방식을 고안했습니다.

[볼타 전지에 의한 전기분해]

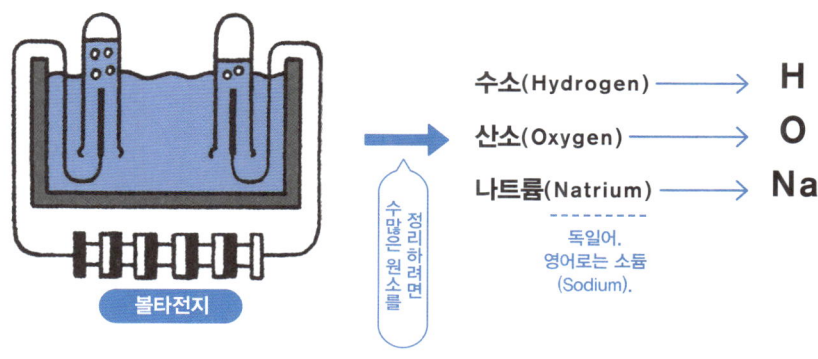

수소(Hydrogen) ⟶ **H**

산소(Oxygen) ⟶ **O**

나트륨(Natrium) ⟶ **Na**

독일어.
영어로는 소듐
(Sodium).

볼타전지

수많은 원소를 정리하려면

앞 글자를 사용하면 표기를
통일할 수 있지.

베르셀리우스

돌턴이 독자적인 기호로 원소를 표기하는 방식을 고안했지만 정착되지 않았다.
이후 원소의 앞 글자를 기호로 표기하는 베르셀리우스의 방식이 등장했다.

베르셀리우스는 물질을 유기물 **12** 과 무기물 **13** 로 분류한 인물이기도 합니다. 당시 유기물은 생명체에서 합성되는 물질, 즉 동식물 및 동식물에서 얻을 수 있는 물질(예: 종이, 염료)을 가리키는 용어였습니다. 그리고 무기물은 생명체에서 합성되지 않는 물질, 즉 광물과 물 등을 가리키는 용어였습니다.

[유기물과 무기물]

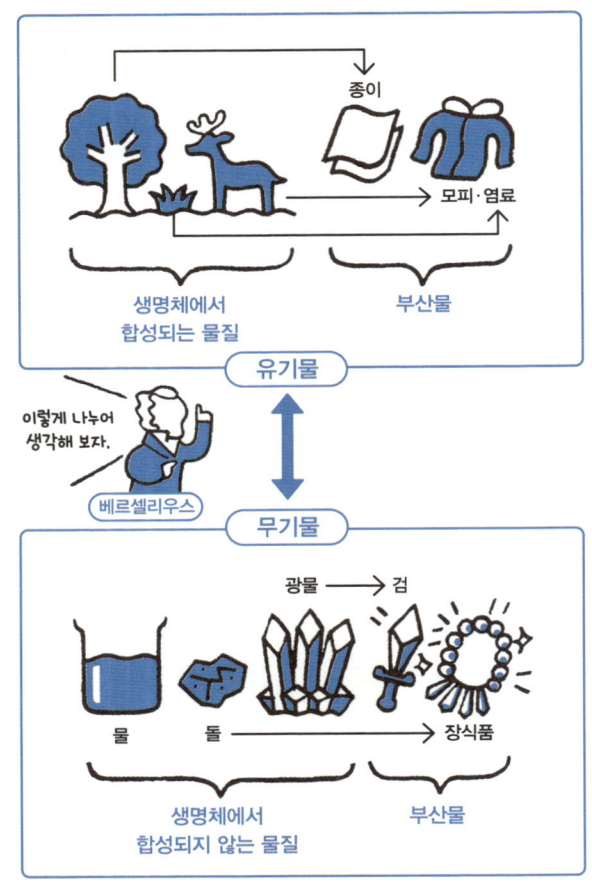

이후 유기물과 무기물의 정의는 화학이 발전하면서 조금씩 달라졌다.

자연계에 수없이 존재하는 유기물을 분석하면 산소, 수소, 탄소, 질소 등 둘질을 구성하는
원소는 극히 소수에 불과합니다. 따라서 원소의 종류가 아니라 원소의 결합 방식에 따라
서로 다른 유기물이 만들어진다고 할 수 있습니다. 이에 따라 화학자들도, 원소의 종류가
아닌 원소 사이의 결합 방식과 결합 형태에 초점을 맞추었습니다.

수많은 유기체를 이루는 원소가 고작 수 종류에 불과하다는 사실은 충격으로 다가왔다.

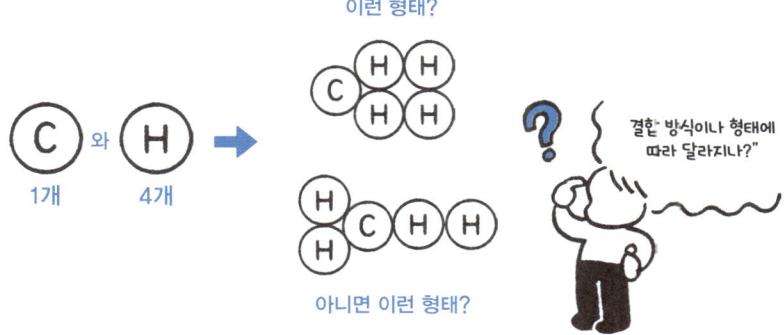

이처럼 물질의 성질은 원소의 종류뿐만 아니라
결합 방식 및 결합 형태와 관련되어 있음이 밝혀졌다.

19세기 이후 각종 실험 도구가 발전하면서 화학 반응의 성질도 조금씩 밝혀졌습니다. 그 결과 원자에는 원자끼리 연결하는 '팔'이 존재하며, 팔끼리 어떻게 연결되느냐에 따라 다양한 화합물이 나온다는 가설이 등장했습니다.

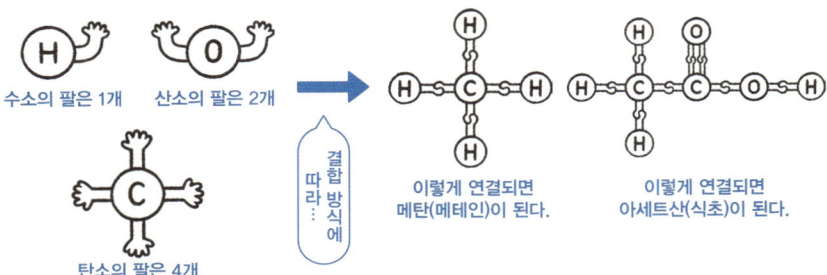

수소의 팔은 1개   산소의 팔은 2개

결합 방식에 따라…

이렇게 연결되면 메탄(메테인)이 된다.   이렇게 연결되면 아세트산(식초)이 된다.

탄소의 팔은 4개

원자마다 팔의 수가 정해져 있다는 개념은 유기화학의 발전으로 이어졌다.

한편 **패러데이** ⑨는 볼타전지를 이용한 전기분해 실험에서 분해된 물질 일부가 전극으로 이동하는 현상을 발견했습니다. 패러데이는 '가다'라는 의미의 그리스어에서 따와, 전극으로 이동하는 물질을 **이온** ⑭이라고 불렀습니다.

??   물질이 둘로 나뉘어 이동했다고?

패러데이

전기분해되어 음극으로 이동하는 물질은 양이온,
양극으로 이동하는 물질은 음이온이라고 한다.

② 원자가 결합하는 형태

20세기가 얼마 남지 않은 19세기 후반, 케쿨레는 벤젠이라는 **유기화합물 15** 이 고리 형태임을 알아냈습니다. 이를 계기로 유기화합물의 구조는 고리 형태와 사슬 형태, 두 가지로 밝혀졌습니다.

[벤젠 분자와 프로페인 분자]

어떤 형태인지 발견했어!

| 벤젠 | 케쿨레 | 프로페인 | 이라는 기체가 된다.

탄소의 팔 4개와 수소의 팔 1개가
결합해서 고리를 만든다.

똑같이 탄소의 팔 4개와 수소의 팔 1개가
결합했지만, 고리가 아닌 사슬 형태이다.

그리고 각 구조에는 화합물에 기능을 부여하는 작은 원자단이 붙어 있었습니다. 이 원자단이 화합물의 성질을 결정하는 요인이었지요. 화합물의 작용을 담당하는 원자단을 **작용기 16** 라고 합니다.

[프로페인과 프로판올]

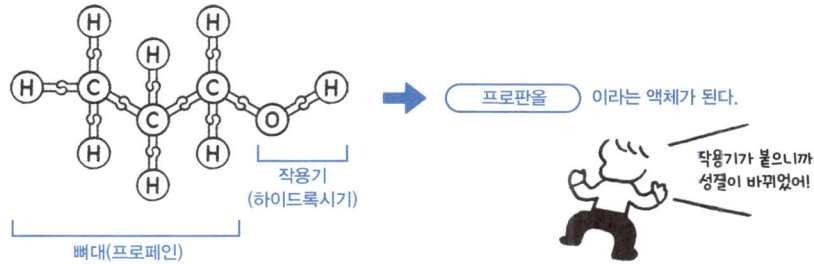

작용기
(하이드록시기)

| 프로판올 | 이라는 액체가 된다.

작용기가 붙으니까
성질이 바뀌었어!

뼈대(프로페인)

마찬가지로 19세기 후반의 과학자인 **드미트리 멘델레예프**⑩는, 원소기호를 원자량 순으로 나타내면 성질이 비슷한 원소가 주기적으로 나열된다는 사실을 알아냈고, 이 주기에 따라 표를 만들었습니다. 이 표가 바로 화학 교과서에 빠지지 않고 나오는 **주기율표** ⑰입니다. 초창기 주기율표는 주기 법칙에 맞는 원소가 없으면 빈칸으로 남겼습니다. 이후 주기 법칙을 만족하면서 빈칸에 들어가는 원소가 차례차례 발견되었습니다. 주기율표는 당시 발견되지 않았던 원소의 존재까지도 예측한 표였습니다.

[초창기 주기율표]

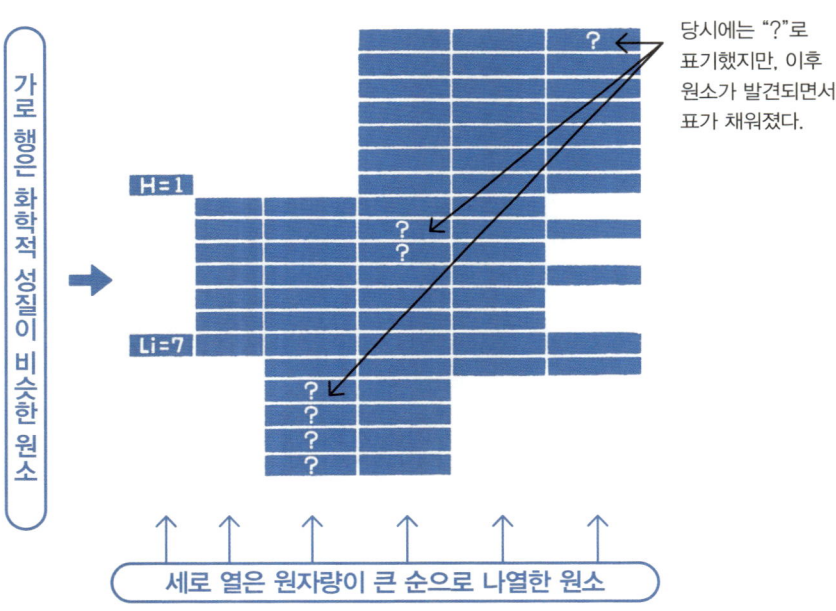

가로 행은 화학적 성질이 비슷한 원소

H=1

Li=7

당시에는 "?"로 표기했지만, 이후 원소가 발견되면서 표가 채워졌다.

세로 열은 원자량이 큰 순으로 나열한 원소

주기율표는 그야말로 눈부신 발명이었지만, 당시 과학자들은 이러한 주기가 왜 존재하는지까지는 몰랐습니다. 전자 배치와 관련된 이유였지만, 이는 20세기가 되어서야 밝혀졌습니다.

현대 화학의 이론
−화학의 산물을 누리는 현대−

① 원자의 정체

원자란 원래 '더 이상 나눌 수 없는 물질'이라는 의미 그대로, 더 나눌 수 없다고 여겼습니다. 그러나 19세기 후반에 **조지프 존 톰슨**⑪이 원자 안에 음**전하**⑱를 띠는 입자가 존재한다는 사실을 발견했습니다. 게다가 그 입자의 질량은 수소 원자의 1,000분의 1 정도였습니다. 이후 '**전자**⑲'라는 이름이 붙은 이 입자는 화학의 발전에 지대한 공헌을 했습니다.

[톰슨의 실험 장치]

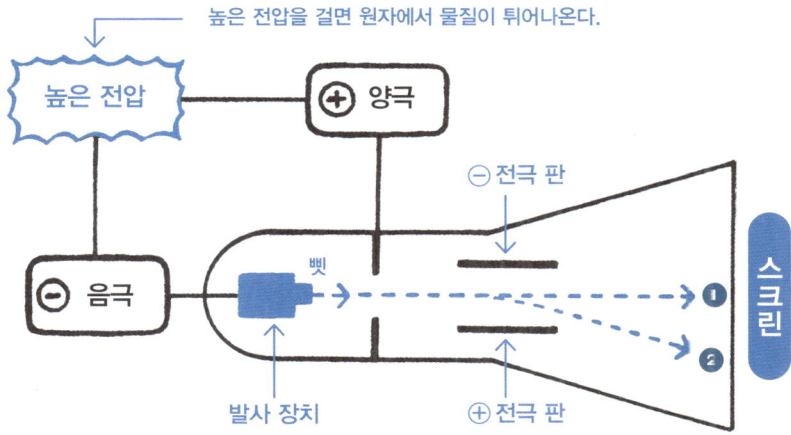

발사 장치에서 튀어나온 물질은……

❶ 전극 판에 전압을 걸지 않으면 직진한다.

❷ 전극 판에 전압을 걸면 ⊕전극 판 쪽으로 휘어진다.
  = ⊖전하를 가진 물질이다.

그렇다면 전자는 원자 안에서 어떤 형태로 존재할까요? 20세기 초, 러더퍼드와 보어 같은
화학자들은 원자핵 주위의 궤도들을 따라 전자가 도는 모형(→ p.109)을 고안했습니다.

[원자의 구조]

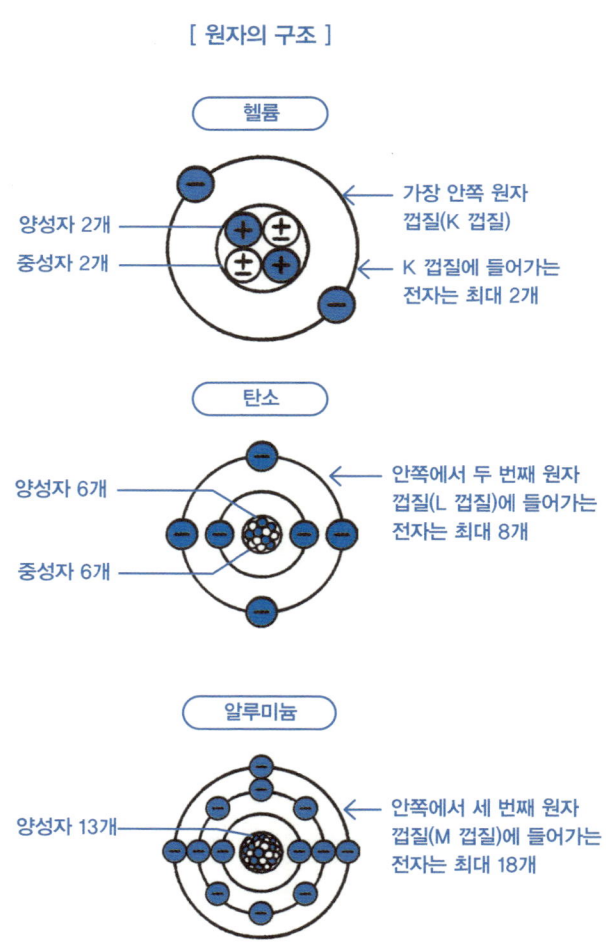

헬륨

가장 안쪽 원자
껍질(K 껍질)

양성자 2개

중성자 2개

K 껍질에 들어가는
전자는 최대 2개

탄소

양성자 6개

중성자 6개

안쪽에서 두 번째 원자
껍질(L 껍질)에 들어가는
전자는 최대 8개

알루미늄

양성자 13개

안쪽에서 세 번째 원자
껍질(M 껍질)에 들어가는
전자는 최대 18개

이렇게 전극으로 이동하는 이온의 정체가 밝혀졌습니다. 음극으로 이동하는 양이온은 전자를 잃고 양전하(→ p.60)를 띤 원자, 양극으로 이동하는 음이온은 전자가 붙어 음전하를 띤 원자였지요.

[이온의 구조]

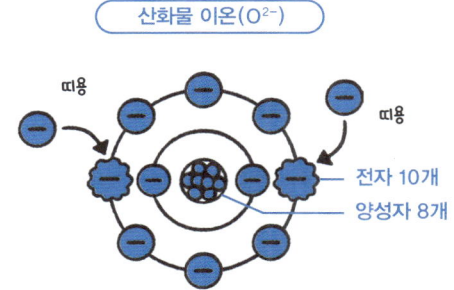

수소 이온(H⁺)

띠용
원자핵
전자 0개
양성자 1개

K 껍질의 전자가 튀어나오면서 양전하를 띤다.

산화물 이온(O²⁻)

띠용
띠용
전자 10개
양성자 8개

L 껍질의 전자가 들어갈 공간에 전자가 2개
들어오면서 음전하를 띤다.

그리고 양성자 수는 같은데 중성자 수가 다른 원자도 발견되었습니다. 이러한 원자를 **동위원소 ⑳** 라고 하는데, 동위원소가 발견되면서 같은 원소가 여러 종류 존재할 가능성이 생겼고, **원소 ❷** 와 **원자 ❶** 의 정의도 새롭게 바뀌었습니다.

[동위원소의 구조]

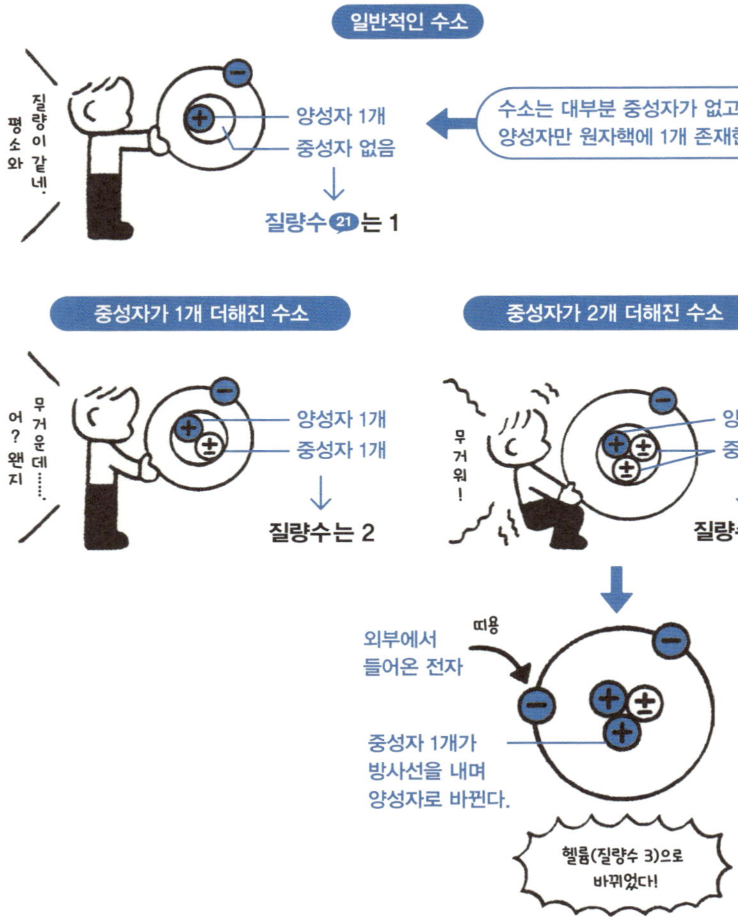

일반적인 수소

질량이 같네.
평소와

양성자 1개
중성자 없음

수소는 대부분 중성자가 없고
양성자만 원자핵에 1개 존재한다.

↓

질량수 ㉑ 는 1

중성자가 1개 더해진 수소

무거운데……
어? 왜지

양성자 1개
중성자 1개

↓

질량수는 2

중성자가 2개 더해진 수소

무거워!

양성자 1개
중성자 2개

↓

질량수는 3

띠옹

외부에서
들어온 전자

중성자 1개가
방사선을 내며
양성자로 바뀐다.

헬륨(질량수 3)으로
바뀌었다!

② 결합 방식의 정체

전자가 발견되면서 원자와 원자의 결합 방식도 밝혀졌습니다. 현대 화학에서는 원자의 결합 방식을 공유 결합, 이온 결합, 금속 결합으로 분류하는데요. 이 세 화학 결합을 알아봅시다.

[다양한 화학 결합]

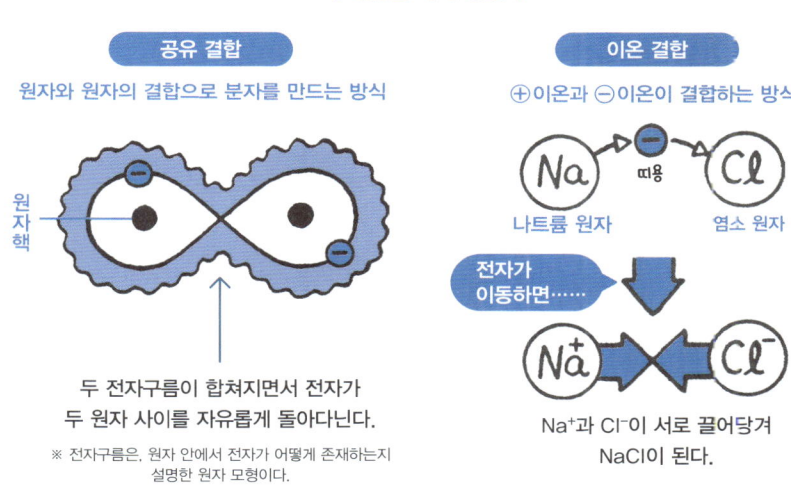

공유 결합
원자와 원자의 결합으로 분자를 만드는 방식

원자핵

두 전자구름이 합쳐지면서 전자가
두 원자 사이를 자유롭게 돌아다닌다.

※ 전자구름은, 원자 안에서 전자가 어떻게 존재하는지
　　설명한 원자 모형이다.

이온 결합
⊕이온과 ⊖이온이 결합하는 방식

Na　띠용　Cl
나트륨 원자　　염소 원자

전자가
이동하면……

Na^+　　Cl^-

Na^+과 Cl^-이 서로 끌어당겨
NaCl이 된다.

금속 결합
모든 원자의 전자껍질이 합쳐져 전자가
그 안을 자유롭게 움직이는 결합

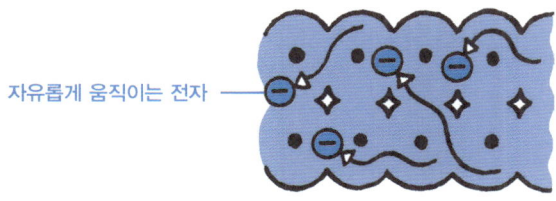

자유롭게 움직이는 전자

금속이 구부러지거나 늘어나는 이유도
금속 결합 덕분이다.

그리고 주기율표에 따라 성질이 닮은 원소가 왜 존재하는지도 원자끼리 전자를 주고받는 원리로 설명할 수 있습니다.

주기율표와 이온

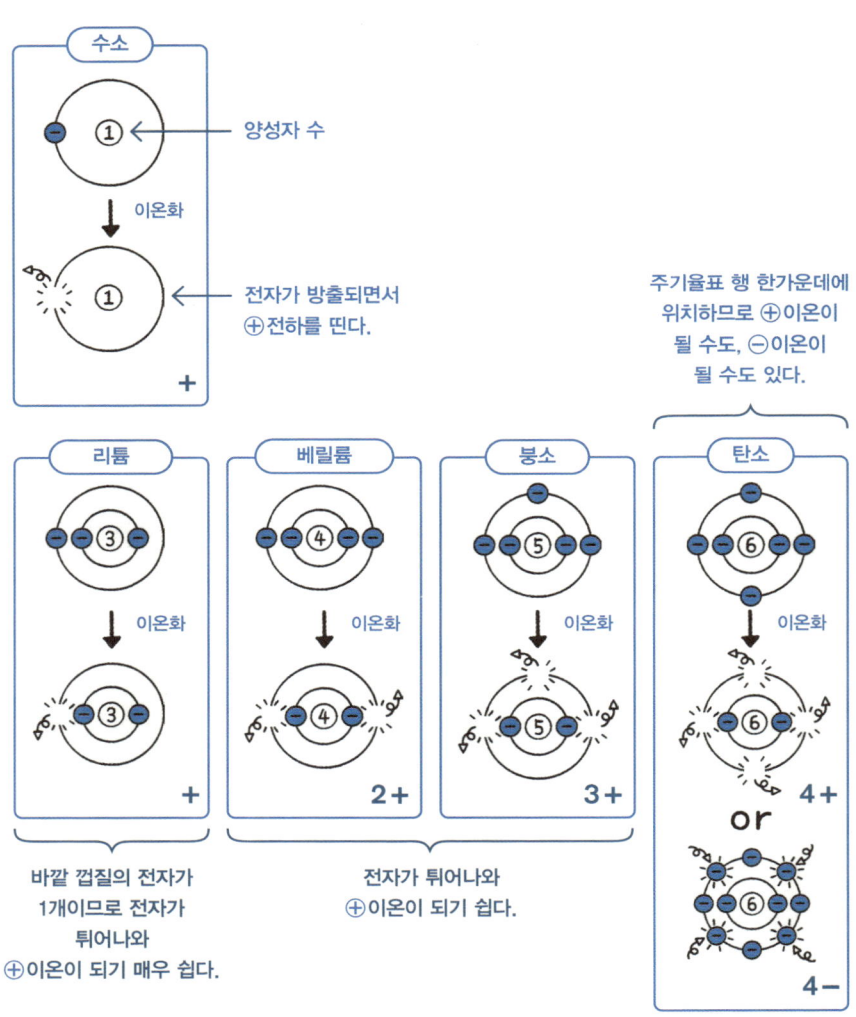

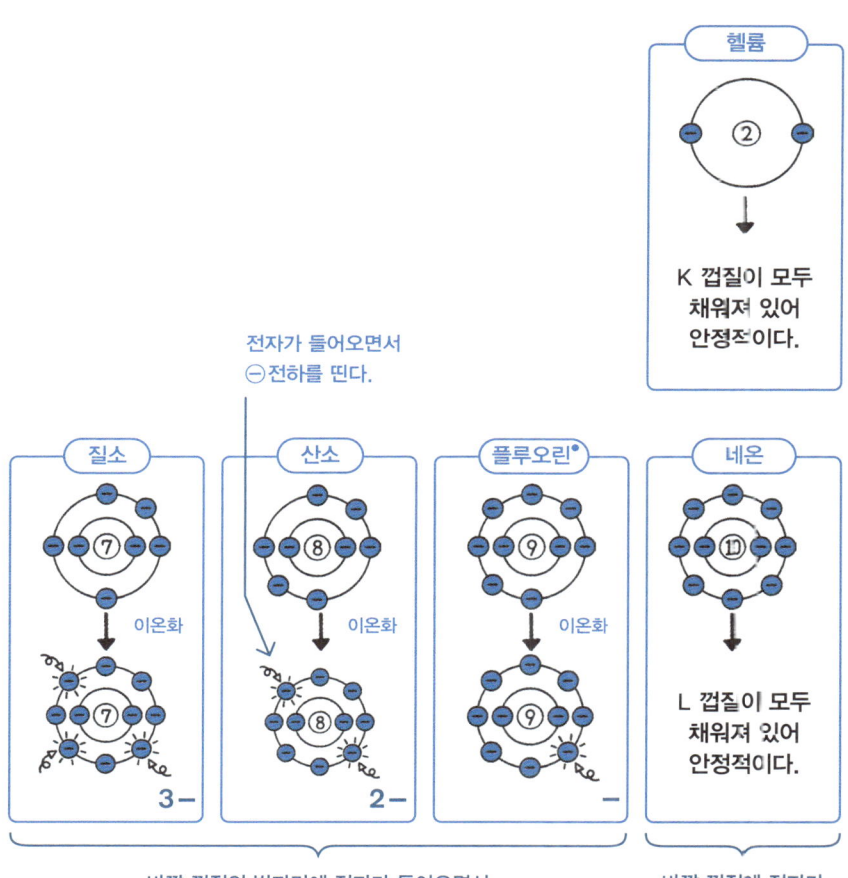

헬륨

②

K 껍질이 모두
채워져 있어
안정적이다.

전자가 들어오면서
㊀전하를 띤다.

질소

⑦

이온화

⑦

3−

산소

⑧

이온화

⑧

2−

플루오린●

⑨

이온화

⑨

−

네온

⑩

L 껍질이 모두
채워져 있어
안정적이다.

바깥 껍질의 빈자리에 전자가 들어오면서
㊀이온이 되기 쉽다.

바깥 껍질에 전자가
모두 채워져 있어
안정적이므로 이온으로
거의 바뀌지 않는다.

● 불소.

한편, 크기가 매우 작은 원자와 분자의 질량과 양을 일관되게 측정할 수 있는 기준도 만들었습니다. 바로 $6.02214076 \times 10^{23}$(아보가드로 상수 ㉒)개를 단위로 삼은 몰 ㉓(mole, 독일어로 분자를 뜻함)입니다. 원래 몰의 정의는 탄소 12g 안에 들어 있는 원자의 수였습니다. 탄소 12g을 기준으로 하면 가장 가벼운 원자인 수소 1몰이 거의 1g과 같기 때문이지요. 하지만 2019년에 개정되면서 1몰은 탄소량을 기준으로 삼았던 기존의 정의에서 벗어나 순수하게 $6.02214076 \times 10^{23}$이라는 값이 되었습니다.

[몰의 발명]

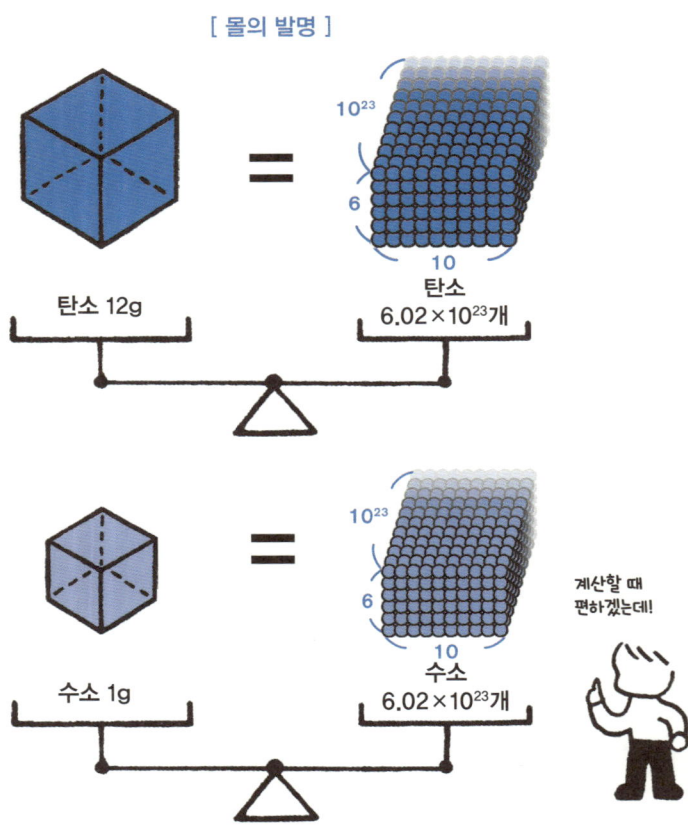

몰 개념이 도입되면서 라부아지에부터 시작된
정량적 관찰이 한층 발전했다.

② 현대 화학의 발전

지금까지 화학의 역사를 간략하게 알아봤습니다. 현대가 되면서 화학은 환경 문제와 떼려야 뗄 수 없는 관계가 되었습니다.

제1차 세계대전은 화학전, 제2차 세계대전은 물리전이라고도 합니다(→ p.27). 그리고 20세기가 되자 사람들은 농작물을 효율적으로 대량 생산하기 위해 화학적인 농약을 대량으로 사용했습니다. 이를 두고 미국의 해양생물학자 **레이철 카슨**⑫은 1962년에 펴낸 자신의 저서 《**침묵의 봄**》❷❹을 통해 DDT를 비롯한 화학 물질 남용의 위험성을 고발하고 환경 파괴에 대한 우려를 표했습니다.

[DDT가 생태계에 미치는 영향]

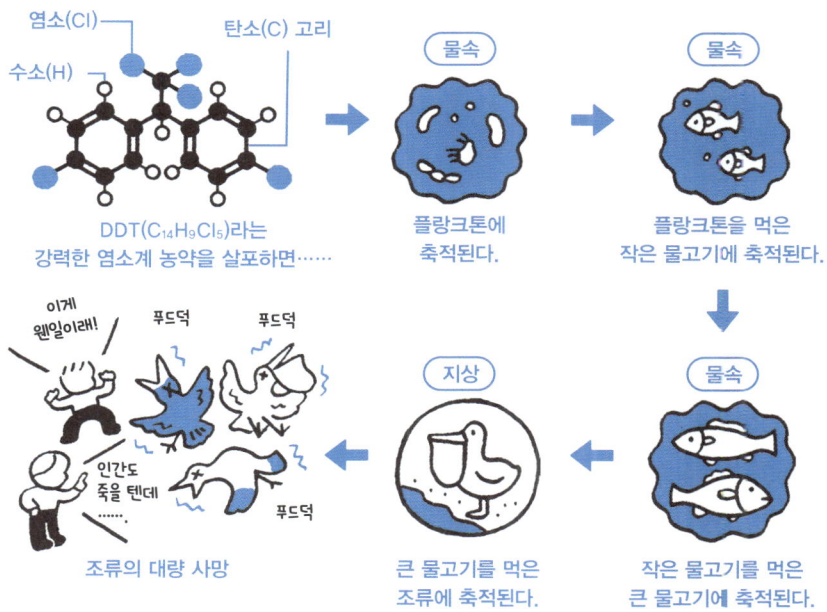

DDT는 잘 분해되지 않는 데다 몸 밖으로도 잘 배출되지 않으므로 먹이 사슬을 거치며
생물의 몸 안에 쌓여 응축된다. 그 결과 생태계 상위 단계에 위치하는 생물의 몸 안에는
매우 높은 농도의 DDT가 쌓이고, 결국 대량 사망으로 이어진다.

한편, 20세기에는 중합체(polymer)라는 긴 사슬 형태의 분자가 하나둘씩 인공적으로 만들어졌습니다. 폴리에틸렌과 폴리프로필렌 같은 플라스틱이나, 나일론과 폴리에스터 같은 섬유가 대표적인 중합체입니다. 이 중합체를 연구하는 학문인 **고분자화학 ㉕** 덕에 우리의 생활은 매우 편해졌습니다. 그러나 중합체는 환경에 큰 영향을 미치므로, 현대 과학자들이 해결해야 할 중요한 과제이기도 합니다.

[폴리에틸렌이 생태계에 미치는 영향]

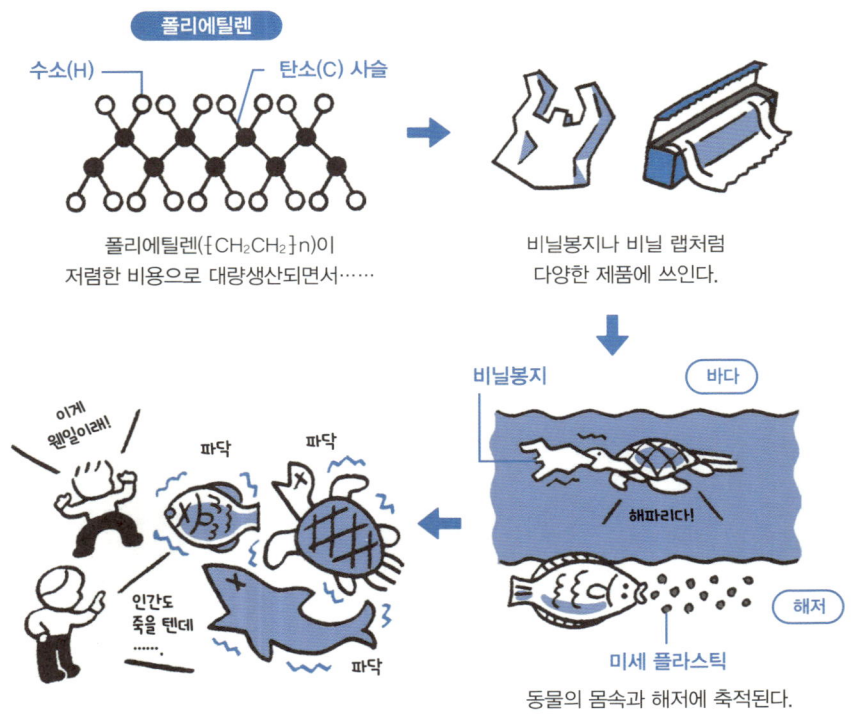

폴리에틸렌($\{CH_2CH_2\}n$)이
저렴한 비용으로 대량생산되면서……

비닐봉지나 비닐 랩처럼
다양한 제품에 쓰인다.

동물의 몸속과 해저에 축적된다.

고분자화합물 역시 잘 분해되지 않고 몸속과 자연환경에 쌓이므로
생태계와 인체에 미칠 영향을 생각해야 한다.

현대 화학은 새로운 원소를 합성하고 새로운 화합물을 만들어내고 새로운 기술을 개발하여 실용화하는 등 눈부신 발전을 보여 주고 있습니다. 화학은 우리의 생활을 풍족하게 해주는 장본인인 만큼 평소 우리가 바른 생활을 실천하면 환경 보호로 이어진다고 믿습니다.

화학과 함께 발전한 사회와 환경 보호에 대한 국민 의식은 하나이다.

이번 장은 여기까지입니다. 여러분께서 화학에 흥미를 품고 환경 보호에 대한 의식을 가져주신다면 기쁘겠습니다.
벌써 다음 장이 마지막이네요. 마지막 장에서는 과학의 역사가 아닌 지구의 역사를 들여다보겠습니다.

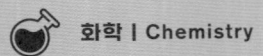

핵심 용어와 핵심 인물을 알아보자
KEYWORD & KEYPERSON

만물의 근원은 무엇일까요? 그리고 우리가 사는 이 세상은 무엇으로 이루어져 있을까요? 고대 그리스부터 시작된 이 물음의 해답을 찾고자 한 노력은 원자와 분자라는 개념으로 이어졌습니다. 전기분해로 발견된 수많은 원소는 주기율표의 형태로 정리되었고, 전자의 발견을 계기로 고안된 원자 모형들을 통해 이온의 메커니즘과 원자의 구조가 밝혀졌습니다. 이러한 연구를 바탕으로 개발된 화학 제품은 우리의 생활을 풍족하게 만들었지만, 생각지도 못한 형태로 환경과 생태계에 악영향을 미치기도 했습니다.

※ 앞 Chapter에서 소개한 키워드는 간단하게만 짚고 넘어갑니다.

7-1
만물의 근원은 무엇일까?
- 4원소설부터 분자설까지-

KEYWORD

❶ 원자 (→ Chapter 4 p.109)

atom

물질의 기본 구성단위.

➡ 원래는 나뉘지 않는 물질의 최소 단위로 여겨졌으나, 전자를 비롯한 기본입자가 원자 안에서 발견되면서 최소 단위는 기본입자로 바뀌었다. 원소와 달리 원자는 실제 물질이다.

❷ 원소(元素)

element

물질을 이루는 기본 구성 요소.

➡ 원래는 물질을 이루는 가장 기본적인 최소 요소로 여겨졌으나, 동위원소(→ p.234)가 발견되면서 같은 원자도 여러 종류가 있다는 사실이 밝혀졌고, 현재는 원자번호로 구분된 원자의 종류를 나타내는 개념을 통틀어 원소로 부르게 되었다. 원자와 달리 원소는 개념이다.

❸ 연금술 (→ Chapter 1 p.24)

alchemy

금과 만병통치약 등을 인공적으로 만들어내려 했던 기술.

➡ 아리스토텔레스가 주장한 4원소(물, 불, 흙, 공기)와 4성질(뜨거움, 차가움, 습함, 건조함)의 영향을 받아 발전했다. 헬레니즘* 시대의 학자들은 모든 물질이 4원소와 4성질의 조합으로 이루어져 있다고 생각했다. 한편, 고대 중국에서도 불로장성약을 만들어내기 위해 연단술을 연구했다고 한다.

❹ 산성(酸性)

acidity

수소 이온(H^+)의 작용으로 신맛을 내는 성질.

➡ 수용액의 수소 이온(H^+) 농도가 물보다 높고, 상온에서 수용액의 수소 이온 농도지수 pH가 7보다 작다.

❺ 염기성(알칼리성)

basicity/alkalinity

수산화 이온(OH^-)의 작용으로 산을 중화하여 염을 만드는 성질.

➡ 수용액에서 수산화 이온(OH^-)을 만든다. 상온에서 수용액의 수소 이온 농도지수 pH가 7보다 크다.

❻ 분석

analysis

모든 현상을 요소와 성분으로 나누어 조성과 배합을 밝히는 행위.

➡ 화학 분야에서 분석이라는 용어를 처음 제안한 인물은 보일, 분석을 학문적으로 체계화한 인물은 라부아지에이다.

• 기원전 334년 알렉산더 대왕의 동방 원정에서부터 기원전 30년 로마의 이집트 병합 때까지, 그리스와 오리엔트가 서로 영향을 주고받음으로써 생긴 역사적 현상. 세계 시민주의·개인주의적 경향이 나타났으며 자연과학이 발달하였다.

❼ 정량적(定量的)

quantitative

수치와 수량으로 나타낼 수 있는 성질.

➡ 반대로 수치와 수량으로 나타낼 수 없는 성질을 정성적(定性的, qualitative)이라고 한다.

❽ 보일–샤를의 법칙

Boyle-Charles' law

기체의 부피는 압력에 반비례하고 절대 온도에 비례한다는 법칙.

➡ 온도가 일정할 때 기체의 부피가 압력에 반비례한다는 법칙은 1660년에 보일이 발견했다. 그리고 압력이 일정할 때 기체의 부피가 절대 온도에 비례한다는 법칙은 1787년에 샤를이 발견했다. 이후 두 법칙은 보일–샤를의 법칙으로 정리되었다.

❾ 기체 반응 법칙

law of gaseous reaction

온도와 압력이 같을 때 서로 반응한 기체의 부피 사이에 간단한 정수비가 성립한다는 법칙.

➡ 1808년에 게이뤼삭이 발견했다. "원자는 나뉘지 않는다"라는 돌턴의 원자론과 모순되었는데, 이 모순은 아보가드로가 분자설을 발견하는 계기가 되었다.

❿ 분자설

molecular theory

기체의 최소 단위는 원자 하나가 아니라, 원자 여러 개로 이루어진 분자라는 이론.

➡ 분자(molecule)는 라틴어로 덩어리를 뜻하는 moles와, 작다는 뜻의 cula를 합쳐서 만든 말이다.

KEYPERSON

① 데모크리토스

Dēmokritos(B.C. 460~B.C. 370 추정)

고대 그리스의 철학자.

➡ 스승인 레우키포스의 뒤를 이어 원자론을 체계화했다. 무수히 많은 아톰(atom, 나뉘지 않는 것)이 운동하며 무한히 펼쳐진 공허가 존재한다고 주장했다. 이 공간에서는 아톰의 형태와 크기와 배열에 따라 다양한 현상이 일어난다고 한다. 다방면에 걸쳐 저서를 수없이 남겼지만, 현대에는 극히 일부밖에 남지 않았다.

② 아리스토텔레스   (→ Chapter 1·5)

Aristotelēs(B.C. 384~B.C. 322)

고대 그리스의 위대한 철학자.

➡ 아리스토텔레스는 지상의 물질이 물, 불, 흙, 공기라는 네 가지 기본 원소로 이루어져 있고, 우주는 제5 원소인 에테르로 가득하다고 주장하여 데모크리토스의 원자론에 반대했다.

③ 로버트 보일

Robert Boyle(1627~1691)

영국의 물리학자, 화학자.

➡ 근대 화학의 시조. 공기 펌프를 만들어 진공 조건에서 다양한 실험을 수행하였고, 그 과정에서 보일의 법칙을 발견했다. 그리고 아리스토텔레스의 4원소설을 비판하고 기계론적 · 입자론적 철학을 지지했다.

④ 앙투안 라부아지에 (→ Chapter 1)
Antoine-Laurent Lavoisier(1743~1794)
프랑스의 화학자
➡ 근대 화학의 아버지. 정확한 수치와 수량으로 나타내는 정량적 관찰을 중시했으며, 질량보존법칙과 연소 이론을 발견했다. 그뿐만 아니라 물의 분해 및 합성 실험으로 물이 원소임을 부정하고, 나눠지지 않는 분석의 도달점을 원소로 부르자고 주장했으며, 원소를 33종이나 발견했다. 산을 만드는 물질이라는 뜻에서 산소(酸素)라는 이름을 붙인 인물이기도 하다. 프랑스 혁명 당시 처형당했다.

⑤ 존 돌턴
John Dalton(1766~1844)
영국의 화학자, 물리학자.
➡ 부분압력법칙과 배수비례법칙을 발견했으며, 철학적 성향이 강했던 원자론을 과학의 영역으로 끌어올려 근대 원자론의 기초를 세웠다. 자신이 색각이상(色覺異常)˙임을 깨닫고 직접 색각이상을 연구한 인물로도 유명하다. 만년에는 오로라를 연구했다고 한다.

⑥ 조제프 루이 게이뤼삭
Joseph Louis Gay-Lussac(1778~1850)
프랑스의 화학자, 물리학자.
➡ 기체의 부피가 절대온도˙˙에 비례한다는 법칙을 수치로 나타냈다. 그리고 물이 만들어질 때 산소와 수소가 거의 1:2의 부피 비로 결합한다는 사실을 발견했다. 그뿐만 아니라 서로 다른 기체끼리 반응할 때도 부피 비를 간단한 정수비로 나타낼 수 있음을 발견하고 이를 기체 반응 법칙으로 일반화했다.

⑦ 아메데오 아보가드로
Amedeo Avogadro(1776~1856)
이탈리아의 물리학자, 화학자.
➡ 모든 기체는 온도와 압력과 부피가 같다면 분자 수가 같다는 아보가드로 법칙을 만들어, 게이뤼삭의 기체 반응 법칙과 돌턴의 원자론 사이의 모순을 해결했다. 그러나 당시 사람들은 이를 받아들이지 않았고, 아보가드로 법칙은 50년이 지나서야 인정받았다.

· 색을 식별하는 감각의 이상. 보통 색맹과 색약을 이른다.
·· 물질의 특이성에 의존하지 않고 눈금을 정의한 온도. 영하 273.15℃를 기준으로 하여, 보통의 섭씨와 같은 간격으로 눈금을 붙였다. 단위는 켈빈(K).

7-2
현대 화학으로 향하는 길
– 원소의 결합을 둘러싼 수수께끼 –

KEYWORD

⑪ 전기분해

electrolysis

전해질 수용액에 전기를 흘려 화학 반응을 일으킴으로써 물질을 분해하는 방법.

➡ 패러데이는 전기분해 법칙을 세워 전기분해로 만들어진 물질의 양과 전기량의 관계를 설명했다. 전기분해 과정에서 석출되는 물질의 양은 전기량에 비례하며, 1g당량의 물질을 석출하는 데 필요한 전기량은 물질의 종류와 상관없이 일정한데, 이 값을 패러데이 상수라고 한다.

⑫ 유기물

organic matter

탄소가 포함된 화합물.

➡ 원래 유기물의 정의는 생명체에서 합성되는 물질이었다. 동식물 같은 생명체는 유기물로 이루어져 있다. 영어 organic의 어원은 내장(內臟) 기관을 뜻하는 그리스어 organon이다.

⑬ 무기물

inorganic matter

물, 공기, 광물 등 유기물 이외의 모든 화합물.

➡ 기본적으로 탄소가 포함되지 않는 화합물을 가리키지만, 탄산염처럼 탄소가 들어 있는데도 무기물로 분류되는 화합물도 일부 존재한다.

⑭ 이온

ion

전하를 띤 원자 및 원자단.

➡ 전자가 빠져 양전하를 띠는 물질을 양이온, 전자가 더해져 음전하를 띠는 물질을 음이온이라고 한다.

⑮ 유기화합물

organic compound

탄소가 포함된 화합물의 총칭.

➡ 이산화탄소 같은 탄소 산화물이나 금속의 탄산염처럼 구조가 간단한 일부 화합물은 유기화합물에서 제외된다. 골격 구조에 따라 분류하면, 크게 고리 구조가 있는 고리 화합물과 고리 구조가 없는 사슬 화합물로 나뉜다. 그리고 고리 화합물은 고리에 탄소 원자 이외의 원자가 포함된 헤테로 고리 화합물과 오로지 탄소 원자로만 고리가 구성된 탄소 고리 화합물로 다시 나뉜다.

⑯ 작용기(作用基)

functional group

유기화합물의 특징적인 화학반응을 담당하는 원자단.

➡ 특징적인 화학반응을 담당하므로 유기화합물을 분류하는 기준이 된다. 예를 들어 카복시기(–COOH)가 있는 유기화합물은 카복실산, 알데하이드기(–CHO)가 있는 유기화합물은 알데하이드, 하이드록시기(–OH)가 있는 유기화합물은 알코올이라고 한다.

⑰ 주기율표

periodic table

주기율에 따라 원소를 배열한 표.

➡ 멘델레예프가 1869년 당시 알려진 원소 63종을 표로 정리했다. 이후 나선형 주기율표, 입체형 주기율표, 확장 주기율표 등 다양한 주기율표가 등장했다.

KEYPERSON

⑧ 옌스 야코브 베르셀리우스
Jöns Jacob Berzelius(1779~1848)
스웨덴의 화학자.
➡ 볼타전지로 전기분해 실험을 하여 모든 화합물이 플러스와 마이너스로 나뉜다는 전기화학적 이원론을 최초로 주장했다. 그리고 돌턴의 원자론을 바탕으로 원소들의 원자량을 정하는 한편, 원소의 앞글자로 원소 및 원자량을 나타내는 새로운 원소기호를 고안했다.

⑨ 마이클 패러데이   (→ Chapter 2)
Michael Faraday(1791~1867)
영국의 화학자, 물리학자.
➡ 전자기유도 법칙을 발견하여 물리학에 이바지했다. 화학 분야에서는 이산화탄소·황화수소·염소의 액화에 성공했고, 벤젠(탄소 원자 6개가 정육각형 고리를 이루는 대표적 방향족 탄화수소)도 발견했다. 이온을 발견하여 전기분해 법칙을 만든 인물이기도 하다.

⑩ 드미트리 멘델레예프
Dmitri Ivanovich Mendeleev(1834~1907)
러시아의 화학자.
➡ 원소를 원자량 순으로 나열하면 성질이 닮은 원소가 주기적으로 나타나는 법칙(주기율)을 발견하고 이에 따라 원소를 정리한 표를 만들었다. 이 표를 주기율표라고 한다.

7-3
현대 화학의 이론
– 화학의 산물을 누리는 현대 –

KEYWORD

⑱ 전하   (→ Chapter 2 p.60)
electric charge
물체가 띠는 전기 및 전기의 양.
➡ 양성자는 양전하를 띠고 전자는 음전하를 띤다. 그리고 전자는 톰슨의 실험으로 발견되었는데, 발사된 전자가 양극 쪽으로 휘어지는 현상을 보고 톰슨은 전자가 음전하를 띤다는 사실을 깨달았다.

⑲ 전자   (→ Chapter 2·4 p.67·109)
electron
원자 안에서 원자핵 주위에 분포하는 기본입자. 음전하를 띤다.
➡ 원자핵을 도는 전자 궤도를 전자껍질이라고 하는데, 원자핵에 가까운 껍질부터 순서대로 K 껍질, L 껍질, M 껍질……이라고 한다. 원자핵에 가장 가까운 껍질이 K인 이유는 나중에 K 껍질보다 안쪽에서 새로운 전자껍질이 발견될 가능성을 염두에 두었기 때문이다. 각 전자껍질에 들어가는 최대 전자 수는 2, 8, 18…… 등 $2n^2$개이다.

⑳ 동위원소
isotope
원자핵 안에 존재하는 중성자 수가 다른 원자.
➡ 중성자 수는 달라도 양성자 수는 같으므로 동위원소는 같은 주기율표 칸에 존재한다. 이 때문에 같다는 뜻의 그리스어 isos와 장소를 뜻하는 그리스어 topos를 합쳐 isotope라는 이름이 붙었다. 중성자 수에 따라 원자의 질량수가 다르다.

㉑ 질량수
mass number
원자핵을 구성하는 양성자 수와 중성자 수의 합.
➡ 질량수가 다른 동위원소를 구별할 때는 원자기호 왼쪽 위에 ^{16}O, ^{17}O처럼 질량수를 함께 표기한다.

㉒ 아보가드로 상수
Avogadro constant
분자 1몰 안에 있는 입자의 수로, 엄밀히는 $6.02214076 \times 10^{23}$이다.
➡ 분자설을 주장한 아보가드로의 이름을 딴 상수이다. 원래는 '아보가드로 수'였지만, 모든 물질에 적용되는 보편적인 수(물리 상수)임이 밝혀지면서 1969년에 아보가드로 상수로 이름이 바뀌었다.

㉓ 몰
mole
원자와 분자의 양을 나타내는 단위. 1몰은 $6.02214076 \times 10^{23}$개이다.
➡ 원래 정의는 "탄소 12g 안에 존재하는 원자량"이었지만, 2019년에 아보가드로 상수를 이용하여 새롭게 정의하면서 순수하게 $6.02214076 \times 10^{23}$이라는 값이 되었다.

㉔ 《침묵의 봄》
Silent Spring
미국의 해양생물학자 레이철 카슨의 저서. 1962년에 간행되었다.
➡ 유기화합물로 만든 농약이 자연의 균형을 파괴한다는 경고를 담은 이 책은 베스트셀러가 되었고, 이후 생태학 활동이 발전하는 데 크게 이바지했다.

㉕ 고분자화학
polymer chemistry
분자량이 약 1만 이상인 거대 분자를 연구하는 학문.
➡ 고분자화합물은 분자가 거대하여 기체로는 존재할 수 없고 상온에서는 고체로, 가열하면 점도 높은 액체로 존재한다. 고분자화학이 있었기에 합성섬유와 플라스틱처럼 현대에 없어서는 안 될 소재가 개발될 수 있었다.

KEYPERSON

⑪ 조지프 존 톰슨

Joseph John Thomson(1856~1940)
영국의 물리학자.

➡ 진공 방전 연구로 1897년에 전자를 발견했고, 전자가 원자의 중요 구성 요소임을 밝혀냈다. 그리고 이를 바탕으로 원자모형을 만들어 이후 러더퍼드가 원자모형을 구상하는 데 영향을 주었다. 1906년에 노벨 물리학상을 받았다.

⑫ 레이철 카슨

Rachel Louise Carson(1907~1964)
미국의 해양생물학자, 작가.

➡ 어렸을 때부터 작가를 꿈꿨으며 대학에서 문학을 전공했다. 생명과학에도 흥미를 보인 카슨은 대학원에 진학하여 해양생물학을 연구했다. 농약의 위험성을 경고한 저서 《침묵의 봄》은 전 세계에 크나큰 충격을 주었고, 자연보호와 환경보호 의식을 일깨우는 계기가 되었다.

8

Chapter

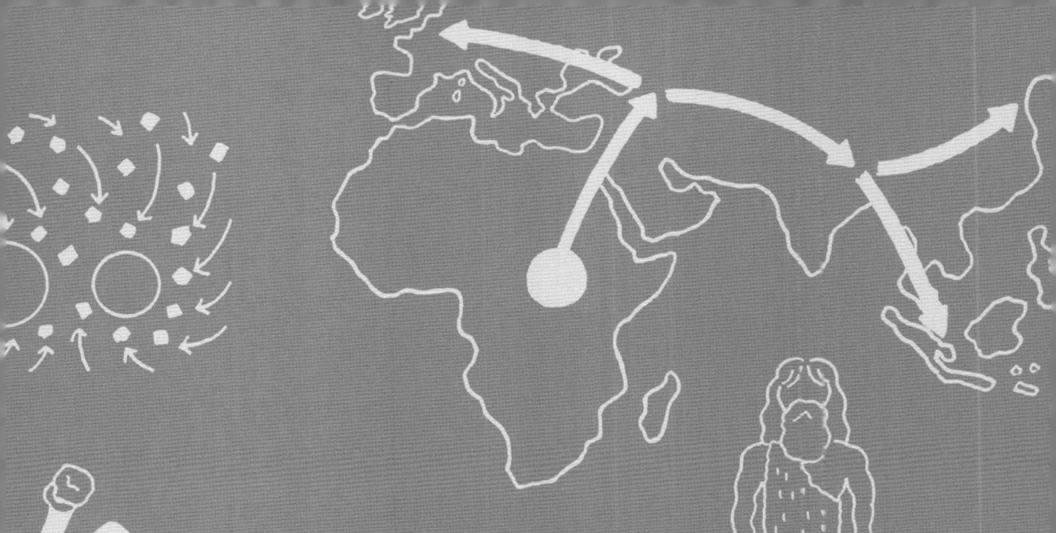

지구사
History of earth

'태양계의 탄생'은 어떻게
'인류의 탄생'으로 이어졌을까?

8장에서는 태양계의 탄생부터 인류의 탄생까지 지구의 역사를 배워 보겠습니다. 지구과학
과 생명과학에 관한 지식을 배우면서 지금까지 배운 내용을 전체적으로 돌아보겠습니다.

교양을 쌓자
ENRICH YOUR EDUCATION

🔍 주요 키워드

☑ 초신성 폭발	☑ 지구 자기장	☑ 맨틀	☑ 하야부사 2호
☑ 대륙이동설	☑ 자연발생설	☑ RNA 세계	☑ 광합성
☑ 눈덩이 지구	☑ 미토콘드리아	☑ 《종의 기원》	☑ 자연선택설
☑ 친족 선택	☑ 바이러스 진화설	☑ 미토콘드리아 이브	

지구 탄생의 역사
－태양계와 지구의 장대한 이야기－

먼저 살펴볼 내용은, 지구가 탄생한 순간부터 원래 하나였던 대륙이 갈라져 지금처럼 이동하기까지의 과정입니다.

① 태양과 지구와 달의 탄생

지금으로부터 약 46억 년 전, **초신성 폭발❶**로 우주의 가스와 먼지가 한데 모여 밀도가 높아지고 중력이 커지자(→ p.47, 96) 수축하여 회전하기 시작했습니다. 이 덩어리의 정체는 바로 태양입니다. 태양은 주위 가스와 먼지를 서서히 끌어들이면서 빠르게 회전했고, 태양 쪽으로 끌려 들어간 가스와 먼지는 서로 충돌하고 합해지면서 이윽고 행성(→ p.140)이 되었습니다.

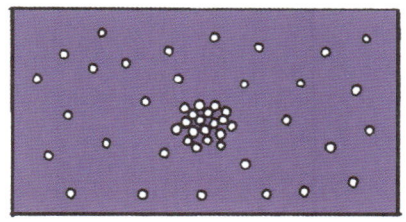
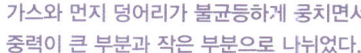

가스와 먼지 덩어리가 불균등하게 뭉치면서 중력이 큰 부분과 작은 부분으로 나뉘었다.

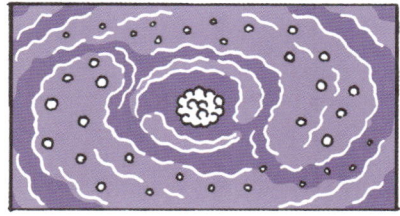

중력이 큰 부분을 중심으로 주위 물질을 끌어당기며 회전하기 시작했다.

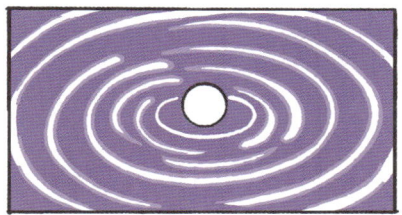

가스와 먼지가 모여 중력이 커지고 빠르게 회전하면서 태양계의 원형이 만들어졌다.

태양계 내부에서는 핵융합 ❷이 일어나 고온의 플라스마 상태인 태양풍이 발생했습니다. 이때의 충격으로 태양과 가까운 행성들의 가스와 먼지가 날아가면서 태양과 가까운 수성, 금성, 지구, 화성의 주성분은 암석이 되었습니다. 한편, 날아간 가스와 먼지는 태양에서 먼 행성의 인력(→ p.47)에 끌려 들어가 목성과 토성의 주성분이 되었습니다.

[태양 내부의 핵융합]

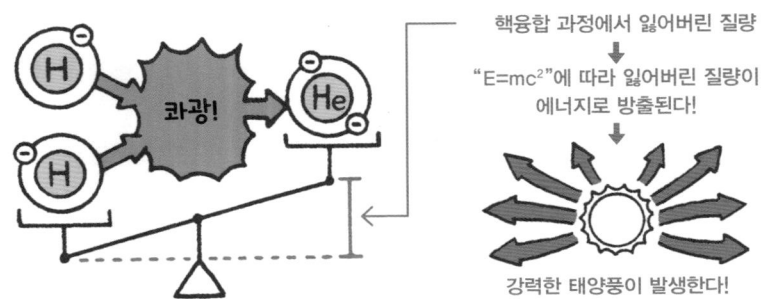

수소끼리 융합하여 헬륨이 될 때 질량을 아주 조금 잃어버린다.
질량(m)은 광속의 제곱(c^2)을 곱한 만큼의 에너지(E)를 만들므로 잃어버린 질량이 작아도 만들어지는 에너지는 방대하다(→ p.94).

[행성의 형성]

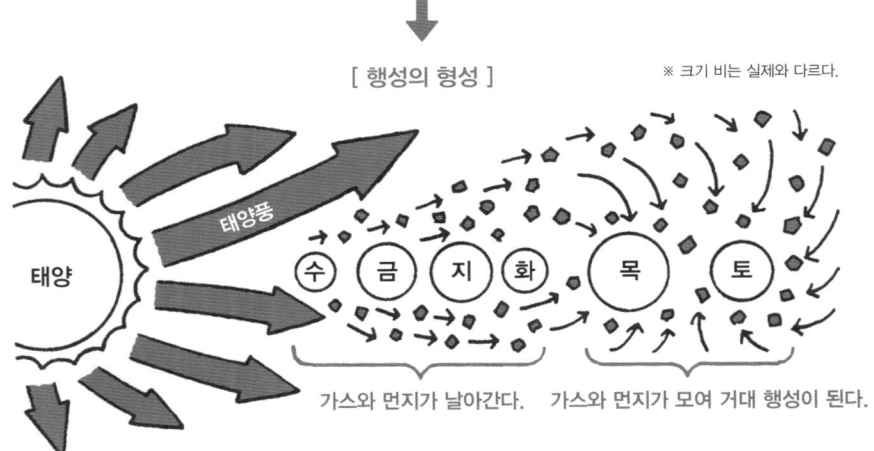

수성, 금성, 지구, 화성에는 무거운 암석만 남고, 목성과 토성에는 가벼운 가스가 모인다.

원시지구는 고열의 마그마 바다로 가득했습니다. 철과 니켈처럼 무거운 성분은 중심부까지 가라앉고, 암석처럼 가벼운 성분은 표면으로 떠오르면서 지구의 형태가 차츰 완성되었습니다.

[원시지구의 형성]

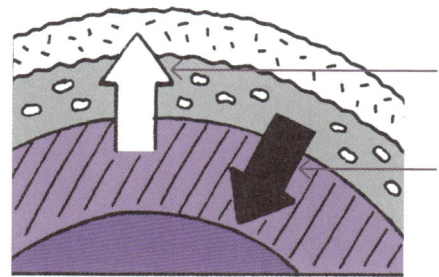

중력과 부력의 영향으로 암석처럼 가벼운 성분이 표층으로 떠올랐다.

철과 니켈처럼 무거운 성분은 중심부로 가라앉았다.

달은 위성치고는 매우 큰 천체입니다. 게다가 주성분도 지구와 거의 비슷합니다. **거대 충돌설 ❸** 은 이러한 달의 탄생을 둘러싼 수수께끼를 설명하는 유력한 가설입니다. 지구의 형태가 거의 완성되었을 즈음 거대한 행성 테이아가 지구에 충돌했고, 그 충격으로 날아간 지구와 테이아의 파편이 모여 달을 이루었다는 주장이지요. 과학자들은 테이아와 충돌하면서 지구의 지축이 약 23.4°만큼 기울었다고 추정합니다.

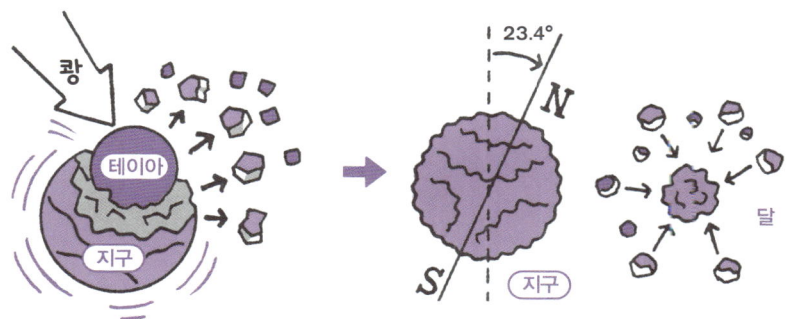

화성만큼 큰 테이아(그리스 신화 속 달의 여신 셀레네의 어머니에서 따온 이름)가 비스듬하게 충돌했다.

지구는 지축이 기울었고, 충돌로 질량이 큰 파편이 떨어져 나와 작은 파편들을 끌어당겨 달이 탄생했다.

② 바다와 대륙의 탄생

지구 내부에는 층 구조가 형성되었습니다. 지구의 중심인 핵은 초고온의 철과 니켈로 이루어져 있었는데, 압력이 높아서 고체 상태로 존재했습니다. 고체 상태인 핵의 바깥쪽은 액체 상태였고, 액체가 흐르면서 발생한 전류에서 **지구 자기장④** 이 발생했습니다. 그리고 그 바깥쪽인 **맨틀⑤** 층은 고체지만 열역학(→ p.55) 법칙을 따라 대류가 일어났습니다. 그리고 맨틀 위에 단단한 암반층인 지각이 떠 있습니다.

[지구의 층 구조]

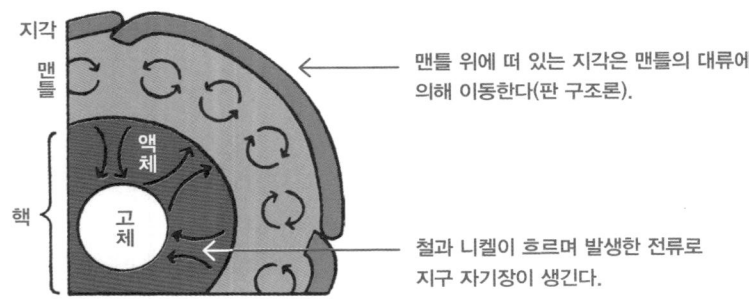

맨틀 위에 떠 있는 지각은 맨틀의 대류에 의해 이동한다(판 구조론).

철과 니켈이 흐르며 발생한 전류로 지구 자기장이 생긴다.

[지구 자기장]

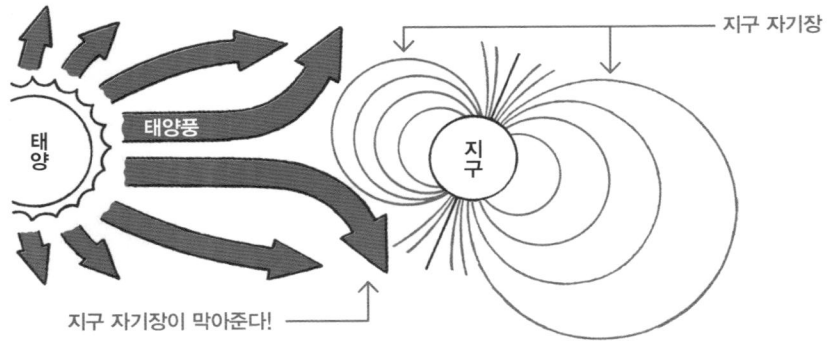

핵 바깥층에서 만들어진 전류로 발생한 지구 자기장은 지구 전체를 둘러싸, 태양풍을 비롯한 우주 방사선을 완화하는 강력한 방어막으로 작용한다. 지구가 생명체가 살아가는 터전이 될 수 있었던 이유는 지구 자기장 덕분이다.

지구의 물은 언제 어떻게 만들어졌을까요? 테이아가 충돌한 후 차갑게 식으면서 단단해진 지구에 소행성이 충돌한 것이 계기일지도 모릅니다. 소행성 충돌로 생긴 다량의 수분은 대기 중에 수증기의 형태로 존재하는데, 지각이 형성되면서 차가워진 수증기는 비가 되어 1,000년 동안 끊임없이 내렸습니다. 그렇게 지금으로부터 약 40억 년 전에 바다가 탄생했습니다.

소행성이 충돌하면서 대기 중에
수증기의 형태로 물이 생겼다.

← 단단해진 지각

맨틀

탐사선 **하야부사 ⑥** 가 가지고 돌아온 소행성 이토카와, **하야부사 2호 ⑥** 가 가지고 돌아온 소행성 류구의 샘플에서도 소행성 충돌로 물이 생겼다는 증거를 확인할 수 있다.

약 30억 년 전, 지구에서 최초로 대륙이 탄생했습니다. 대륙은 맨틀의 대류에 의해 만들어지고 합쳐졌다가 다시 분열했습니다. 지금의 여섯 대륙은 20세기에 **알프레트 베게너 ①** 가 주장한 **대륙이동설 ⑦** 처럼 약 2억 5천만 년 전에 존재했던 초거대 대륙 판게아가 분열하여 만들어졌다고 여깁니다.

[판게아 대륙]

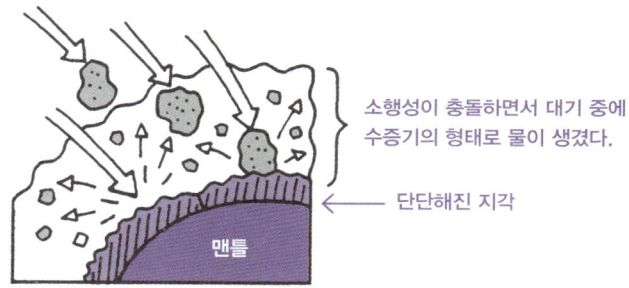

북아메리카   유라시아

남아메리카   아프리카

인도

남극

돌어 맞는군.
퍼즐처럼 딱.

20세기 초, 베게너는 원래 하나였던 대륙이 어느 시점에 여러 개로 나뉘어 이동했다고 생각했다.
이후 맨틀의 대류에 의해 지각이 이동한다는 **판구조론 ⑧** 이 나오면서 베게너의 가설은 확고해졌다.

베게너

8-2 생명 탄생의 역사
−생명이 자아내는 이야기들−

이어서 지구에 어떻게 생명이 탄생했는지 살펴보겠습니다.

① 생명은 어떻게 탄생했을까?

기원전 인물인 아리스토텔레스는 풀잎에 맺힌 이슬에서 꿀벌과 반딧불이가 태어나고, 호수 바닥의 진흙에서 장어가 태어난다고 생각했습니다. 생물이 부모에게서만 태어나는 게 아니라 자연에서도 태어난다는 사고방식을 **자연발생설 ⑨**이라고 합니다. 많은 사람이 19세기까지도 자연발생설을 믿었지만, **루이 파스퇴르②**의 실험으로 자연발생설은 사실이 아님이 증명되었습니다. 이를 계기로 모든 생물은 부모에게서만 태어난다는 생각이 상식으로 자리 잡게 되었습니다.

풀잎의 이슬 / 저절로 태어난다. / 생물은 자연에서 / 아리스토텔레스

아리스토텔레스 때부터 약 2천 년 동안, 사람들은 생물이 자연에서도 태어난다고 믿었다.

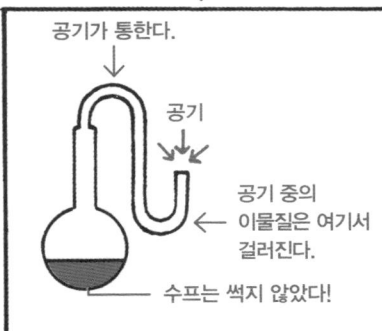

공기가 통한다. / 공기 / 공기 중의 이물질은 여기서 걸러진다. / 수프는 썩지 않았다!

수프를 썩게 하는 원인 미생물이 수프에서 자연발생하지 않음을 증명하기 위해, 파스퇴르는 공기를 제외한 이물질이 들어오지 못하는 백조목 플라스크를 만들어 실험했다. 며칠 후 확인해 보니 백조목 플라스크에 넣지 않은 수프는 썩기 시작했지만, 백조목 플라스크에 넣은 수프는 썩지 않았다.
수많은 과학자가 생물이 자연발생하지 않음을 증명하고자 했는데, 파스퇴르의 플라스크 실험으로 완전히 증명되었다.

그렇다면 최초의 생명체는 언제 어떻게 태어났을까요? 생명체는 유기물로 이루어져 있는데, 원시지구에는 무기물(→ p.226)밖에 없었습니다. 현재 학계의 주류는 무기물에서 유기물이 만들어지고 유기물에서 생물이 태어났다는 가설, 즉 **화학진화설 ⑩**입니다.

[화학진화설]

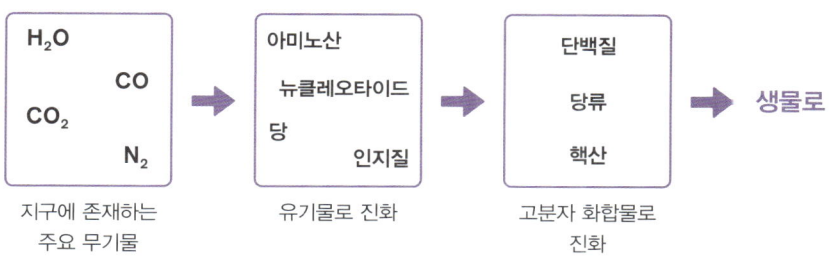

지구에 존재하는   유기물로 진화   고분자 화합물로
주요 무기물   진화

화석을 연구한 결과, 생명체는 지구가 탄생하고 8억 년이라는 세월 동안 **진정세균(Eubacterium) ⑪**으로 진화했다고 추정됩니다. 하지만 무기물밖에 없던 원시 지구에서 생명체가 태어나 진정세균으로 진화하기까지 걸린 시간이 8억 년이라면 너무나도 짧은데요. 그래서 현재는 **외계 생명체 유입설 ⑫**을 유력한 가설로 꼽습니다.

[외계 생명체 유입설]

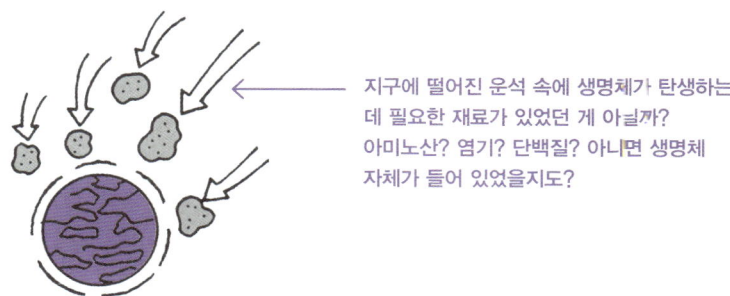

지구에 떨어진 운석 속에 생명체가 탄생하는 데 필요한 재료가 있었던 게 아닐까? 아미노산? 염기? 단백질? 아니면 생명체 자체가 들어 있었을지도?

생명체가 탄생하는 데 필요한 재료가 우주에서 왔다면, 생명체가 무기물에서 진호·하는 데 필요한 시간도 단축되므로 '8억 년이라는 짧은 시간'이 걸린 이유도 설명할 수 있다.

생명을 만드는 재료인 단백질은 DNA의 정보를 읽어 들인 RNA가 아미노산을 모아서 만듭니다. 외계 생명체 유입설에서는 아미노산, 그리고 DNA의 재료인 염기가 운석 충돌로 지구에 들어왔다고 가정합니다.

[DNA의 메커니즘]

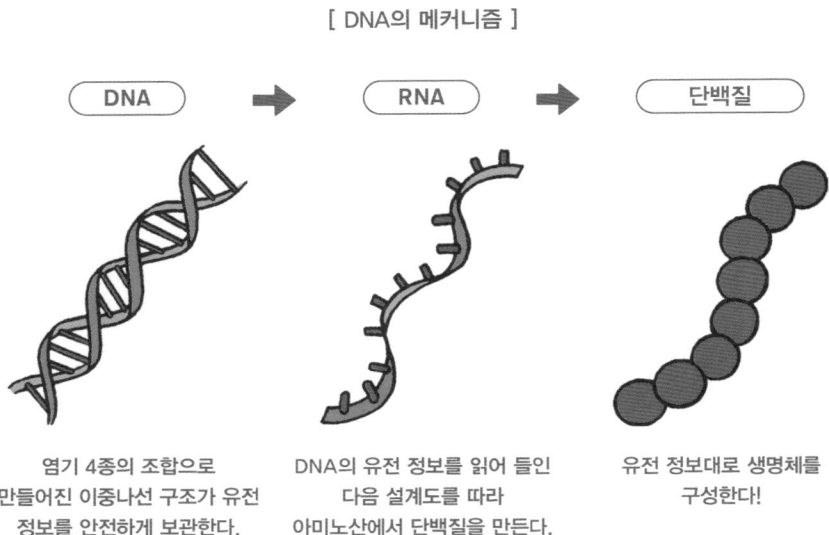

DNA	RNA	단백질
염기 4종의 조합으로 만들어진 이중나선 구조가 유전 정보를 안전하게 보관한다.	DNA의 유전 정보를 읽어 들인 다음 설계도를 따라 아미노산에서 단백질을 만든다.	유전 정보대로 생명체를 구성한다!

현재 생명의 바탕은 DNA(**DNA 세계 ⓲**)이지만, 원시 생명 세계에서는 RNA가 유전 정보를 보관하는 물질이었을지도 모른다는 **RNA 세계 ⓳** 가설이 학계의 주류를 이룬다.

② 생명은 어떻게 살아남았을까?

현시점에서 화석이 발견된 가장 오래된 생명체는 약 37억 년 전의 **남세균 ⑮** 이지만, 실제로 가장 오래된 생명체는 약 39억 년 전에 존재했다고 추정합니다. 그 정체는 심해의 열수 분출공에 서식하는 고세균(古細菌)ᵉ의 일종인데요. 고열에서도 살 수 있고 산소를 싫어하는 혐기성세균ᵉᵉ입니다. 원시 생명체에게 산소는 맹독이었습니다.

[가장 오래된 생명체]

빛마저 닿지 않는 고압·고열 환경에 서식하는 생명체가 존재했다.

심해는 원시 환경에 매우 가까운 데다 무기물에서 유기물이 만들어지는 조건까지 갖춰져 있는데, 생명이 탄생할 당시에도 이와 비슷한 상황이었을 것으로 추측된다.

남세균(藍細菌)ᵉᵉᵉ은 햇빛과 이산화탄소와 물로 에너지원인 탄수화물을 만들어내는 **광합성 ⑯** 을 합니다. 사실 산소는 광합성이라는 화학 반응으로 만들어지는 부산물에 지나지 않는데요. 다른 물질과 잘 반응하는 산소가 DNA와 반응하면 DNA가 파괴되는 탓에, 남세균의 광합성으로 온 지구에 퍼진 산소는 원시 생명체를 멸종 위기로 몰아넣었습니다.

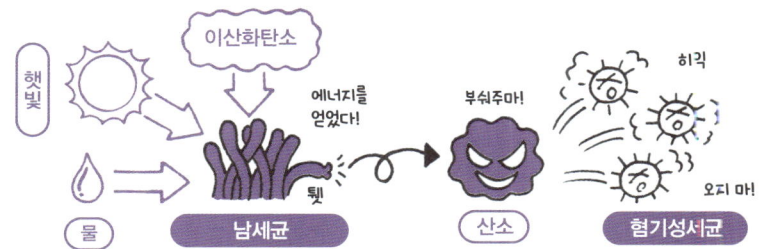

남세균이 대량 발생하면서 대기 중의 이산화탄소가 급격히 줄어들어 기온이 낮아졌고, 최초의 **눈덩이 지구 ⑰** 가 찾아왔다고 추정한다.

- ● 세포벽에 펩티도글리칸을 포함하지 아니한 세균. 메탄(메테인) 생성 세균, 호염성 균, 고온성 세균 따위가 있다.
- ●● 산소가 없는 곳에서 생육하는 세균. 파상풍균, 유산균 따위가 있다.
- ●●● 핵막으로 싸인 핵이나 다른 세포 소기관을 가지고 있지 않은 조류. 세균성 엽록체가 아닌 고등 식물이 가지는 엽록체를 가지고 있어 광합성을 한다.

이러한 환경 속에서 산소로 에너지를 만드는 호기성세균(好氣性細菌)*이 등장했고, 혐기성세균 안으로 들어간 호기성세균은 혐기성세균이 흡수한 산소를 에너지로 바꾸었습니다. 이처럼 산소로 가득한 지구에서 혐기성 생물이 멸종하지 않고 살아갈 수 있었던 이유를 설명한 가설을 세포 내 공생설⑱이라고 합니다.

[세포 내 공생설]

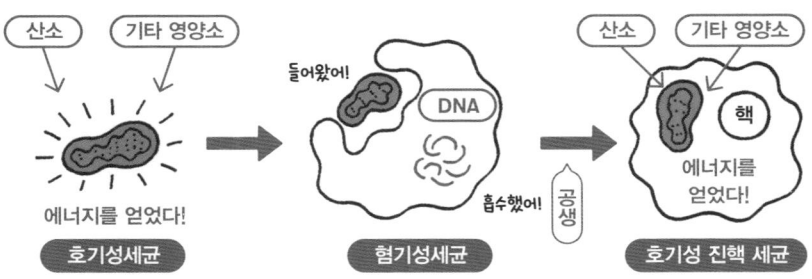

호기성세균을 흡수한 혐기성세균은 오랜 시간 동안 진화를 거치며 현재 지구에 존재하는 거의 모든 진핵생물로 발달했습니다. 우리 인간과 동물들은 세포 하나하나에 들어 있는 태곳적 호기성세균과 공생하며 산소로 가득한 이 지구에서 살아온 셈이지요. 이 세포 안에서 공생하는 호기성세균을 미토콘드리아⑲라고 합니다.

지구상의 거의 모든 진핵생물은 세포 안의 미토콘드리아와 함께 진화를 거듭했다.

●   산소가 있는 곳에서 정상적으로 자라는 세균. 고초균, 아세트산균, 결핵균 따위 대부분 세균이 이에 속한다.

가혹한 생존의 세계에서는 한 개체가 살아남기보다 많은 개체가 서로 도우겨 살아가는 편이 생존할 가능성이 큽니다. 대표적인 사례인 세포 내 공생뿐만 아니라, 단세포생물[*]이 분열한 뒤에도 달라붙어 큰 덩치를 유지하는 행위 역시 생존 가능성을 키우는 방법입니다. 그렇게 단세포생물은 10억 년 전에 다세포생물[**]로 진화한 것으로 보입니다.

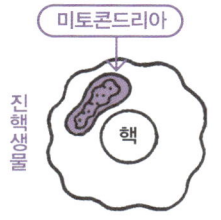

세포 안에서 공존하여 생존
가능성을 키운다.

수많은 세포가 서로 달라붙어
생존 가능성을 키운다.

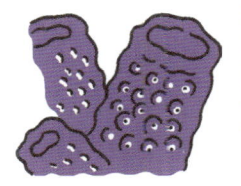

커다란 다세포생물로 진화하여
생존 가능성을 크게 키운다.

다세포생물로 진화하면 각 세포가 역할을 분담해야 다양한 환경에 적응하여 살아남을 가능성이 커집니다. 세포들이 하나로 뭉쳐 영양을 섭취하는 기관이 만들어지고, 생식 기능에 특화하여 독립된 기관이 만들어지고, 나아가 수컷과 암컷으로 분화하여 자식이 부모와 다른 유전자[20] 조합을 가지게 된 이유는 이 때문입니다. 이를 기점으로 10억 년에 걸쳐 생물은 다양한 형태로 진화하기 시작했습니다.

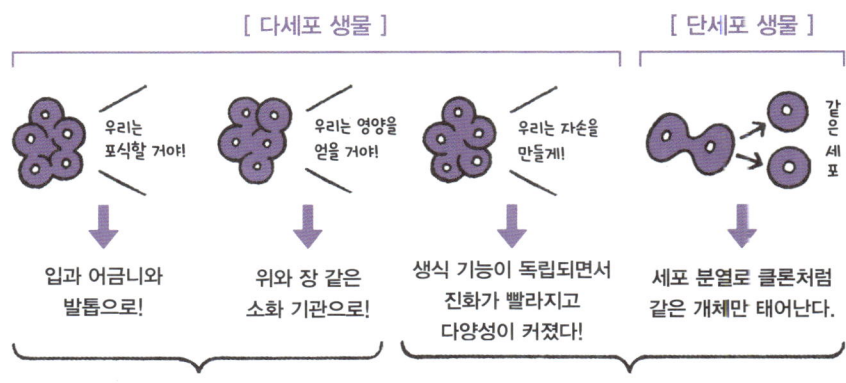

다양한 환경에서 살아남을 수 있게 되었다. 　　지구에 다양한 생물이 나타나기 되었다.

• 　하나의 개체가 한 개의 세포로 이루어진 생물. 가장 단순한 생물로 아메바, 짚신벌레, 박테리아 따위가 있다.
•• 　하나의 개체가 분화된. 많은 세포로 이루어진 생물. 단세포 생물에 비하여 체제가 한층 더 진보하였고 복잡하며, 세포 사이에 형태나 기능의 차이가 생겨서 여러 조직이나 기관으로 분화되어 있다.

8-3 생물의 진화

−진화의 수수께끼에 도전하는 장대한 이야기−

1859년에 찰스 다윈③이 《종의 기원》㉑을 발표하고 150년이 넘는 세월이 흘렀습니다. 하지만 인류는 여전히 생명의 진화를 둘러싼 수수께끼를 풀지 못했는데요. 이번 장에서는 생명의 진화를 고찰해 보겠습니다.

❶ 진화론이 탄생한 배경

18세기 후반에 산업혁명이 일어나 철과 석탄의 수요가 급증하면서 채굴이 활발해졌고, 이와 함께 지질학도 발전했습니다. 이 과정에서 발굴된 화석은 지층의 연대를 측정하기 매우 좋은 자료였기에, 지질학자들은 연구를 위해 화석을 수집하기 시작했습니다. **방사성동위원소㉒**가 발견된 뒤로 연도를 상당히 구체적으로 측정할 수 있게 되었습니다.

삼엽충과 암모나이트처럼 특정 지층(시대)에 집중되어 있고 넓은 지역에서 발굴되는 표준 화석을 토대로 지질 시대와 당시의 서식 환경을 추정한다.

동위원소에서 방출된 방사성 물질의 양으로 화석의 연대를 측정할 수 있다.

한편 19세기는 산업자본주의가 발달한 시대였습니다. 즉 냉정한 약육강식의 세계이자 빈부 격차가 큰 시대였는데요. 경제학자 **토머스 맬서스**④ 는 《인구론》을 통해, 빈곤은 사회체제 때문이 아니라 인구 증가에 따른 불가피한 현상이며, 과잉 인구는 기아와 전쟁으로 자연스럽게 억제될 것이라고 주장했습니다. 다윈은 자연선택과 적자생존이 핵심인 **자연선택설** ㉓을 구상할 때 맬서스의 영향을 받았다고 합니다.

[맬서스의 《인구론》]   [다윈의 자연선택설]

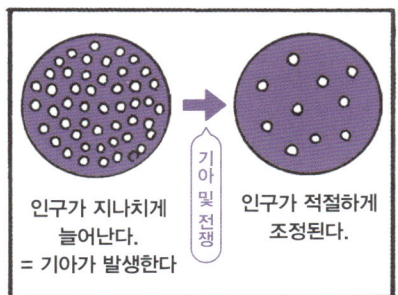

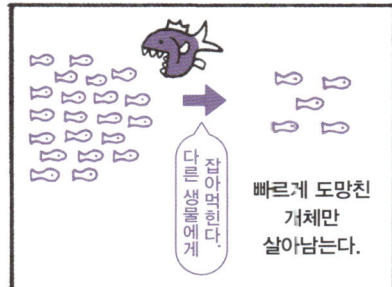

다윈이 주장한 진화는 생물의 변화와 변이라는 의미일 뿐, 체제의 발전을 뜻하지 않았습니다. 하지만 시간이 지나면서 다윈의 사상을 곡해하는 사람들도 나타났는데, 이들은 **사회진화론** ㉔이라는 형태로 사회과학에 적용하여, 약육강식의 자유주의 경제와 식민 지배의 제국주의를 정당화하는 데 이용했습니다.

[사회진화론]

19세기 말부터 20세기 초에 걸쳐 자본주의에서 이윤을 추구할 때 혹은 특정 인종이 식민지를 지배하거나 나치가 인종주의를 정당화할 때도 사회진화론을 근거로 들었다.

② 다윈의 진화론과 최신 진화론

다윈의 진화론에 따르면 자연은 비약하지 않습니다. 기린을 예로 들자면, 높은 곳에 달린 잎을 먹기에 유리한 목은 갑자기 길어진 게 아니라 세대가 교체되면서 조금씩 길어졌다는 뜻이지요. 하지만 목이 길어지기 전의 기린과 목이 긴 기린의 화석은 있어도 중간 단계의 화석은 발견된 적이 없습니다. 그래서 현대에는 생물이 단기간에 급격하게 진화한 다음 오랫동안 진화하지 않았다는 단속평형설㉕도 힘을 얻고 있습니다.

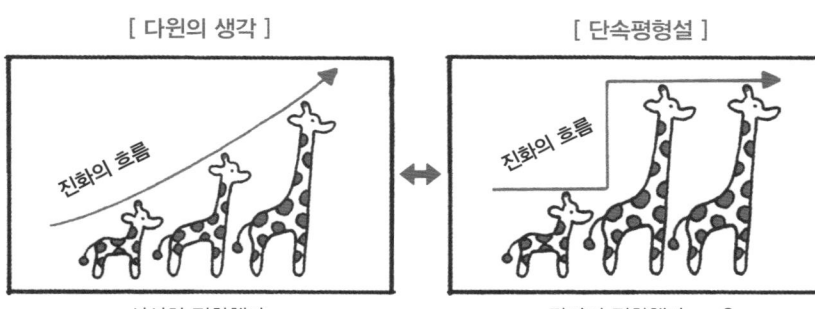

[다윈의 생각] 서서히 진화했다.

[단속평형설] 갑자기 진화했다……?

그리고 다윈의 진화론에서 돌연변이는 생물에게 무작위로 일어나는 변화이며, 진화는 우연히 일어난 변이가 반복되면서 일어나는 과정입니다. 하지만 이는 확률적으로 상자 안에 시계 부품을 넣고 흔들었더니 시계가 완성될 확률이나 다름없습니다. 그래서 현대에는 진화에 특정 방향성이 존재한다는 정향진화설㉖을 주장하는 과학자들도 있습니다.

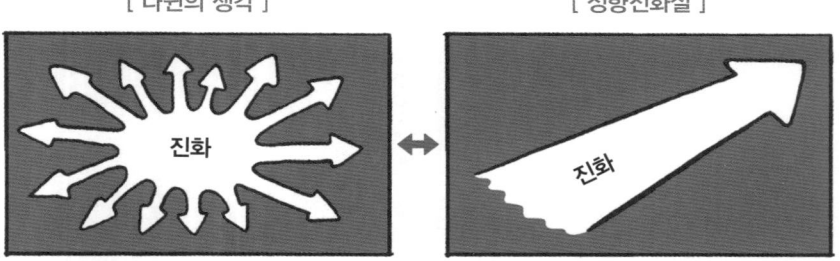

[다윈의 생각] 진화는 무작위로 시도 때도 없이 일어난다.

[정향진화설] 진화의 방향성은 어느 정도 정해져 있다.

그리고 다윈은 진화론에서, 생물이 진화하는 목적은 자손을 더 많이 남기기 위해서라는 주장으로, 생물이 생존에 유리한 형질로 진화하는 이유를 설명했습니다. 그러나 생물은 자신의 번식을 희생해서 다른 개체의 번식을 유지하는 이타적 행동을 보일 때도 있습니다. 이를 설명하기 위해 현대에는 생물이 개체보다 DNA 및 혈통 계승을 우선한다는 **친족 선택** ㉗, **이기적 유전자** ㉘ 등의 이론이 등장했습니다.

[다윈의 생각]　　　　　[친족 선택·이기적 유전자]

자기 자손을 남긴다.

자신의 혈연과 종을 남기고자 하는 이타적 행위는 유전자가 조종하는 이기적 행의일까?

마지막으로, 변이는 DNA 배열이 달라졌을 때 일어나지만, 몸속으로 바이러스가 침입해도 DNA 배열이 바뀌곤 합니다. 즉 바이러스 감염을 계기로 진화가 일어났을지도 모른다는 뜻이지요. 이를 **바이러스 진화설** ㉙이라고 합니다. 최근에는 생물의 기억을 유전되는 데이터로 보기도 합니다. 진화는 여전히 밝혀지지 않은 부분이 많은 심오한 영역입니다.

[바이러스 진화설]

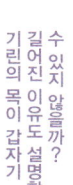

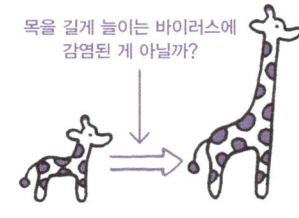

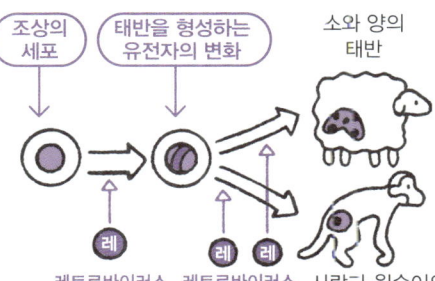

인간 유전체 중 8%는 **레트로바이러스** ㉚의 단편이며, 인간은 감염된 바이러스의 정보를 흡수하여 진화했을 가능성도 있다.

8-4 인류의 진화
−인간의 진화에 관한 다양한 이야기−

하느님이 인간을 창조한 게 아니라, 진화를 거쳐 지금에 이르렀다는 다윈의 가설은 당시 기독교 사회에 엄청난 파문을 일으켰습니다. 그로부터 150년이 넘는 세월 동안 수많은 발견이 이루어졌고, 인류 탄생의 역사는 점점 새로운 내용으로 채워져 갔습니다. 《세상에서 가장 쉬운 교양 교과서−자연과학》, 마지막 주제는 인류사입니다.

① 오스트랄로피테쿠스 아파렌시스에서 호모 하빌리스로

약 2,500만 년 전 탄생한 유인원의 조상은 나무 위에서 살았습니다. 그런데 약 2,000만 년 전 아프리카 대륙에서 지각 변동이 일어나면서 환경이 순식간에 뒤바뀌었지요. 그리고 약 700만 년 전에는 두 발로 땅을 걸으며 지상에서 생활하는 종이 나타났습니다. 이처럼 격변하는 환경과 생활 방식은 인류의 진화에 영향을 주었습니다. 약 700만 년 전부터 약 400만 년 전에 살았던 인류의 조상을 사헬란트로푸스 차덴시스라고 합니다.

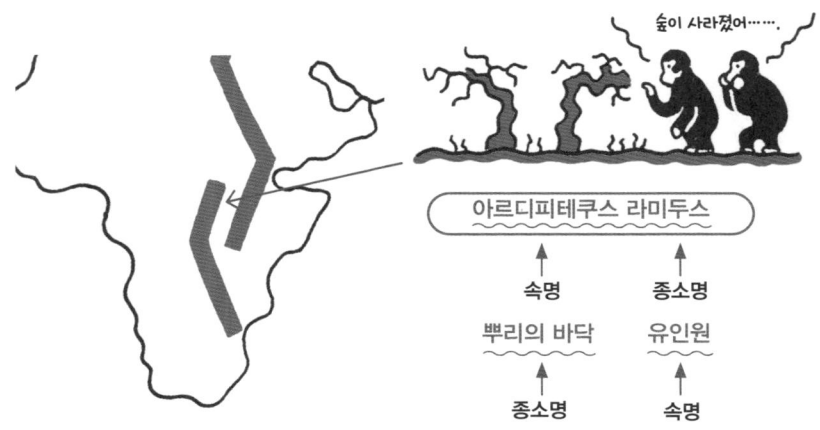

동서로 가로지르는 산맥이 생기면서 환경이 건조해지고 열대우림이 줄어들었다.

약 400만 년 전에는 오스트랄로피테쿠스 아파렌시스가 등장했습니다. 골반의 형태와 발바닥의 아치 구조, 그리고 발자국 화석을 통해 사헬란트로푸스 차덴시스보다 능숙하게 이족보행(二足步行)을 했다고 추정되는 초기 인류입니다. 그다음으로 등장한 인류는 약 240만 년 전에 등장한 최초의 사람속(Homo)이자 현생 인류의 직계 조상인 호모 하빌리스입니다. 호모 하빌리스는 단단한 뼈 안에 든 골수를 먹기 위해 석기를 사용했다그 합니다.

오스트랄로피테쿠스 아파렌시스

(아파르 지방 남쪽의 유인원)

집단으로 장거리를 이동했다고 추정한다.

호모 하빌리스

(손재주가 좋은 사람)

← 간단한 석기

초식동물 뼈에 석기를 내리친 자국이 남아 있다.

약 180만 년 전에서 약 5만 년 전까지 호모 하빌리스에서 진화한 호모 에렉투스가 나타났습니다. 호모 에렉투스의 신체는 현생 인류와 거의 같고, 뇌 용량도 현생 인류에 매우 가까웠습니다. 이들은 집단으로 사냥을 했는데, 몸을 빠르게 움직여야 했기에 다리가 길어지고 땀을 흘리고 털이 얇아지는 방향으로 진화했습니다. 그리고 불로 조리한 고기를 주식으로 먹으면서 뇌 역시 커졌습니다.

모델 같은 몸

호모 에렉투스

(똑바로 선 사람)

- 머리카락
- 땀 흘림
- 얇은 털
- 늘씬한 몸

외형이 현대인과 매우 비슷하며, 집단으로 사냥하기 위해 신체 기능이 발달했다고 추정한다.
불과 돌도끼를 사용했다.

뇌가 커지면 머리도 크므로, 출산할 때 태아가 산도(産道)를 빠져나오기 힘듭니다. 그래서 인류는 미숙한 상태로 태어나도록 진화했습니다. 그 결과, 인간은 태어난 직후부터 어른이 되기까지의 기간은 물론 후천적인 학습 기간도 길어졌습니다. 그리고 아이를 키우는 데 시간과 노력이 많이 드는 만큼 생활 형태가 가족 중심으로 바뀌었습니다. 이 역시 뇌가 진화하는 열쇠가 되었습니다.

[다른 동물]

태어나자마자 설 수 있다.
제 발로 서기까지 모체 안에서 자란다.

[인간]

머리가 커서 제 발로 서지 못하는
상태로 태어난다.

그러므로

오랜 기간 아이를 키워야 하므로 가족 중심 생활로 바뀌었고,
아이는 성인이 될 때까지 다양한 지식을 배우며 자란다.

② 호모 하빌리스에서 네안데르탈인으로

약 180만 년 전, 호모 에렉투스는 아프리카를 떠나(탈아프리카) 생활 범위를 전 세계로 넓혔습니다. 베이징원인*과 자바원인**이 이렇게 이주한 호모 에렉투스로 추정됩니다. 한편, 아프리카에 남은 호모 에렉투스는 60만 년 전에 신체와 두뇌가 한층 발달한 호모 하이델베르겐시스(하이델베르크인)로 진화했습니다.

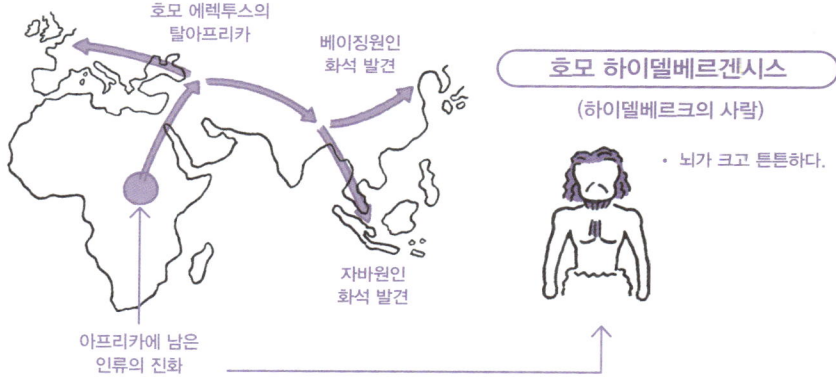

호모 에렉투스의
탈아프리카

베이징원인
화석 발견

자바원인
화석 발견

아프리카에 남은
인류의 진화

호모 하이델베르겐시스

(하이델베르크의 사람)

· 뇌가 크고 튼튼하다.

호모 하이델베르겐시스도 50만 년 전에 아프리카를 나와 유라시아 대륙 각지로 흩어졌는데, 환경이 너무나도 달랐던 유럽에 정착하기까지 고난이 많았습니다. 위도가 높아 춥고 햇빛이 잘 들지 않는 환경에 적응한 이들은, 약 30만 년 전에 호모 네안데르탈렌시스(네안데르탈인)로 진화했습니다. 이들은 건장하고 피부가 흰 인류였으며, 주거지에서는 매장 문화의 흔적도 발견되었습니다. 이 시기의 인류를 구인(舊人)***이라고 합니다.

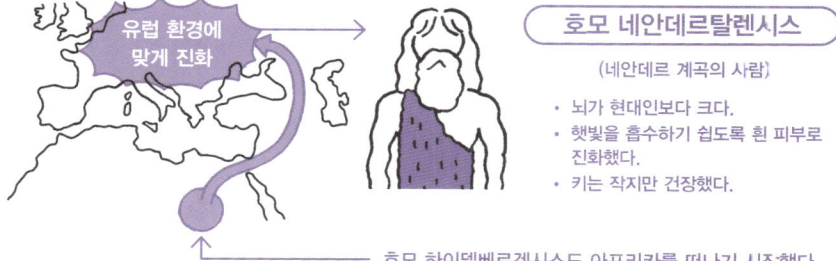

유럽 환경에
맞게 진화

호모 네안데르탈렌시스

(네안데르 계곡의 사람)

· 뇌가 현대인보다 크다.
· 햇빛을 흡수하기 쉽도록 흰 피부로
  진화했다.
· 키는 작지만 건장했다.

호모 하이델베르겐시스도 아프리카를 떠나기 시즌했다.

● 　1923년에 중국 베이징 서남방 40km 지점인 저우커우뎬(周口店)의 동굴에서 발견한 화석 인류(化石人類).
　　약 20~70만 년 전에 생존하였던 인류로 추정한다.

●● 　19세기 말 자바섬 트리닐 부근에서 발견된 화석 인류. 약 40만 년 전에 살았으리라 추측되며, 넙다리뼈의 상태로
　　보아 직립 보행을 하였을 것으로 보인다. 최근에는 베이징 원인과 함께 사람과(科)에 포함시키며, 호모
　　에렉투스라는 학명으로 이른다.

●●● 　약 15만 년 전 플라이스토세 후기 전반기에 나타났던 화석 인류. 인류 진화 과정상 원인(猿人)과 신인(新人.의 중간
　　단계로 네안데르탈인과 선(先)호모 사피엔스가 이에 속한다.

③ 네안데르탈인에서 호모 사피엔스로

한편, 아프리카에 남은 호모 하이델베르겐시스는 약 20만 년 전에 현생인류*(호모 사피엔스)로 진화했습니다.

과거에는 전 세계로 퍼진 사람속이 각 지역에서 현생인류로 진화했다는 다지역 기원설③①이 주류였습니다. 그러나 전 세계 인류의 세포에 존재하는 미토콘드리아의 DNA를 조사한 결과, 모든 현생인류가 아프리카의 한 여성으로부터 탄생했다는 사실이 밝혀졌습니다. 이 여성을 미토콘드리아 이브③②라고 합니다. 다른 과학적 조사에서도 현생인류가 아프리카에서 탄생했다는 주장의 증거가 발견되었습니다.

미토콘드리아 이브

어머니에서 자식으로만 유전되는 미토콘드리아 DNA를 거슬러 올라가자 약 16만 년 전 아프리카 여성에게 도달했다.

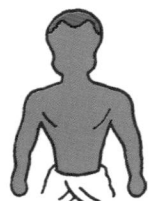

호모 사피엔스

(슬기로운 사람)

- 머리뼈가 전체적으로 둥글다.
- 네안데르탈인보다 똑똑하다.
- 목 구조가 진화하여 언어를 잘 구사한다.

약 19만 년 전에서 약 13만 년 전 사이에 호모 사피엔스에게 멸종 위기가 닥쳤습니다. 빙하기가 이어졌기 때문이지요. 이 동안 전 세계 인구는 1만 명 이하까지 줄었습니다. 80억 명이나 되는 현생 인류의 유전자 다양성이 다른 생물보다 적은 이유는 이 때문입니다. 인구가 감소하면서 다양했던 유전자도 줄어들었고, 살아남은 소수가 현대 인류의 조상이 되었습니다.

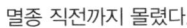
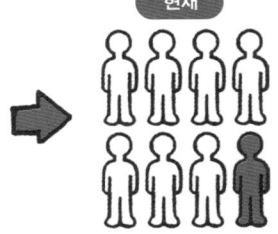

다양한 유전자

기나긴 빙하기

현재

멸종 직전까지 몰렸다.

80억 명이나 되지만 유전자는 거의 비슷하다.

• 현재 생존하고 있는 인류와 같은 종.

아프리카의 기후가 온화해지면서 약 7만~5만 년 전의 호모 사피엔스는 아프리카를 떠나 새로운 땅으로 향했습니다. 그들을 맞이한 이들은 앞서 정착했던 네안데르탈인이었습니다. 호모 사피엔스보다 먼저 아프리카를 떠나 수천 년 동안 살아온 인류였지요. 네안데르탈인은 멸종하고 말았지만, 현생인류의 유전자에도 네안데르탈인의 유전자가 약 2% 들어 있다고 합니다. 그러니까 네안데르탈인은 우리의 유전자 속에 살아 있는 셈이지요.

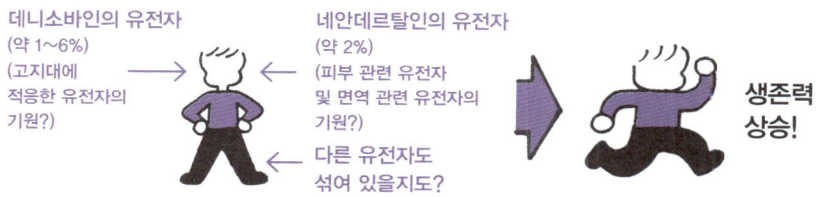

데니소바인의 유전자
(약 1~6%)
(고지대에
적응한 유전자의
기원?)

네안데르탈인의 유전자
(약 2%)
(피부 관련 유전자
및 면역 관련 유전자의
기원?)

다른 유전자도
섞여 있을지도?

호모 사피엔스 자체의
유전자는 다양성이 거의 없다.

생존력
상승!

현생 인류는 멸종한 여러 인류의
유전자를 이어받은 덕에 살아남았다!

마지막으로 죽음에 관해 이야기하려 합니다.

해파리 중에는, 정해진 수명이 없고 잡아먹히지 않는 한 영원히 살아가는 종이 있다고 합니다. 즉 생명은 불사를 선택할 수 있습니다. 그리고 세포분열로 자신의 복제를 만드는 단세포생물은 자신과 모습이 완전히 같은 생명체가 존재한다는 증거입니다. 한편, 인간을 비롯한 다세포생물은 생식 기능으로 자신과 다른 유전자를 가진 자식을 낳습니다. 이는 진화로 이어지는 계기이기도 한데, 만약 우리에게 수명이 없었다면 진화하기 전 상태로 살아남는 바람에 새로운 생명체로 진화하지 못했을 것입니다. 다시 말해 생명체는 수명, 즉 필연적인 죽음을 맞이할 수밖에 없는 존재일지도 모릅니다. 미래의 자손을 위해서요.

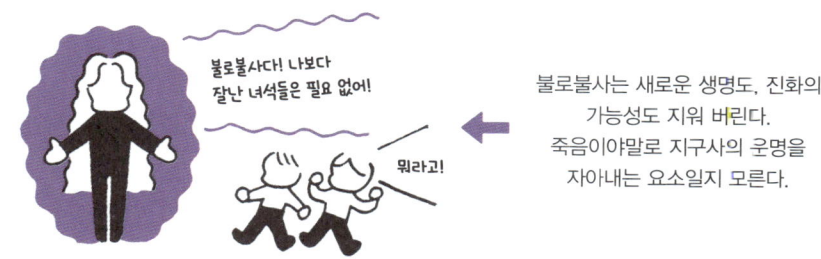

불로불사다! 나보다
잘난 녀석들은 필요 없어!

뭐라고!

불로불사는 새로운 생명도, 진화의
가능성도 지워 버린다.
죽음이야말로 지구사의 운명을
자아내는 요소일지 모른다.

이렇게 마지막 장이 끝났습니다. 책을 읽은 여러분께서 자연과학이라는 분야를 단순한 학문이 아니라 사람들이 모여서 만들어낸 이야기로 받아들여 주신다면, 그리고 체계적으로 이해해 주신다면 저자로서 기쁘겠습니다.

핵심 용어와 핵심 인물을 알아보자
KEYWORD & KEYPERSON

우주의 먼지가 한데 뭉쳐 태양계와 지구가 만들어졌고, 천체끼리 충돌하여 달이 생겼습니다. 그로부터 오랜 시간에 거쳐 생명체가 탄생했는데, 이들은 혹독한 환경 속에서 살아남기 위해 공생과 진화를 거듭했고 그 과정에서 수많은 생물이 등장했습니다. 그리고 약 700만 년 전, 아프리카에서 두 발로 걷는 초기 인류가 탄생했습니다. 인류는 도구를 사용하고 공동생활을 했으며, 뇌의 발달과 함께 다양한 종으로 분화했습니다. 그중에서도 호모 사피엔스는 현생 인류의 직계 조상입니다.

※ 앞 Chapter에서 소개한 키워드는 간단하게만 짚고 넘어갑니다.

8-1
지구 탄생의 역사
– 태양계와 지구의 장대한 이야기 –

KEYWORD

❶ 초신성 폭발
supernova explosion
질량이 큰 항성이 진화의 마지막 단계에서 일으키는 대폭발.
➡ 명칭은 '초신성(超新星)' 폭발이지만, 별이 탄생할 때가 아니라 죽을 때 일어나는 현상이다. 별이 폭발할 때 빛의 밝기가 신성의 100만 배이므로 초신성이라는 이름이 붙었다. 폭발과 함께 방출된 방대한 에너지는 주변 성간 공간에 엄청난 영향을 미치고, 이는 새로운 별의 탄생으로 이어진다.

❷ 핵융합
nuclear fusion
가벼운 원자핵들이 결합하여 무거운 원자핵을 형성하는 반응.
➡ 예를 들어 수소 원자핵끼리 융합하면 헬륨 원자핵이 된다. 융합할 때는 원자핵 사이의 쿨롱 힘(→ p.69)을 극복해야 하므로 엄청난 에너지가 필요하다. 그리고 융합할 때 질량 일부를 잃어버리면서 방대한 에너지를 방출하기도 하는데, 수소폭탄은 이 원리를 이용한다.

❸ 거대 충돌설
giant impact theory
달의 기원을 설명하는 천체 충돌설.
➡ 원시지구에 화성만 한 천체 테이아가 충돌하면서 두 천체의 맨틀이 튀어나왔고, 튀어나온 파편들이 지구 궤도에 모여 달이 만들어졌다는 가설이다. 명왕성의 위성 카론(→ p.147) 역시 같은 과정으로 만들어졌을지도 모른다고 과학자들은 추측하고 있다.

❹ 지구 자기장
geomagnetism
지구에 존재하는 자기력과 자기장.
➡ 지구 자기장은 대부분 핵 안에서 일어나는 유체 운동으로 자기력이 발생하기 때문에 만들어진다고 여기며, 이를 다이너모(dynamo, 발전기) 이론이라고 한다. 지구 자기장의 극은 지축에서 11.5° 기울어진 채로 이동하고 있다. 그리고 약 20만 년에 한 번꼴로 극이 역전되기도 한다.

❺ 맨틀
mantle
지구 내부의 지각과 핵 사이에 존재하는 층.
➡ 지각 아래에 있는 모호로비치치 불연속면과 지하 2,900km 사이에 해당하는 범위로, 지구 전체 부피의 83%를 차지한다. 핵 주변을 감싸는 망토 역할을 한다고 하여 맨틀이라는 이름이 붙었다. 주성분은 감람암이다.

6 하야부사 / 하야부사 2호
Hayabusa / Hayabusa 2
우주항공연구개발기구(JAXA)*에서 개발한 소행성 탐사선.

➡ 하야부사는 소행성 이토카와. 하야부사 2호는 소행성 류구에서 샘플을 가지고 돌아오는 데 성공했다. 2020년에 귀환한 하야부사 2호가 류구에서 가져온 샘플에서 다량의 물과 유기물이 확인되었다. 이는 지구에 존재하는 물과 생명체의 기원이 우주에서 날아왔다는 설의 유력한 증거가 되었다.

7 대륙이동설
continental drift theory
하나의 거대한 대륙이 분열하고 이동하여 지금 같은 형태가 되었다는 가설.

➡ 남아메리카 대륙과 아프리카 대륙의 경계가 맞물린다는 점과 두 대륙의 화석 분포를 근거로 1912년에 베게너가 발표했다. 당시에는 환영받지 못했지만, 지층에 남아 있는 과거 지구 자기장의 정보를 다루는 고지자기학(古地磁氣學)**연구 끝에 정당한 이론으로 인정받았다. 현재는 판구조론에 통합되었다.

8 판구조론(板構造論)
plate tectonics
지구 표면을 덮고 있는 판의 운동으로 지진과 화산 활동의 메커니즘을 설명하는 이론.

➡ 고체(固體) 지구의 표면은 십수 장의 단단한 판(plate)으로 빈틈없이 덮여 있는데, 이 판들이 이동하면서 판과 판의 경계를 따라 지진을 비롯한 지질학적 현상이 일어난다는 내용이다. 참고로 판 네 장이 맞물리는 경계에 있는 일본 열도는 각 경계의 영향을 강하게 받는다.

•   일본의 우주개발기관으로, 원어는 Japan Aerospace Exploration Agency.
••   암석의 잔류 자기를 측정하여 지질 시대의 지구 자기장의 강도와 방향을 연구하는 학문. 지질학의 한 분야이다.

KEYPERSON

① 알프레트 베게너

Alfred Lothar Wegener(1880~1930)
독일의 지질학자, 기상학자.
➡ 1912년에 대륙이동설을 주장했지만, 당시에는 대륙을 움직이는 원동력을 설명할 수 없었기에 학계의 인정을 받지 못했다. 그린란드 탐험대에 참가했으나 귀환하는 길에 조난하여 세상을 떠났다.

8-2
생명 탄생의 역사
− 생명이 자아내는 이야기들 −

KEYWORD

❾ 자연발생설

theory of spontaneous generation
생물이 부모에게서 태어나는 게 아니라, 무생물에서 자연스럽게 발생한다는 가설.
➡ 고대부터 근대 초기까지는 진실로 여겨졌으나, 17세기 이후 실험을 통해 사실이 아님이 증명되었다. 이후 미생물 연구가 발전하면서 생물의 자연발생 여부를 두고 다시 논쟁이 점화되었지만, 이 역시 19세기 파스퇴르의 실험으로 부정되었다.

❿ 화학진화설

theory of chemical evolution
원시지구에서 생명체가 출현하기까지 물질의 진화 과정을 설명한 가설.
➡ 방전 현상으로 원시 대기에 존재하는 간단한 무기화합물에서 유기화합물이 생성되었고, 이 유기화합물로 합성한 단백질에서 원시세포가 만들어졌다고 주장한다. 무기화합물에서 유기화합물을 만들려는 시도는 19세기에 성공했다.

⑪ 세균
bacteria
원시세포를 가진 단세포 미생물(원핵생물).
➡ 원핵생물은 핵막이 없고 핵산과 세포질이 명확하게 나뉘지 않은 원핵세포를 가진 생물이다. 원핵생물은 일반적인 진정세균(眞正細菌)*과 극단적인 환경을 좋아하는 고세균으로 나뉜다. 한편, 진핵생물은 핵막이 있고 핵과 세포질이 명확하게 나뉜 진핵세포를 가진 생물이다.

⑫ 외계 생명체 유입설
theory of panspermia
지구의 생명체가 지구 바깥 우주에서 유래했다는 가설.
➡ 20세기 초 스웨덴의 화학자 스반테 아레니우스가 주장했다. 하야부사 2호가 가지고 돌아온 소행성 류구의 샘플에서 대량의 물과 유기물이 확인되면서 과학자들의 주목을 받았다.

⑬ DNA 세계
DNA world
DNA가 유전정보를 저장하고 전달하는 세계.
➡ DNA(deoxyribonucleic acid의 약어, 데옥시리보핵산)는 유전자의 본체로, 이중나선 구조 덕에 안정적이다. 지구상의 생명체가 살아가는 지금의 세계를 DNA 세계라고 한다.

⑭ RNA 세계
RNA world
RNA가 유전자의 본체이며, 원시 생명체가 사는 세계.
➡ RNA(ribonucleic acid의 약어, 리보핵산)는 사슬한 가닥으로 이루어져 있으며, DNA의 설계도대로 단백질을 합성하는 핵산이다. DNA의 정보를 받아들이는 메신저 RNA(mRNA), 합성에 필요한 재료를 모으는 운반 RNA(tRNA), 합성하는 공간을 구성하는 리보솜 RNA(rRNA)가 있다. RNA 자체는 유전정보를 안정적으로 저장하지 못하지만, 생명체가 막 탄생한 초창기 지구에는 유전정보를 담당할 물질이 RNA밖에 없었을지도 모른다는 가설이 나왔고, 이 세계를 RNA 세계라고 한다.

⑮ 남세균
cyanobacteria
광합성을 하는 원핵생물.
➡ 조류(藻類)는 원래 원생생물로 분류되었으나, 원생생물이라는 분류가 사라지면서 남세균은 원핵생물의 일종인 세균으로 다시 분류되었다. 원시지구에서 광합성을 하던 남세균이 다른 세균과 공생하다가 합쳐지면서 남세균을 흡수한 세균은 진핵생물로 진화하고, 남세균은 엽록체가 되었다.

⑯ 광합성
photosynthesis
빛에너지를 이용하여 이산화탄소와 물로 유기화합물을 합성하는 반응.
➡ 광합성으로 이산화탄소와, 같은 양의 산소가 만들어진다. 원시 지구에 남세균이 대량 발생한 결과 대량의 산소가 만들어졌다고 추정한다.

* 펩티도글리칸을 세포벽에 가지고 있는 세균을 통틀어 이르는 말.

17 눈덩이 지구
snowball earth
지구 표면 전체가 얼음으로 뒤덮인 시기를 가리키는 용어.
➡ 적도를 포함한 지구 표면 전체가 얼어붙었다는 가설로, 1992년에 등장했다. 최근 연구로 눈덩이 지구가 약 24억 년 전, 7억 년 전, 6억 년 전 등 최소 세 번 찾아왔다는 결론에 도달하면서 대기 중 산소 농도 상승과 진핵생물 및 다세포생물의 출현 등 생물의 진화가 눈덩이 지구와 관련되어 있을지도 모른다는 의견이 제기되었다.

18 세포 내 공생설
intracellular symbiotic theory
진핵세포 내 소기관이 세포 안에서 공생하는 다른 원핵생물로부터 만들어졌다는 가설.
➡ 1970년에 미국의 생물학자 린 마굴리스가 주장했다. 엽록체는 남세균에서, 편모는 실처럼 생긴 스피로헤타라는 세균에서, 미토콘드리아는 다양한 세균을 포함하는 프로테오박테리아에서 유래했다고 한다.

19 미토콘드리아
mitochondria
진핵세포에 존재하는 고유 세포 소기관.
➡ 세포의 핵과 다른 DNA를 가지고 있으며, 독자적으로 분열하여 증식한다. 끈을 뜻하는 그리스어 mitos와 낱알을 뜻하는 그리스어 chondros를 합친 말로, 독일의 미생물학자 카를 벤다가 명명했다. 생명 활동에 필요한 에너지원을 공급하는 중요한 역할을 맡았다.

20 유전자
gene
유전형질을 결정하는 인자.
➡ 완두콩 교배 실험을 논문으로 정리하여 1865년에 유전 법칙을 발표한 그레고어 멘델은 유전형질을 결정하는 요소가 있다고 생각했고, 이 요소에 유전자라는 이름이 붙었다. 이후 유전자는 DNA의 일부임이 밝혀졌다. 이중나선 구조인 DNA는 염색체 안에 접힌 채 들어 있다.
유전자와 헷갈릴 수 있는데, 유전체는 염색체 한 쌍에 들어 있는 모든 유전자를 가리킨다. 2022년 노벨 생리학·의학상은 네안데르탈인의 유전체를 해독하여 현생 인류의 유전적 연결고리를 찾아낸 스반테 페보에게 돌아갔다.

KEYPERSON

② 루이 파스퇴르

Louis Pasteur(1822~1895)
프랑스의 화학자, 세균학자.

➡ 근대 미생물학의 시조이다. 양조업자의 의뢰를 받아 맥주와 포도주의 발효 및 부패를 연구했다. 젖산 발효와 알코올 발효에 관한 연구 및 실험으로 미생물 자연발생설을 부정했다. 그 밖에도 가금(家禽)콜레라*를 연구하고 광견병 백신을 개발하는 등 수많은 업적을 남겼다.

8-3
생물의 진화
– 진화의 수수께끼에 도전하는 장대한 이야기 –

KEYWORD

㉑ 《종의 기원》

On the Origin of Species by Means of Natural Selection
생물의 진화를 설명한 다윈의 저서. 1859년에 출판되었다.

➡ 생물은 자연선택에 따라 적자생존을 통해 진화했다고 주장한 진화론의 고전이다. 하느님이 생물을 창조했다는 기독교 사상이 주류였던 당시 유럽에 엄청난 파문을 가져왔다.

㉒ 방사성동위원소

radioisotope
방사능이 있는 동위원소.

➡ 방사능은 방사선을 방출하는 성질. 동위원소는 원자핵 안에 존재하는 중성자의 수가 다른 원자(→ p.234)이다. 동위원소 중 방사능이 있고 불안정하여 붕괴하는 원소를 방사성동위원소라고 한다. 반대로 안정적이고 붕괴하지 않는 원소는 안정동위원소라고 한다. 방사성동위원소의 반감기가 기준이 되면서 연대를 구체적으로 측정할 수 있게 되었다.

• 집에서 기르는 날짐승에게 생기는 급성 전염병. 이른 봄과 늦가을에 생기는데, 출혈성 폐혈 증상을 보이고 입과 코로 거품을 내뿜으며 심하면 죽는다.

㉓ 자연선택설

theory of natural selection

자연에서 일어난 생존경쟁으로 조금이라도 유리한 형질이 있는 생물이 살아남아 자손을 남긴다는 가설.

➡ 자연도태설이라고도 한다. 다윈이 진화를 설명하기 위해 도입했으며, 저서 《종의 기원》으로 널리 알려졌다. 현대 진화론에서도 여전히 중심적인 위치를 차지하고 있다.

㉔ 사회진화론

social Darwinism

다윈의 자연선택설로 사회 현상을 설명한 주장.

➡ 주로 자유주의 경제에서 벌어지는 시장 경쟁과 이윤 추구를 설명하거나, 인종 간의 투쟁 및 정복을 자연선택설로 설명할 때 쓰인다.

㉕ 단속평형설

theory of punctuated equilibrium

장기적으로 종은 평형 상태를 안정적으로 유지하지만, 단기간에는 폭발적인 종 분화가 띄엄띄엄 일어난다는 가설.

➡ 진화가 균일하게 점진적으로 일어난다는 다윈의 진화론과 대립한다. 화석 자료를 근거로 한다.

㉖ 정향진화설

theory of orthogenesis

생물은 특정 방향으로 진화하려는 내적 능력을 갖추고 있다는 가설.

➡ 진화는 무작위적인 변화에 적응하는 움직임이라는 다윈의 진화론과 대립한다. 화석을 토대로 생물의 진화를 연구하면 형태 변화에 특정 방향성이 보인다는 점을 근거로 삼는다.

㉗ 친족 선택

kin selection

유전자가 같은 친족의 생존을 우선하는 이타적 행동으로 일어나는 도태 현상.

➡ 예를 들어 일벌(여왕벌의 자식, 암컷)은 자기 유전자를 남기는 대신 여왕벌(일벌의 어미, 암컷)과 여왕벌의 자식(일벌의 형제자매, 수컷·암컷)을 지키는 데 전념한다. 이처럼 생물의 이타적 행동은 다윈의 진화론으로는 설명할 수 없지만, 자신과 가까운 유전자를 남기는 행위를 중시하는 친족 선택이라면 설명할 수 있다.

㉘ 이기적 유전자

selfish gene

자연 선택의 대상은 개체 하나하나가 아니라, 생물 자체의 유전자임을 설명하기 위해 나온 표현.

➡ 영국의 생물학자 리처드 도킨스가 만들었다. 도킨스는 생물 개체가 자신의 복제를 남기려는 '이기적 유전자'에 이용당하는 도구에 지나지 않는다고 주장했다.

㉙ 바이러스 진화설

virus theory of evolution

바이러스 감염으로 진화가 일어났다는 이론.

➡ 일본의 의학자 나카하라 히데오미와 과학 평론가 사가와 다카시가 주장한 진화설. 진화의 모든 과정이 바이러스에 의해 일어났는지 어떤지는 현재 확실하게 밝혀진 바가 없지만, 바이러스에서 유래한 유전자가 포유류 진화에 관여했는지 실증한 연구는 발표되었다.

⑳ 레트로바이러스

retrovirus

RNA에 유전자를 가지고 있으며, 역전사(逆轉寫)* 효소로 DNA를 합성하는 바이러스.

➡ 숙주의 염색체에 침투하여 생물의 진화에 영향을 준다.

DNA에서 RNA를 전사하는 일반적인 유전 정보의 흐름과 반대로 RNA에서 DNA를 역전사하는 특성에서 따와 '레트로(역방향)'라는 이름이 붙었다.

KEYPERSON

③ 찰스 다윈

Charles Robert Darwin(1809~1882)

영국의 박물학자.

➡ 영국 해군 측량선 비글호에 승선하여 5년 동안 남반구를 항해했다. 이때 다윈이 한 동식물 및 지질 조사는 그의 명성을 드높이는 한편, 귀국 후 자연선택 및 적자생존을 기조로 진화론을 구상하는 토대가 되었다. 다윈은 진화론을 구상할 때 경제학자 맬서스가 쓴 《인구론》의 영향을 받았다고 밝혔다.

④ 토머스 맬서스

Thomas Robert Malthus(1766~1834)

영국의 경제학자.

➡ 19세기의 경제 불황, 빈곤, 범죄를 두고 사람들은 기존의 정치·경제 제도에 책임을 물었다. 그러나 맬서스는 인구 증가와 관련된 현상임을 깨닫고 저서 《인구론》에서 설파했고, 나아가 인구 증가를 도덕적으로 억제해야 한다고 주장했다. 이는 케인스 경제학으로 이어졌다.

* RNA를 주형으로 DNA가 만들어지는 과정. 레트로바이러스의 유전 정보가 숙주 세포에서 발현할 때 볼 수 있는데, 유전자 조작에도 이용한다.

8-4
인류의 진화
− 인간의 진화에 관한 여러 이야기 −

KEYWORD

31 다지역 기원설
multiregional model
아프리카에서 전 세계로 퍼진 인류(호모 에렉투스 및 아종)가 호모 사피엔스로 진화했다는 가설.
➡ 이미 사실이 아니라고 밝혀졌다. 아프리카에서 호모 사피엔스의 화석과 장식품이 발견되었고, 미토콘드리아 이브설이 등장하면서 현대에는, 호모 사피엔스는 아프리카에서 탄생한 후 전 세계로 퍼졌다는 아프리카 단일 기원설이 주류로 자리 잡았다.

32 미토콘드리아 이브
mitochondrial eve
현생인류의 모계 조상을 거슬러 올라가면 도달하게 되는 최초의 여성.
➡ 세포핵과 다른 DNA를 독자적으로 가진 미토콘드리아는 어머니에서 자식으로만 유전되므로, 이 유전자를 거슬러 올라가면 모계 조상을 알 수 있다. 그렇게 도달한 최초의 조상은 약 16만 년 전 아프리카에 살았던 한 여성이었다. 현생인류는 모두 그녀의 유전자를 물려받았지만, 그렇다고 인류가 미토콘드리아 이브로부터 시작되었다고는 할 수 없다.

찾아보기
INDEX

세상에서 가장 쉬운
교양 교과서
[자연과학]

초판 1쇄 발행   2025년 12월 10일

지은이 | 고다마 가쓰유키
그린이 | fancomi
옮긴이 | 정한뉘
펴낸이 | 김연우
펴낸곳 | (주)태학사
등록 | 제406-2020-000008호
주소 | 경기도 파주시 광인사길 217
전화 | 031-955-7580
전송 | 031-955-0910
전자우편 | thspub@daum.net
홈페이지 | www.thaehaksa.com

편집 | 조윤형 여미숙 김태훈
마케팅 | 김민선
경영지원 | 김영지

Korean translation copyright ⓒ (주)태학사, 2025 Printed in Korea.

값 18,500원
ISBN 979-11-6810-390-0 04300
    979-11-6810-388-7 세트

도서출판 날은 (주)태학사의 인문·에세이 브랜드입니다.

디자인 | 이윤경